Manuel de l'autodidacte en informatique

Lucas Sztandarowski

Editions Cyberdéfenseur

https://cyberdefenseur.com

Du même auteur

La véritable cybercriminalité, éditions Cyberdéfenseur, 2018

Retrouvez le travail de Lucas Sztandarowski ainsi que l'actualité liée à la cybercriminalité sur le site internet

https://cyberdefenseur.com

DÉDICACE

A mes chiens, mes parents, ma sœur et ma famille.

Table des matières

1 Avant-Propos

1.1 GENESE

Cet "ouvrage", s'il a la prétention de pouvoir être qualifié de la sorte, n'a pas vocation à remplacer le professeur désespéré face à ses élèves indifférents.

La couleur est donnée. En effet, l'idée de rédiger ces lignes émerge d'un constat : le système éducatif français est mauvais et les meilleures écoles sont coûteuses. On notera toutefois que depuis cinq ans (à l'heure où je rédige ces lignes, bien entendu), on a vu l'essor d'écoles au goût du jour, mais aussi gratuites (42 de Xavier Niel, ou le 101, pour ne citer qu'elles). Seul bémol, pour 42, il faut avoir moins de trente ans. Un choix qui peut être légitime, tant le nombre de places est limité.

Pour ce qui est des études traditionnelles, tout le monde n'a ni le bagage ni le prestige nécessaire pour intégrer certaines classes préparatoires aux grandes écoles. De surcroît, l'enseignement dispensé dans les classes de B.T.S. ainsi que de D.U.T. est, il faut le dire, suffisamment médiocre pour ne pas préparer correctement les étudiants à l'impitoyable "marché de l'emploi". Et je ne le sais que trop bien pour en avoir bien côtoyé…

Cela laisse encore certaines personnes sur le bord de la route. C'est majoritairement au nom de ces personnes que je souhaite m'investir, désireux d'offrir une alternative à la voie traditionnelle que certains ne pourraient pas suivre. Évidemment, ceux qui sont suffisamment investis dans leur cursus prometteur qui leur délivrerait un diplôme d'ingénieur sont également invités à faire partie de mon audience. Gardez néanmoins en tête que je pourrais vous paraître simpliste et ridicule puisque je m'adresse quelque part aux "opprimés" à qui je veux donner une chance de vous concurrencer. N'en déplaise aux étudiants bien pensants ne devant leur réussite qu'à un formidable don de mimétisme ou de leur proximité avec leurs professeurs...

1.2 A propos de l'auteur

Un vrai autodidacte qui est à l'origine un juriste de formation. Premier contact avec l'informatique fait via l'ordinateur familial dès l'enfance puis intérêt manifeste pour la programmation une fois internet raccordé vers 13 ans, en voyant ce nouveau monde aux possibilités infinies s'ouvrir à moi, moi dont seul le développeur peut en être le maître-architecte.

Ne vous arrêtez pas là pour autant, heureusement, l'informatique évolue vite et chaque expérience est unique. Même vous, qui avez peut-être, disons, trente-cinq ans, vous pouvez encore vous mettre à la programmation.

J'aimerais néanmoins toutefois nuancer qu'à aucun moment je n'ai voulu faire de l'informatique mon métier, pour moi cela a toujours été de l'ordre du loisir, dès mon enfance j'avais toujours voulu devenir avocat. Mon parcours universitaire n'a donc aucun rapport avec l'informatique si ce n'est qu'au lycée j'avais choisi la filière scientifique pour favoriser ma reconversion dans le milieu informatique uniquement en cas d'échec dans le droit. Preuve en est, mon T.P.E. portait d'ailleurs sur la bioinformatique.

Ces années qui me laissaient assez de temps libre pour m'intéresser à l'informatique m'ont permis d'avoir suffisamment d'avance et d'aisance pour la suite. Non pas parce que je me préparai à des études informatiques, mais parce que j'aimais cela. Je développais tout d'abord des applications logicielles puis quelques sites web en PHP et SQL. PHP était un langage qui avait le vent en poupe, il y a dix ans. Et pourtant, c'est l'une des plus grosses dettes techniques (il faut comprendre par là : un outil qui a besoin en permanence de corrections parce que sa conception est mauvaise) de l'histoire de l'informatique, avec Javascript. Ce qui fait qu'il est, avec ce dernier langage, encore très utilisé aujourd'hui malgré tout…

A côté, je voulais apprendre le plus de langagespossible. Et parmi ceux qui sont populaires et ont marqué l'histoire, il existe le C. Ce fut un énorme coup de coeur et même si je ne programme plus aussi régulièrement avec aujourd'hui avec ce langage, il s'agit pour moi d'un langage de programmation incontournable puisqu'il permet de se familiariser avec des concepts inhérents à l'ordinateur. Je compare souvent le C au Latin qui est une langue morte, mais dont l'apprentissage permet de mieux comprendre les langues latines en découlant (français, espagnol, italien, roumain…). On utilise certes encore le C pour maintenir des logiciels conséquents (notamment certains noyaux de systèmes d'exploitation, comme Linux), mais quiconque lance une nouvelle startup articulée autour d'une nouvelle solution logicielle aura intérêt à utiliser des langages plus évolués. Langages qui, eux-mêmes, ont été écrits pour la plupart…en C !

Si vous ne comprenez rien de tout ce que je viens de dire, pas d'inquiétude cela viendra à la lecture de cet ouvrage.

Après mon baccalauréat scientifique mention bien en poche, je me suis orienté naturellement vers des études de droit assez lourdes et chronophages qui m'ont poussé à développer désormais des sites web, mais en économisant le plus de temps possible : faire moins sophistiquer, plus rapide et plus efficace. Tout en étudiant, je me suis alors mis à financer mes études par du service de développement web en freelance avant de créer ma société en Irlande à la fin de celles-ci. Le milieu juridique m'a également poussé à m'intéresser à la cyber-criminalité, milieu en pleine expansion !

Il faudrait d'ailleurs vous expliquer, un autodidacte comme moi était très demandé, car fournissant un travail égal à un diplômé (voire meilleur, question d'expérience, car en informatique tout repose sur l'expérience et la pratique), tout en le payant moins cher ! En France, on regarde le diplôme avant tout. Ainsi, malheureusement, quelqu'un qui n'aura qu'un diplôme équivalent bac +2 et très compétent risquerait de se faire refuser un entretien là où un médiocre diplômé Bac +5 aurait un poste sans problème. Si cela tombe le bac +5 ne sait que cracher son cours par coeur et n'a aucune expérience pratique de la programmation alors que tout repose justement là-dessus. Inversement le bac +2 peut être un passionné qui a déjà travaillé sur des projets en corrélation avec le poste pour lequel il postule. Ce genre de situation arrive tous les jours dans les entreprises où il ne fait pas bon de travailler. Aujourd'hui, si vous voulez viser les "plus belles start-up du marché" comme les chasseurs de tête disent, vous pouvez tout à fait tabler sur des "projets personnels" à montrer sur internet. Entre deux diplômés, c'est souvent ce qui fait la différence et à raison.

Parenthèse : qu'est-ce qui fait qu'une startup est "belle", d'ailleurs ? La qualité de sa salle de pause avec table de ping-pong et babyfoot ? Sa "stack logicielle" ? Ne fuyez pas devant le jargon que vous allez apprendre au fur et à mesure de la lecture de ce livre…

Je n'ai aucun diplôme en informatique si ce n'est quelques certifications en digital marketing, je suis avant tout un autodidacte, un passionné. Et si vous l'êtes-vous arriverez à surpasser sans aucun problème n'importe quel ingénieur surdiplomé qui dépourvu de passion, finira dépasser ! Parce que l'informatique, cela file et vous pouvez aisément doubler les autres !

C'est ce trait de caractère que j'ai envie de transmettre à travers cet ouvrage, soyez passionné ! Par expérience les plus doués n'ont pas de diplômes, et pour cause, réussir à s'en sortir par ses propres moyens cela fait toute la différence !

Alors bien sûr un autodidacte manqué de méthode, de forme, il lui manque parfois de la terminologie, des lacunes en matière de concept, mais le diplômé lui manquera du plus important : l'expérience.

Comparez les travaux accomplis entre deux différentes personnes, mais au grand jamais les diplômes ou vous allez être déçus.

1.3 OBJECTIF ET ORGANISATION DE CET OUVRAGE

Cet ouvrage se veut être un compagnon de route, un frère d'armes pour vous aider à combattre le vaste empire de l'ignorance qui s'étend peu à peu chaque année. A terme, vous saurez programmer en C dans un contexte d'entreprise, sans pour autant prétendre à un niveau "sénior" ou que sais-je.

Seule l'expérience pratique vous permettra de vous faire évoluer à ce niveau. Nous sommes ici, pour poser les bases.

Apprendre à programmer en C vous octroiera une certaine rigueur et vous permettra d'appréhender facilement la plupart des autres langages. Je dis bien la plupart : il existe beaucoup de manières de programmer, mais nous en reparlerons en temps voulu.

L'idéaliste que je suis, veut vous promettre que "je ferai de vous des programmeurs", mais ce serait bien présomptueux de ma part. J'ai avant tout envie d'insuffler en vous une certaine passion, de planter cette graine qui, lorsqu'elle germera, vous donnera les qualités nécessaires à faire de vous un informaticien digne de ce nom, un Hacker au sens étymologique du terme, à savoir une personne curieuse et passionnée qui comprend que le monde évolue en partageant le savoir et en collaborant sans privilégier quelque compétition que ce soit.

Le niveau requis est minime. Je suis issu de l'école du Site du Zéro (ancien openclassroom), le site où tout passionné apprenait… A partir de zéro ! Et comme le disait Mathieu Nebra, fondateur dudit site, "le seul prérequis est de savoir allumer son ordinateur".

Parce qu'on ne fait pas d'omelette sans casser d'eux et parce qu'on aime savoir pourquoi on se lance dans un apprentissage continu et sans fin dont l'étendue donnerait des vertiges à plus d'une personne éprise de vertige, nous commencerons par aborder dans la première partie certaines bases théoriques sur l'histoire de l'informatique, ce qu'est un ordinateur, l'histoire du langage C ou, encore, ce qu'est la programmation. Nous étudierons aussi, au sens propre comme au sens figuré, ce que sont les bases.

Il sera évidemment possible, pour les plus avancés d'entre vous, de sauter certains chapitres. Dans la seconde partie, les choses seront un peu plus pratiques. Nous commencerons par écrire nos premiers programmes. Au passage, je fournirai des annexes pour que vous puissiez installer certains logiciels propres à l'environnement de développement souhaiter tout au long de cet ouvrage. Je compte en effet reproduire un environnement semblable à une distribution Linux, mais les plus autonomes d'entre vous sauront reproduire un environnement similaire sur Windows. En revanche, nous n'aborderons pas l'environnement Apple bien plus commercial que pratique (ce n'est que mon avis).

Enfin, ce qu'il faut retenir, c'est que nous étudierons le b.a.-ba de la programmation et les concepts de base que nous pouvons retrouver dans d'autres langages de programmation, tels que les variables, les conditions, les boucles et les fonctions.

La troisième partie entrera plus en profondeur dans l'apprentissage du C, où nous étudierons des concepts intrinsèques au langage. Nous nous attarderons sur ce que sont la compilation et l'édition de liens, les pointeurs, les tableaux, les chaînes de caractère, l'allocation dynamique de mémoire, les structures et unions, ou encore, les macros...

1.4 Ce que cet ouvrage ne couvrira pas

Il faudrait plus d'une vie pour tout apprendre, et ce tous domaines confondus. Si après avoir sérieusement étudié à l'aide de ces écrits compagnons vous aurez acquis des bases solides, cela fera de vous tout au plus un programmeur correct. Je n'ai nullement la prétention de faire des gens des bons voire d'excellents programmeurs. Je sais juste par expérience que le système éducatif français est mauvais et je vous propose ainsi donc des méthodes qui ont fonctionné pour moi.

En 2018, vous aurez sans doute entendu parler de professions telles que "développeur", qu'on abrège en "dev". Et il est souvent question de développer en utilisant des langages à la mode comme Javascript ou encore Go, PHP, Python, Ruby... Cet ouvrage ne vous apprendra pas à devenir un développeur. On le devient par la pratique, soit dans un milieu professionnel, soit en collaborant sur des projets communautaires dits open source, soit en travaillant sur des projets personnels, mais en veillant alors dans ce cas à faire preuve d'une extrême rigueur.

Maîtriser le C est une chose. L'appliquer correctement dans un contexte particulier en est une autre. Nous n'aborderons pas des cas d'utilisation comme la programmation de systèmes embarqués ou l'application aux systèmes d'exploitation. Voyez ce guide comme un livre qui vous permet d'apprendre une langue, avec sa grammaire et des compléments de vocabulaire. Certaines personnes apprennent une langue juste pour le plaisir, pour communiquer avec des personnes étrangères, d'autres ont un intérêt réel à le faire : commercer à l'international, servir d'interprète...

Gardez bien en tête que nous sommes ici pour apprendre à manipuler un outil.

1.5 Le mot de la fin (du début)

La différence entre enseigner à une personne intéressée et à une salle démotivée est énorme. Ainsi être professeur en France est clairement démotivant. Certes nous connaissons tous des exemples de certains professeurs brillantissimes pour lesquels nous éprouvons un immense respect Stant ils pratiquent leur profession avec amour et déontologie tout en nous transmettant précisément ce dont notre système manque : l'envie d'apprendre. C'est exactement ce que j'essaierai de vous donner pour que vous puissiez à votre tour diffuser cette motivation, cette curiosité d'apprendre et enfin que nous puissions ainsi faire changer les choses. Si vous avez fait l'acquisition de cet ouvrage, c'est que vous faites déjà preuve de détermination, ce sont les personnes comme vous qui peuvent faire la différence.

Programmer est un art, une passion comme cela l'est, ou va le devenir, pour vous. Et faisons-en sorte que cela le soit encore pour les décennies à venir. Je ne puis m'exprimer en termes de siècles tant la technologie évolue, la programmation devrait avoir changé de sens d'ici là !

Ainsi je tenterai de m'adresser à vous de la manière la plus efficace possible pour que vous puissiez comprendre le mieux possible. Nous sommes en dehors du système éducatif traditionnel, autant en profiter. Vous rencontrerez également durant la lecture de ce livre quelques anecdotes. Elles sont volontairement non répertoriées dans des annexes, il est préférable de les laisser éparpillées au milieu des explications afin qu'elles accompagnent et illustrent directement vos idées.

Sur ce, commençons ensemble notre chemin !

2 L'informatique : toute une histoire

1960, IBM Stretch, ordinateur le plus puissant de son époque, image libre IBM

2013, un trader boursier utilisant l'informatique comme outil de travail

image shutterstock

Un voyage de mille lieues commence toujours par un pas.

- Lao Tseu

2.1 Préambule : un monde de mathématiques, d'informations et d'électronique

Ce chapitre a vocation à nourrir les plus curieux d'entre vous sur ce qu'est l'informatique ainsi que son histoire afin de mieux contextualiser et mettre à votre portée ce qu'est l'informatique. Les plus cultivés et les plus avancés pourront bien évidemment passer ce chapitre, mais la précipitation n'est pas la bonne approche pour l'apprentissage.

Alors, qu'est-ce que l'informatique ?

D'après le wiktionnaire, il s'agit d'un mot-valise, de la contraction des termes information et électronique. Rien d'étonnant quand on se doute qu'un ordinateur est bourré d'électronique. Nous pourrions définir l'informatique comme la science du traitement de l'information par l'ordinateur. Voici pourquoi.

Au IXème siècle, un homme du nom de Al-Khwarizmi, aux nombreuses professions - mathématicien, géologue, astronome... A permis la diffusion de l'algèbre en Europe après traduction de ses écrits de l'arabe vers le latin. Vous avez sans doute déjà entendu le terme "algorithme". Il vient en fait de la latinisation du nom de Al-Khwarizmi en Algoritmi. En ce qui concerne le terme algorithme, nous pourrions le définir par un ensemble de calculs et de méthodes visant à résoudre un problème. Pour faire le parallèle avec notre monde réel bien concret, une recette de cuisine est un algorithme. Notre problème : comment faire une omelette ?

Il suffira alors de suivre le procédé suivant :

> ➤ Prendre trois oeufs, deux tranches de jambon et du gruyère râpé.

> ➤ Casser les oeufs dans un bol et les battre.

➤ Faire cuire à feu doux un poêle, dans laquelle verser une noix d'huile d'olive. Bien répartir l'huile d'olive pour éviter que les oeufs battus ne collent à la poêle.

➤ Verser les oeufs battus dans la poêle. Si vous voulez une omelette baveuse, écourtez le temps de cuisson. Découpez le jambon en morceaux et mettez du gruyère râpé selon vos préférences.

Voyez l'idée : c'est un ensemble de calculs (sur le nombre d'oeufs, parfois la quantité d'ingrédients à doser...) et de méthodes (souvent dans un ordre précis), pour résoudre un problème (faire une omelette). Notez alors que vous avez plusieurs possibilités pour arriver à ce résultat et que ce résultat sera plus ou moins réussi (le goût de l'omelette par exemple qui sera différent selon le respect de la recette).

Revenons alors à l'informatique, nous avançons maintenant jusqu'au XIXème siècle (soit un millénaire après Al-Khwarizmi !). Ada Lovelace, réalise le premier programme informatique théoriquement exécutable. Il faut bien bien préciser théoriquement, parce qu'à l'époque il n'existait pas encore d'ordinateur capable d'exécuter de programmes comme on en fait aujourd'hui. Elle écrit un algorithme supposé s'exécuter sur nos ordinateurs aujourd'hui. C'était donc une visionnaire, un peu comme Al-Khwarizmi, et considérée comme la première personne au monde à avoir écrit un programme. A avoir programmé, si vous préférez.

Ada Lovelace (1815 - 1852)

Al-Khwarizm (780 - 850)

Enfin au vingtième siècle, un brillant mathématicien et analyste cryptologue du nom d'Alan Turing, célèbre pour avoir cassé l'algorithme de chiffrement de la machine allemande Enigma, a émis l'hypothèse que les intelligences artificielles seraient en fait des algorithmes apprenants !

Il a donné son nom au test de Turing, qui vise à déterminer si une intelligence artificielle, avec qui un être humain communique (sans être au courant de sa véritable nature) réussit elle-même à faire croire qu'elle est en fait un être humain.

Si elle y parvient, on dit qu'elle passe le test de Turing. De surcroît, Alan Turing parlait déjà de "machine learning" alors même que nous n'étions pas encore au temps de programmer avec des claviers. Le machine learning est aujourd'hui une discipline moderne : il s'agit d'algorithmes capables d'apprendre eux-mêmes pour résoudre des problèmes de plus en plus complexes à la place d'êtres humains. Un des domaines de l'intelligence artificielle, en somme.

Comme nous avons davantage parlé de la notion d'information plus que de la notion d'électronique, il est temps de s'attarder sur cette dernière.

Le tout premier ordinateur théorique a vu le jour au XIXème siècle et a été théorisé par un mathématicien du nom de Charles Babbage. Il travaillait d'ailleurs de pair avec Ada Lovelace, et a conçu ce que l'on appelle la "machine analytique". Il n'est pas encore question d'électronique, donc, mais bien de mécanique, où l'on programmait encore les machines au moyen de cartes perforées.

Alan Turing (1912 – 1954)

Charles Babbage (1791 – 1871)

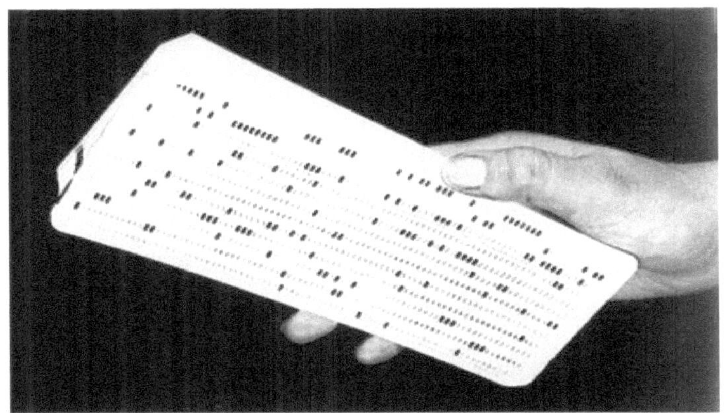

Cartes perforées, ancêtres de nos programmes modernes

C'est en 1947 qu'un composant électronique majeur a vu le jour : le transistor. Présent par milliards dans nos processeurs aujourd'hui, il s'agit d'un composant capable de commuter le courant de manière conditionnelle. Au fur et à mesure de sa miniaturisation, l'on a pu voir des processeurs émerger en même temps que les premiers ordinateurs électroniques.

Mais qu'est-ce qu'un processeur ? Il s'agit de l'unité centrale qui traite les informations de votre ordinateur. Un peu comme le cerveau de l'être humain ! C'est véritablement ce composant qui va exécuter les instructions machines, les algorithmes programmés par les êtres humains, et peut-être des machines dans le futur.

Intel 4004, premier microprocesseur

Puis en 1971, on voit apparaître sur le marché le tout premier processeur, l'Intel 4004 (par la société…Intel). C'était un processeur 4-bit, ce qui signifie qu'il ne pouvait traiter que 4 bits à la fois. Aujourd'hui, nos processeurs sont dits "64-bit". Ils peuvent traiter 64-bit de données simultanément, soit seize fois plus !

Vous ne comprenez pas encore tout totalement ?

C'est normal. Je vous rassure et ne vous le rappellerai jamais assez : les notions dont vous aurez besoin seront étudiées dans la suite de cet ouvrage.

2.2 Le langage C dans tout cela ?

Ah, le langage C... Mon langage favori et de loin. Il le restera sans doute encore longtemps. Il a été inventé par un bon vieux barbu comme on n'en voit presque plus aujourd'hui. J'ai nommé Denis Ritchie. Pionnier de l'informatique moderne, il a inventé un langage qui aujourd'hui est encore réputé. Mais pourquoi le C ? Et pourquoi ce nom bizarre, d'ailleurs ?

La réponse est simple : il existait à l'époque quelques langages, tels que le B, mais ce dernier était limité dans la programmation de systèmes informatiques modernes. Ritchie avait donc un problème à résoudre (quel intérêt d'inventer un nouveau langage, sinon ?) et a donc écrit le C pour écrire le système UNIX sur lequel il travaillait à l'époque.

Et pourquoi le C est aussi populaire ? Parce qu'il a été créé à une époque où l'informatique était en pleine explosion (et l'est encore, pour être tout à fait honnête), avec l'avènement des mainframes. Vous savez, ces gros serveurs qui tournent vingt-quatre heures par jour à traiter des tonnes de calcul et des millions de milliards de requêtes par jour ? Bon, je grossis le trait, mais vous me comprenez.

La particularité du langage C est qu'il est un langage proche du langage de l'être humain, alors qu'une machine ne comprend pas par essence ce même langage. Il faut lui parler avec des signaux électroniques, des 0 et des 1. Des bits, quoi !

On pourrait programmer directement en binaire pourvu qu'on disposât du manuel d'instructions de référence du processeur. Mais c'est laborieux ! Alors les programmeurs inventent des langages de plus en plus abstraits de la machine, afin de ne pas se soucier de détails techniques et pointus, pour mieux se concentrer sur d'autres problèmes à résoudre, à l'aide d'algorithmes de haut niveau.

En ce qui concerne le C, bien qu'il soit proche du langage humain, de l'anglais notamment... Il reste suffisamment proche de la machine pour qu'une compréhension minimale de cette dernière soit requise pour programmer correctement. Vous l'aurez compris : en apprenant le C, on étudie des notions sous-jacentes aux ordinateurs qu'on n'étudie pas nécessairement dans d'autres langages. Programmer en C implique de connaître la machine, donc. Cela peut être rebutant pour un premier langage, mais ne fuyez pas ! Je vous promets qu'il s'agit d'un domaine passionnant qui n'attend que d'être étudié.

2.3 Le C aujourd'hui ?

J'ai sans doute dû le spécifier dans mon avant-propos. Aujourd'hui, les "seules" raisons de programmer en C sont, à mon sens, les suivantes :

> ➢ Maintenir des logiciels "legacy", c'est-à-dire des logiciels qui ont été écrits il y a des années (une décennie, je dirais) à l'époque où aucun autre langage pour programmer des systèmes ne semblait davantage indiqué. Certains noyaux de systèmes d'exploitation notoires, comme Linux, sont écrits en C et continuent d'être écrits en C.

> ➢ Programmer des systèmes embarqués aux ressources limitées. Comme je le précisais plus haut, le C est un langage où une connaissance minimale de l'architecture sous-jacente est impérative. Certains appareils modestes, peut-être votre cafetière, ont encore aujourd'hui besoin d'être programmés en C. De même, les systèmes critiques comme les avions ou les fusées sont programmés en C.

> ➢ Ecrire de nouveaux langages. Certains langages au goût du jour comme le PHP ou le Python sont écrits en C !

Il s'agit selon moi d'un dénominateur commun qui vous fournira des connaissances solides en architecture des ordinateurs et en programmation (évidemment !).

Voilà pour la partie historique !

2.4 En résumé

Dans ce chapitre, nous avons appris :

> ➢ Ce que signifie le terme informatique ainsi que son histoire.

> ➢ Ce qu'est un algorithme et pourquoi il a son importance dans la programmation.

> ➤ Comment les ordinateurs ont évolué au fil du temps. — L'origine du langage C et sa place aujourd'hui.

Dans le chapitre suivant, nous aborderons un sujet davantage pratique qui s'écarte du sujet principal néanmoins : nous étudierons les bases et nous apprendrons à les manipuler !

3 Apprendre à compter : les bases

Base 10	Base 16	Base 2
0	0	0
1	1	1
2	2	10
3	3	11
4	4	100
5	5	101
6	6	110
7	7	111
8	8	1000
9	9	1001
10	A	1010
11	B	1011
12	C	1100
13	D	1101
14	E	1110
15	F	1111

Tableau des bases

Jean-Jacques Rousseau, philosphe (1712-1778)

Nos passions sont les principaux instruments de notre conservation : c'est donc une entreprise aussi vaine que ridicule de vouloir les détruire

- Rousseau

3.1 L'informatique : un monde fait de nombres

Ce chapitre, s'il est anodin et ne concerne pas directement le C, reste essentiel, que dis-je, fondamental pour sa compréhension future. Et pour la compréhension de l'informatique en général. Son titre n'est d'ailleurs pas anodin. On entend par "bases" les systèmes de numérotation principaux en ce qui nous concerne.

Pourquoi étudier des systèmes de numérotation ? Quel est le rapport avec le langage C ? A priori celui-ci n'est pas direct, mais il y a une chose fondamentale (parmi d'autres...) à savoir en informatique :

Tout est nombre en informatique.

C'est dit. Retenez bien ceci. Nous démontrerons pourquoi.

Vous connaissez sans nul doute la **base 10**. C'est avec celle-ci que nous comptons dans la vie courante, où tous les chiffres vont de 0 à 9 :

0, 1, 2, 3, 4, 5, 6, 7, 8, 9.

Il y a bien dix chiffres, d'où le terme de **base 10**. On appelle aussi la **base 10** la **base décimale**.

En informatique, vous verrez d'autres bases assez populaires au fur et à mesure de votre apprentissage. Dans cet ouvrage, nous allons en énumérer plusieurs autres sans toutes les étudier en détail. Seulement les plus importantes !

En fait, avant de nous y attarder, nous allons faire un récapitulatif plus fondamental encore, grandement accessible pour le commun des mortels.

3.2 Connaissances générales : binaire, bits, . . .

Je gage que vous avez déjà entendu parler du binaire. Vous en avez sans doute déjà vu dans des oeuvres romancées ou de fiction, je dirais. Ces 0 et ces 1 qui défilent follement à l'écran...

Le binaire est le langage informatique le plus atomique possible, car nous avons seulement deux états : 0 (pas de courant électrique) ou 1 (courant électrique). Souvenez-vous, je vous disais plus haut l'affirmation suivante : tout est nombre en informatique.

Une unité d'information binaire est aussi appelée bit (qui est la contraction de *binary digit*). Donc plus il y a de bits, plus il est possible de coder l'information.

Par exemple, si nous avons besoin de savoir d'une personne s'il s'agit d'une femme ou d'un homme (deux options possibles, oui et uniquement deux, n'en déplaise aux non-binaires), si elle est majeure ou mineure (deux options possibles) et si elle possède des animaux de compagnie ou non (là encore, deux options possibles), il nous faudra 3 bits.

Vous avez aussi sans doute entendu parler d'octets. "Mon disque dur fait 1 téra-octet de capacité", qu'on vous dit. Mais qu'est-ce que cela signifie?

Dans le terme octet, les latinistes auront remarqué la présence de la racine octo, qui signifie huit. Vous l'aurez peut-être deviné, mais un octet est en fait... Un paquet de huit bits.

Il y a huit bits dans un octet.

J'ai bien mis cette phrase en gras pour que vous la graviez dans votre esprit. Et, de la même manière qu'il y a huit bits dans un octet (répétition est mère de l'éducation, qui disait), il y a quatre bits dans un quartet, même si nous ne parlons pas vraiment de quartets dans la vie courante...

Plus, amusant encore. Vous avez sans doute entendu parler d'autres préfixes d'unités pour les octets hormis Tera (qui concerne l'ordre de grandeur des capacités des disques dans nos ordinateurs). Vous avez aussi sans doute entendu parler de Giga-octets en ce qui concerne la capacité de la mémoire vive de votre ordinateur personnel. Ou de Mega-octets pour qualifier la volumétrie de votre connexion interne. Et en dessous, peut-être des Kilo-octets.

Et là, je vais vous demander de faire non seulement attention, mais de ne pas vous détourner de la vérité que saurait prêcher cet ouvrage : si un kilogramme équivaut à mille grammes, si un kilomètre équivaut à mille mètres ou, encore, si un kilolitre équivaut à mille litres... Un kilo-octet équivaut à 1024 octets.

1024?! Mais pourquoi?

Eh bien la réponse est légitime: si dans notre vie courante nous comptons au moyen de la base dix, les ordinateurs, eux, comptent au moyen d'un autre base: la base 2, autrement appelée le binaire. Si dans la base 10, comme son nom l'indique, il y a dix chiffres, alors dans la base 2, il y a... Deux chiffres: 0 et 1.

Et en ce qui concerne le nombre 1024, il s'agit en réalité du nombre 2 élevé à la puissance 10.

J'en profite pour faire la parenthèse suivante: j'avais plus ou moins promis que les pré-requis pour apprécier cet ouvrage étaient moindres. En vérité, il vous faudra connaître certaines notions mathématiques de base: savoir-faire des additions, des soustractions, des multiplications et des divisions. Si vous n'êtes pas à l'aise avec les puissances, je ne peux malheureusement pas m'attarder sur ce sujet et cet ouvrage serait davantage un livre de mathématiques que ce qu'il aspire véritablement à être: un tutoriel humoristique d'informatique.

Ainsi, pour les moins à l'aise d'entre vous, je vous invite fortement à travailler vos fondamentaux de mathématiques. Vous n'étiez pas vraiment bons dans cette matière à l'école? Vous ne l'êtes pas actuellement? Ce n'est pas grave. Il y a un début à tout et vous n'êtes pas plus bête qu'un autre. Avec des efforts et du travail, indépendamment des facilités de chacun, vous pouvez aboutir à des résultats satisfaisants. Persévérez! Cela dit pour la parenthèse.

Donc, si dans un kilo-octet, il y 2 puissance 10 octets - soit 1024 octets, alors dans un méga-octets, il y a 2 puissance 10 kilo-octets, soit 2 puissance 20 octets. Ce qui donne très exactement 1048576 octets. Mais rassurez-vous, il n'est pas vraiment utile de retenir ce nombre par coeur. Sachez juste que d'un préfixe d'unité à d'autre, il n'est pas question de 1000, mais de 1024 pour les octets.

Le raisonnement ci-dessus pour les octets concerne également les bits. Ainsi un kilobit équivaut à 1024 bits!

Est-ce que c'est bon pour ces histoires de bits et d'octets? Allez, on attaque la suite, je vous sens motivés!

3.3 A la croisée de deux mondes

3.3.1 De base 2 à base 10 (binaire à décimal)

Dans le monde réel, on compte en base 10.

Dans son monde virtuel, un ordinateur compte en base 2.

Il nous faut un moyen de passer d'une base à une autre. Commençons par étudier la base 10 puisque nous la connaissons le mieux. Prenons un nombre au hasard, par exemple, 389.

$$389 = 300 + 80 + 9$$

On remarque en fait que 389 est le résultat de l'addition de 300, 80 et 9. Ce qu'il y a de particulier avec ces nombres, c'est qu'il s'agit de chiffres multipliés par des puissances de 10 (comme la base 10, n'est-ce pas ?). Plus simplement :

$$389 = 3 \times 100 + 8 \times 10 + 9 \times 1$$

Et, avec la mise en évidence des puissances de 10, nous avons :

$$389 = 3 \times 10^2 + 8 \times 10^1 + 9 \times 10^0$$

Fûtes-vous à l'aise ou non avec les puissances, je rappelle que tout nombre élevé à la puissance 0 est égal à 1.

Allez, dans ma grande mansuétude, je vous ai fait un petit tableau où j'énumère la valeur de chaque puissance de 10 allant de 0 à 6, histoire d'éviter toute ambiguïté.

Expression	Résultat
10^0	1
10^1	10
10^2	100
10^3	1000
10^4	10000
10^5	100000
10^6	1000000

En fait, la puissance indique le nombre de zéro après le 1. Facile quand on est en base 10 !

Et si je vous disais que le raisonnement *était le même* pour la base 2?

Pour rappel, en base 10, nous comptons comme cela :

0, 1, 2, 3, 4, 5, 6, 7, 8, 9.

Et qu'y a-t-il après le 9 ? Il y a 10, bien évidemment. Car 9 est le dernier chiffre de notre base : il faut incrémenter les dizaines.

Le raisonnement pour compter en binaire **est absolument le même**. Pour différencier un nombre en base 10 d'un nombre en base 2, le nombre en base 2 aura un indice type $_2$ en suffixe. Exemple :

100101_2. Comptons en binaire jusqu'au dernier chiffre :

0_2, 1_2.

On a parcouru tous les chiffres. Il n'y en a que deux, après tout. Mais alors, Qu'y a-t-il après 1 ? Il faut faire la même chose qu'en base 10 :

incrémenter la position suivante (qui aurait été la dizaine en base 10, mais en base 2, il serait contradictoire de parler de dizaines) :

0_2, 1_2, 10_2, 11_2, 100_2, 101_2, 110_2, 111_2...

Visualisons mieux à l'aide d'un tableau :

Nombre en base 2	Équivalent en base 10
0_2	0
1_2	1
10_2	2
11_2	3
100_2	4
101_2	5
110_2	6
111_2	7
1000_2	8
1001_2	9
1010_2	10

Vous l'avez remarqué, à chaque fois que nos chiffres sont tous à 1, le nombre suivant correspond à tous ces mêmes chiffres à 0 avec une nouvelle unité à 1 sur la gauche. Ainsi le nombre suivant 111_2 ne sera autre que 1000_2, de même que le nombre suivant 999999 n'est autre que 1000000.

Maintenant, comment passer d'un nombre en base 10 à un nombre en base 2 ? Prenons par exemple 101_2 :

$$101_2 = 100_2 + 00_2 + 1_2$$

Ici, rien de bien sorcier. On décompose notre nombre binaire comme nous l'avons fait avec notre 389 en base 10.

$$101_2 = 1 \times 2^2 + 0 \times 2^1 + 1 \times 2^0$$

Est-ce que cela pique dans votre cerveau ? Que je vous rassure, c'est tout à fait normal, d'autant plus si vous n'êtes pas familier avec les mathématiques en général.

Comme nous l'avions fait pour 389, nous avons pris chaque *digit* de 101_2 et, en fonction de sa position dans le nombre, nous l'avons multiplié par sa base (2), exposant la position (allant de 0 à $n - 1$, n étant le nombre de chiffres présents dans le nombre).

Ce qui nous donne par la suite :

$$101_2 = 4 + 0 + 1 = 5$$

Ainsi, 101_2 en base 2 est **exactement le même nombre** que 5 en base 10. Et comme je ne vous le dirai peut-être jamais assez... **Tout est nombre en informatique.**

Un dernier exemple pour faire en sorte que cela soit bien clair dans votre tête avec le nombre 1101_2 (qui n'est pas dans le tableau, haha !).

Pas à pas :

$$1101_2 = 1000_2 + 100_2 + 00_2 + 1_2$$

Avec les puissances :

$$1101_2 = 1 \times 2^3 + 1 \times 2^2 + 0 \times 2^1 + 1 \times 2^0$$

On passe à la base 10 :

$$1101_2 = 8 + 4 + 0 + 1 = 13$$

En fait, en base 2, il convient de connaître les puissances de 2, tout comme en base 10 il convient de connaître les puissances de 10 (c'est-à-dire 1, 10, 100, 1000...). Un petit tableau récapitulatif (vous allez aimer les tableaux avec moi) :

Expression	Résultat
2^0	1
2^1	2
2^2	4
2^3	8
2^4	16
2^5	32
2^6	64
2^7	128
2^8	256

Cela dit pour les huit premières. C'est assez suffisant. D'ailleurs, ce tableau me fait penser à une règle amusante que vous pourriez retenir.

Si nous avons un bit, nous pouvons mémoriser deux valeurs différentes, soit 2^1. De même, si nous avons deux bits, nous pouvons en mémoriser quatre, à savoir 00_2, 01_2, 10_2 et 11_2. Inutile au passage de préciser que 0_2 et 00_2 sont les mêmes nombres, de même que 0000000_2. Être explicite ne fait jamais de mal, surtout auprès des débutants.

Donc, je disais : sur deux bits, nous pouvons mémoriser 4 informations différentes, soit 2^2.

En fait, plus nous avons de bits, plus nous pouvons mémoriser de valeurs différentes ! Logique, non ?

De manière générale, si nous avons n bits, nous pouvons mémoriser 2^n valeurs différentes.

Alors, pour rappel, si dans un octet nous avons 8 bits, combien de valeurs différentes pouvons-nous mémoriser ? Réponse : 2^8, soit 256 valeurs différentes.

Dans un octet, il peut y avoir 256 valeurs différentes.

Cela dit pour la culture générale. Et comment on fait pour aller de la base 10 à la base 2, maintenant ? C'est un poil plus technique, mais pas impossible pour autant !

3.3.2 De base 10 à base 2 : de décimal à binaire.

Vous vous souvenez comment faire des divisions euclidiennes ? Si cela n'est pas le cas, il va falloir vous accrocher, étudier le sujet ou ressortir vos cours. Ce sont des notions élémentaires que nous apprenons dès le plus jeune âge, et comme je vous le disais, revisiter ce genre de notion impliquerait de ne jamais aller à l'essentiel (apprendre à programmer en C).

Pour passer d'un nombre en base 10 à un nombre en base 2, il faut successivement diviser le nombre en base 10 par 2. Chaque division par 2 va en effet occasionner un reste : 0 ou 1 (tiens donc...).

Commençons par y aller textuellement. Prenons le nombre 19 et convertissons-le en base 2. On commence donc par diviser 19 par 2.

$19 \div 2 = 9$, reste 1.

19 divisé par 2 donne 8 (arrondi) et il reste 1. Ce reste, 1, nous le mettons de côté. C'est notre premier reste. Prenons ensuite le résultat de la division (c'est-à-dire 8) et divisons-le par 2 aussi :

$9 \div 2 = 4$, reste 1.

De même que précédemment, mettons le reste (1) de côté. C'est notre deuxième reste. Prenons le résultat de la division (4) et divisons-le à son tour par 2.

$4 \div 2 = 2$, reste 0.

Ainsi de suite :

$2 \div 2 = 1$, reste 0.

Puis enfin :

$1 \div 2 = 0$, reste 1.

On est arrivé à un point où la division donne 0. Cela signifie que nous avons fini de diviser successivement notre nombre par 2.

Nos restes sont respectivement 1, 1, 0, 0 et 1. On prend ces mêmes restent et on les lit à l'envers, à savoir 1, 0, 0, 1, 1, ce qui donne 10011_2, notre nombre binaire qui vaut 19. On vérifie ?

$$10011_2 = 10000_2 + 0000_2 + 000_2 + 10_2 + 1_2$$

En puissance de 2, cela donne :

$$10011_2 = 1 \times 2^4 + 0 \times 2^3 + 0 \times 2^2 + 1 \times 2^1 + 1 \times 2^0$$

En base 10 :

$$10011_2 = 16 + 0 + 0 + 2 + 1 = 19$$

On retombe bien sur nos pattes !

Et parce que je suis **GENTIL**, je vous fais profiter de ma calligraphie d'informaticien qui n'écrit quasiment plus au crayon pour vous montrer le raisonnement avec des divisions euclidiennes, comme on en voit en écoles primaires (... Est-ce qu'on en voit toujours ? J'ai un doute !), sur la Figure 1.

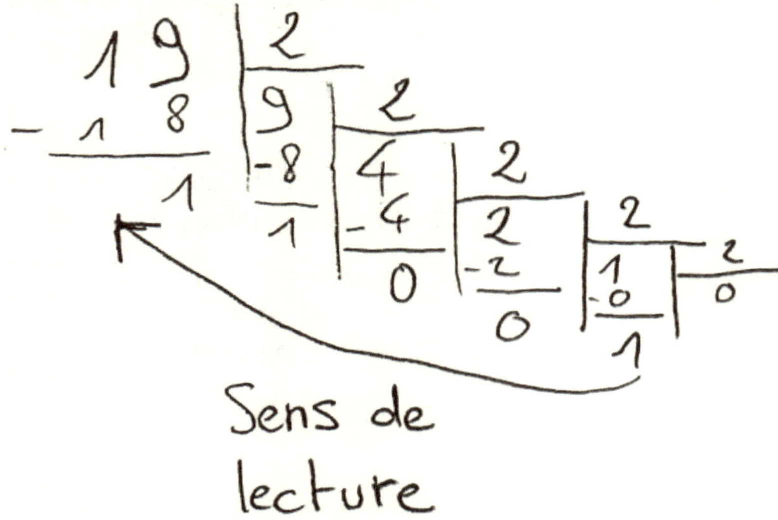

Figure 3.1 – Conversion du nombre 19 en base 2 par divisions euclidiennes

Je ne montrerai qu'une division ! La bonne nouvelle, c'est que ce travail de passer de base 10 à base 2 est le plus difficile que nous aurons à voir.

Nous allons parler d'une autre base que nous serons amenés à côtoyer assez souvent en informatique. J'ai nommé la base 16, ou l'**hexadécimal**.

3.3.3 L'hexadécimal : une base miracle.

Parmi les bases principales, ou "d'intérêt", si je puis dire, l'une qui nous intéressera particulièrement et qui est à connaître est la base hexadécimale.

Qui dit hexadécimal, dit *hexa* (six, en latin) puis décimal (dix, donc). Et dix plus six, cela fait seize ! Comptons en hexadécimal, donc...

0, 1, 2, 3, 4, 5, 6, 7, 8, 9... Mais qu'y a-t-il après le 9 ? Nous avions dit qu'il y avait seize chiffres !

Réponse : on utilise les lettres de l'alphabet ! Ainsi, on compte de la sorte en hexadécimal :

0, 1, 2, 3, 4, 5, 6, 7, 8, 9, A, B, C, D, E, F.

Pour pallier le manque de chiffres arabes, on emploie les lettres de A à F pour les chiffres restants.

Exemple de nombre hexadécimal : AF_{16}. A noter que af_{16} représente le même nombre. En base 16, majuscules et minuscules n'ont aucune importance pour les "chiffres" de A à F.

Naturellement, si vous avez bien été attentif lors de la lecture de ce modeste manifeste, si devriez savoir ce qui se trouve après F_{16}. Réponse : 10_{16}, à ne pas confondre avec le 10 (dix) que nous connaissons ! 10_{16} vaut 16, comme vous devriez commencer à vous en douter.

Et donc, pourquoi cette base est assez miraculeuse ? Regardons pourquoi à l'aide du tableau suivant :

Base 16	Base 2
0_{16}	0000_2
1_{16}	0001_2
2_{16}	0010_2
3_{16}	0011_2
4_{16}	0100_2
5_{16}	0101_2
6_{16}	0110_2
7_{16}	0111_2
8_{16}	1000_2
9_{16}	1001_2
A_{16}	1010_2

B_{16}	1011_2
C_{16}	1100_2
D_{16}	1101_2
E_{16}	1110_2
F_{16}	1111_2

Vous avez remarqué ? Chaque chiffre hexadécimal est codable sur quatre bits ! C'est donc un raccourci énorme pour représenter une valeur binaire. De plus, par extension, la valeur d'un octet peut être représentée par deux chiffres hexadécimaux.

Vous l'aurez compris : passer de l'hexadécimal au binaire - et inversement - est un jeu d'enfant !

Prenons par exemple le nombre $9F_{16}$ et convertissons-le en binaire... Simplement à l'aide du tableau ci-dessus. 9_{16} vaut 1001_2 et F_{16} vaut 1111_2. Résultat final :

$9F_{16} = 10011111_2$

Pour la forme, nous allons voir un exemple inverse pour passer du binaire à l'hexadécimal avec un cas facile et un autre cas moins facile (mais pas difficile pour autant, pas d'inquiétude !).

Cas facile : 11010010_2. On prend les bits par quatre et on cherche l'équivalent dans le tableau ci-dessus. Pour 1101_2, on obtient D_{16} et pour 0010_2, on obtient 3_16. Ainsi :

$11010010_2 = D3_{16}$

L'autre cas moins facile, maintenant : quelle est la représentation hexadécimale du nombre binaire 10101_2 ? Ah ! Malheur ! Le nombre de bits n'est pas un multiple de 4 ! Il y en a 5 !

Pas d'inquiétude. Commençons par grouper les bits par 4 en partant de la droite :

10101_2

Il reste un bit à gauche, tout seul (le pauvre). Pour jongler entre l'hexadécimal et le binaire, on a besoin de regrouper nos bits par groupes de 4. La solution consiste tout simplement à ajouter des bits '0' non significatifs sur la gauche, comme ceci :

00010101_2

Ainsi, on peut refaire notre correspondance dans le tableau binaire <-> hexadécimal. 0001_2 vaut 1_{16} et 0101_2 vaut 5_{16}. Conclusion :

$00010101_2 = 15_{16}$

Rapidement, je vais vous montrer comment jongler entre l'hexadécimal et le décimal. C'est en fait pareil que pour jongler entre le décimal et le binaire.

Prenons le nombre $4F3_{16}$:

$4F3_{16} = 400_{16} + F0_{16} + 3_{16}$

Classique, même si une piqûre de rappel ne fait jamais de mal. On décompose en puissance... De 16 !

$4F3_{16} = 4 \times 16^2 + F_{16} \times 16^1 + 3 \times 16^0$

Vous avez vu le F un peu rebelle ? Il va passer en décimal, lui aussi. Il y a juste à savoir qu'il vaut 15. Car si convertir un nombre d'une base à une autre se fait par des calculs, Convertir un chiffre d'une base à une autre se fait au moyen d'un simple tableau !

Base 16	Base 10
0_{16}	0

Base 16	Base 10
1_{16}	1
2_{16}	2
3_{16}	3

4_{16}	4
5_{16}	5
6_{16}	6
7_{16}	7
8_{16}	8
9_{16}	9
A_{16}	10
B_{16}	11
C_{16}	12
D_{16}	13
E_{16}	14
F_{16}	15

Simple, non? On reprend!

$$4F3_{16} = 4 \times 16^2 + 15 \times 16^1 + 3 \times 16^0$$

Ce qui donne:

$$4F3_{16} = 4 \times 256 + 15 \times 16 + 3 \times 1$$

$$4F3_{16} = 1024 + 240 + 3$$

$$4F3_{16} = 1267$$

Et pour passer d'un nombre décimal à un nombre hexadécimal ? Les divisions euclidiennes, bien sûr ! Essayons avec un nombre au hasard : 2253.

Faisons-le d'abord pas à pas, textuellement :

$2253 \div 16 = 140$, reste 13.

On met le reste (13) de côté. On prend le résultat de notre division (140) et on le divise à son tour par 16. Jusqu'à plus soif !

$140 \div 16 = 8$, reste 12.

On met le reste (12) de côté... On répète l'opération avec 8...

$8 \div 16 = 0$, reste 8.

On prend nos restes : 13, 12 et 8. On les lit à l'envers, ce qui donne :

8, 12, 13.

Mais cela ne fait pas très hexadécimal, tout cela. Pour 12 et 13, évidemment, on se reporte au tableau ci-dessus avec les correspondances hexadécimales <-> décimales. On voit que 12 vaut C_{16} et que 13 vaut D_{16}, ce qui donne :

8, C, D.

Conclusion :

$2253 = 8CD_{16}$

La figure 2 illustre le raisonnement ci-dessus avec des divisions euclidiennes pour convertir 2253 en hexadécimal.

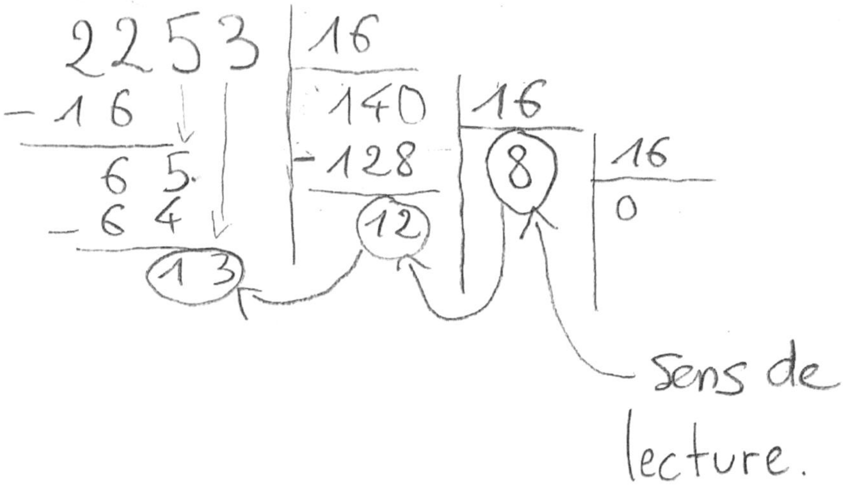

Figure 3.2 – Conversion du nombre 2253 en base 16 par divisions euclidiennes

Je vous rassure tout de suite sur deux choses : la première est qu'on ne passe pas de base 16 à la base 10 et réciproquement - tous les jours. La seconde est que vous n'aurez pas à retenir toutes ces démarches par coeur. Mais au moins, quand je parlerai dans la suite de l'ouvrage d'hexadécimal et de binaire, vous saurez de quoi je parle. Et c'est cela, l'important.

Il nous reste encore quelques bases à "visiter". Nous ne les étudierons pas en détail, mais elles existent.

3.3.4 La base octale, ou base 8

La base octale est populaire parce que, à l'instar de la base hexadécimale, elle peut être facilement convertible en base 2 puisqu'il suffit de grouper les bits par paquet de 3 ! Démonstration:

Base 8	Base 2
0_8	000_2
1_8	001_2
2_8	010_2
3_8	011_2
4_8	100_2
5_8	101_2
6_8	110_2
7_8	111_2

Pour compter, classique:

0, 1, 2, 3, 4, 5, 6, 7, 10, 11, 12, ... 17, 20, 21, ...

3.3.5 La base 36

La base 36 est intéressante, car elle contient les chiffres de 0 à 9 et les lettres de l'alphabet, à savoir 26

Lettres. 26 lettres + 10 chiffres = 36 symboles :

0, 1, 2, 3, 4, 5, 6, 7, 8, 9, A, B, C, D, E, F, G, H, I, J, K, L, M, N, O, P, Q, R, S, T, U, V, W, X, Y, Z.

A noter que le fait que les lettres soient en majuscules ou en minuscules n'a aucune importance en base 36. Celle-ci reste néanmoins peu utilisée, le fait de savoir qu'elle existe et est intéressante de par ses propriétés, c'est de la culture générale, cela ne mange pas de pain.

3.3.6 La base 64

La base 64 est un peu plus répandue, en revanche. Elle est très utile pour encoder des fichiers binaires et les représenter par des caractères lisibles :

— Les lettres majuscules de A à Z (26)

— Les lettres minuscules d'a à z (26)

— Les chiffres de 0 à 9 (10)

— Les caractère "+" et "/" (2)

Ce qui fait très exactement 64 caractères. Chaque caractère de base 64 est codable sur 6 bits, donc (Oui ! $2^6 = 64$).

Nous ne nous attarderons pas sur le procédé de codage/décodage d'une base 64 ici. Mais comme la base 36, il faut savoir qu'elle existe !

3.3.7 Le code ASCII

Ici, il ne s'agit pas d'une base, mais d'un code fondamental qui va vraiment achever la passerelle entre notre monde réel et notre monde virtuel.

ASCII signifie American Standard Code for Interexchange Information. Il s'agit simplement d'un tableau visant à coder les caractères de la vie courante, tels que nos fameux chiffres de 0 à 9, mais aussi nos lettres minuscules et majuscules en passant par la ponctuation et les caractères spéciaux. Il fallait en effet un moyen de coder de manière standard ces caractères, et leur faire correspondre un nombre (donc en base 2, 10, 16, etc).

Par exemple, le caractère 'A' (a majuscule) a pour correspondance décimale 65, ce qui équivaut à 41_{16} en hexadécimal et aussi à 01000001_2 en binaire.

Tout est nombre en informatique. Même la lettre 'A'.

Et aussi, il ne faut pas confondre le chiffre 9 avec le caractère '9'. Ce dernier, dans le code ASCII, correspond à 57, soit 41_{16} en hexadécimal ou 00111001_2 en binaire.

Le code ASCII regroupe ainsi ce qu'on appelle des **caractères imprimables**, c'est-à-dire ceux que nous pouvons voir à l'écran, ceux que nous écrivons au moyen d'un clavier (parenthèse : les caractères accentués font partie d'un autre code). Et il y a aussi les caractères "non imprimables", qui représentent des caractères de contrôle pour certains protocoles de communication électronique.

Il n'est absolument pas nécessaire de connaître le tableau ASCII par coeur. Le tableau de base comporte 127 entrées. Il existe aussi le tableau ASCII étendu, mais celui-ci n'est que trop peu utilisé de nos jours, au profit d'une autre norme de codage, nommée **UTF-8**, que nous ne couvrirons pas ici.

Le tableau ASCII de base est disponible en annexe.

3.4 Exercices

Convertir en base 10 les nombres binaires suivants :

1. 1111_2

2. 00101_2

3. 1100110_2

4. 10000101_2

Convertir en base 2 les nombres suivants :

5. 127

6. 34

7. 64

8. 1025

9. $F7_{16}$

10. CCD_{16}

Convertir en base 16 les nombres suivants :

11. 123

12. 7832

13. 1101_2

14. 110110_2

Quel est le message derrière ce code binaire ? Utilisez la table ASCII en annexe.

15. 01010000 01101111 01110010 01110100 01100101
    01111010 00100000 01100011 01100101 00100000
    01110110 01101001 01100101 01110101 01111000
    00100000 01110111 01101000

16. 01101001 01110011 01101011 01111001 00100000
    01100001 01110101 00100000 01101010

17. 01110101 01100111 01100101 00100000 01100010
    01101100 01101111 01101110 01100100 00100000

01110001 01110101 01101001 00100000 01100110
01110101 01101101 01100101 00101110

3.5 En résumé

Dans ce chapitre, nous avons appris :

— Ce qu'étaient le binaire, les bits, les octets.

— Ce qu'étaient les bases 2, 10 et 16 en profondeur.

— Qu'il existait aussi d'autres bases comme la base 8, la base 36 et la base 64.

— Que le code ASCII était une norme pour coder les caractères de la vie courante.

cela fait beaucoup ! Et que je vous rassure vraiment (autant de fois que nécessaire). **Il n'est pas nécessaire de connaître par coeur tout ce que vous avez appris. Vraiment**.

Lors de mon cursus autodidacte, j'ai été amené à étudier des algorithmes de tri. Est-ce que je m'en rappelle par coeur ? Non. Je sais simplement qu'ils existent et peuvent m'aider à résoudre un problème donné.

Ici, c'est pareil ! Maintenant, vous savez de quoi on parle quand on vous dit binaire, décimal, hexadécimal. C'est le b.a.-ba du langage informatique. Et cela va grandement vous faciliter la compréhension du langage C.

Dans le chapitre suivant, nous parlerons un peu des ordinateurs de notre temps. Eh oui, nous n'avons pas encore fini avec les fondamentaux, mais ne vous découragez pas ! En fait, je ne devrais même pas vous dire de ne pas vous décourager. Je devrais vous dire : appréciez (s'il vous plaît, hein, on reste poli) ce que j'écris. Car moi-même je ne me décourage pas à écrire tout ce que j'écris. Et j'espère du fond du coeur que vous avez autant de plaisir à lire ce chapitre que j'ai eu à l'écrire.

Assez parlé, passons au chapitre suivant.

4 Les ordinateurs

L'ENIAC (acronyme de l'expression anglaise Electronic Numerical Integrator And Computer) est en 1945 le premier ordinateur entièrement électronique.

Ordinateur quantique contemporain IBM

"If you feel you are serving others, you do the job well. When you are concerned only with helping yourself, you do it less well – a law as inexorable as gravity"

Traduction :

Si vous avez le sentiment de servir les autres, vous faites bien votre travail. Lorsque vous ne vous souciez que de vous aider vous-même, vous le faites moins bien - une loi aussi inexorable que la gravité

- Arthur Gordon

4.1 Qu'y a-t-il dans un ordinateur de bureau ?

Même si l'heure est aujourd'hui aux smartphones et aux objets connectés de plus en plus miniaturesques, il n'en reste pas moins que la plupart d'entre nous utilisent encore des ordinateurs. Ou, plus précisément, des micro-ordinateurs. Le préfixe micro- désigne en effet nos ordinateurs personnels, à taille réduite pour les distinguer des gigantesques ordinateurs qui ont précédé leur existence. On parle aussi couramment de PC, acronyme signifiant *Personal Computer.*

Logiquement, en utilisant un micro-ordinateur, vous utilisez :

— Un clavier.

— Une souris.

— Un écran (ou moniteur).

— Mais aussi une "tour", ou unité centrale pour être plus précis.

C'est l'unité centrale qui nous intéresse. Et comme vous m'êtes sympathique, j'ai pris en photo la mienne après l'avoir partiellement démontée afin que nous voyions grossièrement de quoi est fait un ordinateur. Sur la figure 3, vous pouvez voir mon unité centrale complètement débranchée.

Sur la figure 4, on peut voir l'arrière de ma tour. J'y ai numéroté des emplacements pour vous permettre de repérer des éléments de détail. Ces éléments proviennent par ailleurs directement de la carte mère, un composant central de notre ordinateur que nous verrons ensuite.

1. Deux ports USB. Vous avez sans doute entendu parler de cet acronyme, échangé des "clefs USB", etc. USB signifie Universal Serial Bus, il s'agit d'un protocole de transmission de données répandu dans le monde du fait de sa technologie Plug'n'Play, c'est-à-dire la capacité de brancher, à chaud, un périphérique pour profiter de son fonctionnement sur l'instant (après tout, vous n'avez pas besoin de redémarrer votre ordinateur pour faire fonctionner votre clef USB).

2. Port PS/2. Il s'agit d'un port pour y brancher normalement une souris ou un clavier. Cela avait son importance il y a une quinzaine d'années; aujourd'hui, pratiquement tous les claviers et toutes les souris possèdent un connecteur USB. PS/2 signifie Personal System/2.

3. Port HDMI. Sur ce port, vous pouvez y brancher un écran additionnel ou bien une télévision supportant cette connectique et ce protocole qui permet de transmettre de l'image et du son. HDMI signifie High-Definition Multimedia Interface.

4. Port S/PDIF. Je n'en ai jamais utilisé de toute ma vie. Il s'agit apparemment d'un protocole pour transmettre du son numérique. S/PDIF signifie Sony/Philips Digital InterFace.

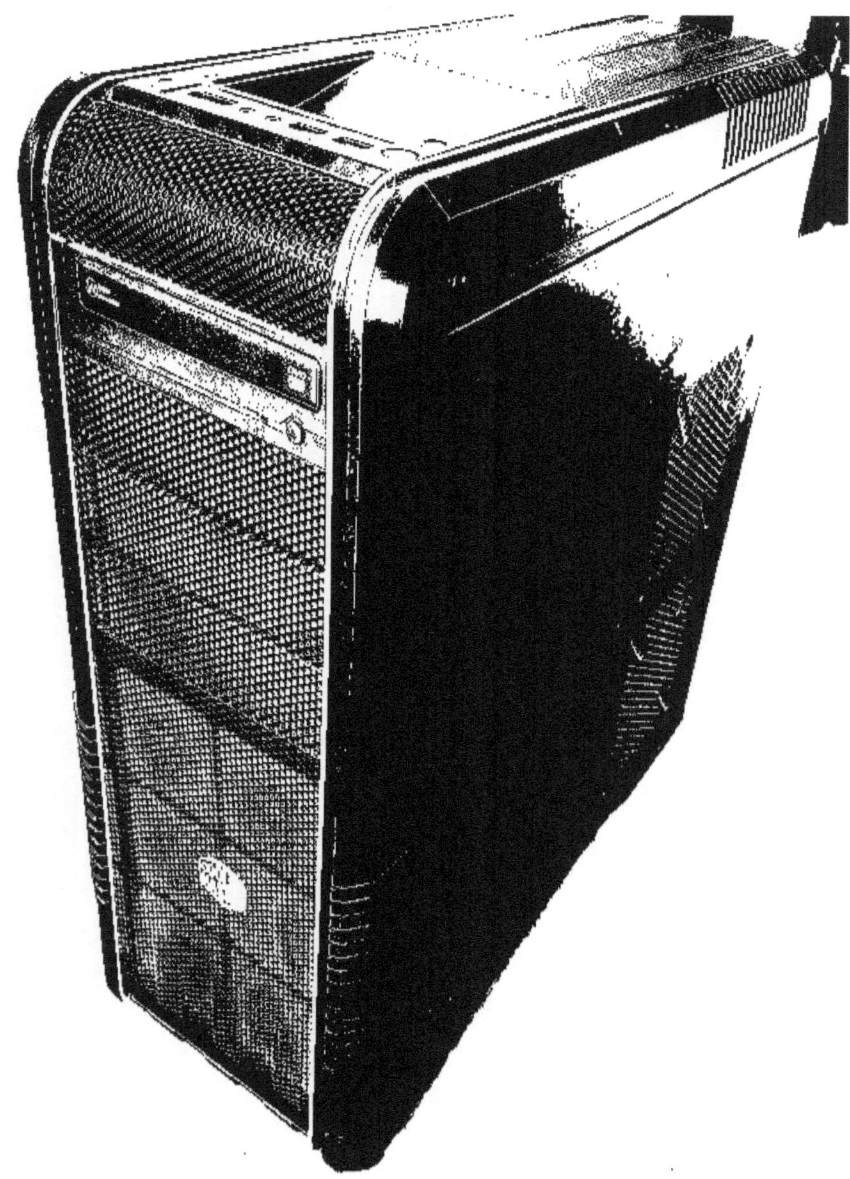

Figure 4.1 – Unité centrale.

Figure 4.2 – Unité centrale de derrière.

1. Port DVI. Sur lequel vous pouvez brancher un écran qui possède lui aussi un port DVI. En termes d'innovation

technologique, se situe entre HDMI et VGA (voir 6.). DVI signifie **D**igital **V**isual **I**nterface.

2. Port VGA. Le plus vieux en termes de connectique pour les écrans. Il n'est pas choquant de voir que les nouveaux ordinateurs ne possèdent plus ce type de port. Sur les ordinateurs portables, on aura même tendance à ne trouver que du HDMI pour connecter un écran externe, tant ces derniers sont à la mode. VGA signifie **V**ideo **G**raphics **A**rray.

3. Quatre ports USB (deux bleus au-dessus, deux noirs en dessous).

4. Port Ethernet, sur lequel brancher un câble Ethernet pour profiter du réseau ! Un ordinateur sans connectique réseau... cela serait bien triste, vous ne trouvez pas ?!

5. Au-dessus, vous avez trois prises dites "Jack". Par convention, la couleur rose correspond à l'entrée microphone. La couleur verte correspond, quant à elle, à la sortie audio (un casque ou des enceintes). La couleur bleue, quant à elle, représente une entrée audio, provenant par exemple d'une source externe pour recevoir du son à traiter à la volée.

6. Sur la gauche, il s'agit d'une carte graphique. Et quelle carte graphique ! Elle possède deux ports HDMI et deux ports DVI. Autant dire qu'il y a de quoi connecter plus d'un écran ! Accessoirement, c'est pratique pour jouer à des jeux disposants de graphismes 3D. C'est la carte graphique qui sera responsable des calculs et des rendus 3D.

7. Un ventilateur afin de maintenir la température de l'ordinateur relativement basse. Eh oui, un **PC** en fonctionnement, cela chauffe et cela peut devenir dangereux !

Comme à l'habitude, nul besoin de tout retenir par coeur. C'est vraiment de la culture générale pour réussir à venir aux faits et nous armer convenablement lorsque nous apprendrons le C.

Sur la figure 5, vous pouvez apercevoir ce qu'on appelle un SSD. L'acronyme signifie - vous l'aurez deviné en regardant la photo - **So**lid **S**tate **D**rive. Ce sont les nouveaux disques à la mode. Ceux-ci remplacent les disques durs mécaniques tant ces derniers sont lents. Les SSD sont en effet électroniques, et leur vitesse de lecture surpasse de loin celle des disques durs que nous utilisions par le passé. Bon, en vrai, on en utilise encore pour des raisons de prix.

En ce qui concerne ma configuration, j'ai un SSD sur lequel j'ai mon système d'exploitation, ce qui accélère grandement le processus de démarrage de l'ordinateur (qu'on appelle aussi le *boot*). J'ai à côté deux disques durs pour y stocker des fichiers en tout genre et que je n'ai pas besoin de charger aussi rapidement que ceux sur mon SSD.

Pour information, on abrège le terme "disque dur" par HDD, ou **H**ard **D**isk **D**drive.

Sur la figure 6, vous pourrez apercevoir qu'un SSD, en plus d'être plus rapide, est extrêmement fin. Si vous en avez déjà eu en main, vous savez aussi qu'il est bien plus léger qu'un disque dur. En bref, c'est un régal !

Les SSD et les HDD font partie de ce qu'on appelle des mémoires persistantes, ou mémoires mortes. Leur contenu n'est pas effacé après une mise hors tension. Lorsque vous surfez sur internet, enregistrez des photos, écrivez des documents Word et que vous les enregistrez sur votre disque, vous pouvez les retrouver tels quels après avoir mis hors tension puis remis sous tension votre ordinateur. Même si, de vous à moi, on met de plus en plus de données dans un espace méconnu et confus qu'on appelle "cloud"... Enfin, ne nous écartons pas du sujet.

Il est temps maintenant d'ouvrir la bête ! Sur la figure 7, j'ai, comme pour la figure 5, annoté certains endroits que je vais énumérer.

1. Il s'agit du ventilateur que vous avez vu sur la figure 5 en 11.

Figure 4.3 – *Disque SSD : vue éclatée.*

Figure 4.4 – *Disque SSD : vue de l'intérieul.*

Figure 4.5 – Intérieur d'un ordinateur de bureau.

2. Il s'agit ici de tous les ports reliés à la carte mère (la grosse carte marronne que vous voyez en fond !) et accessibles à l'extérieur du PC, donc.

3. Ici, il s'agit d'un radiateur (en blanc) relié à un autre ventilateur (en noir). Le radiateur va absorber une partie de la chaleur générée par le processeur (qui se trouve en dessous et qui n'est pas visible), et le ventilateur va permettre de l'évacuer.

4. Les fameuses barrettes de RAM ! Vous n'avez jamais entendu parler de la "RAM" ? Il s'agit de la mémoire vive de votre ordinateur. Il est important de savoir ce à quoi elle sert. Contrairement à la mémoire morte, la mémoire vive, elle, perd tout son contenu une fois que l'ordinateur est hors tension. Si une mémoire morte contient les données de votre système d'exploitation et des fichiers persistants, la mémoire vive va contenir toutes les informations relatives à vos programmes et vos logiciels en cours d'exécution, par exemple, votre navigateur internet, votre éditeur de texte, votre logiciel de messagerie, etc. RAM signifie **R**andom **A**ccess **M**emory. Je reviendrai sur ses propriétés plus en détail par la suite.

5. Une carte graphique. Une NVIDIA GeForce GTX 660, visiblement.

6. Des ports PCI (en bleu) et PCI-e (en noir). Sur ces ports, nous pouvons y mettre, comme nous le voyons, des cartes graphiques, mais aussi des cartes son ou des cartes réseau. La différence entre PCI et PCI-e est que le dernier, qui est une évolution du premier, possède parmi de nombreuses améliorations la même propriété qu'USB : possibilité de brancher et de débrancher le périphérique à chaud (même si c'est fortement déconseiller d'aller fouiller dans les entrailles d'un ordinateur sous tension). PCI signifie **P**eripheral **C**omponent **I**nterconnect et le e de PCIe signifie **E**xpress.

7. Source d'alimentation de l'ordinateur. C'est d'ici que provient l'allimentation en énergie pour faire tout fonctionner.

8. Des emplacements de disques. Vous pouvez d'ailleurs voir deux disques type HDD, grisâtres.

9. Le fameux SSD en figure 5 et 6, bien caché et... Non fixé!

10. On ne le voit pas bien, mais il s'agit d'un lecteur de CD-ROM. On en voit de moins en moins aussi, au profit de contenu

téléchargeable et complètement dématérialisé. CD-ROM signifie **C**ompact **D**isc **R**ead **O**nly **M**emory.

Comme on ne voit pas le processeur, j'ai démonté le radiateur qui le dissimulait. On voit ensuite mieux, sur la figure 8, fixé à la carte mère.

La carte mère est un peu le squelette de votre ordinateur. Ou dirais-je plutôt les nerfs de celui-ci. C'est en effet grâce à la carte mère que les différents composants vont pouvoir communiquer ensemble - processeur, carte graphique, périphériques - au moyen de bus. Oui, comme les bus qui transportent des personnes en ville. Ici, les bus transportent des bits. Vous pourrez remarquer par moment que beaucoup de systèmes sont en fait inspiré du fonctionnement du corps humain, tant un ordinateur a besoin d'un quartz pour être cadencé, à l'image d'un être humain qui a besoin d'un corps pour pomper le sang dans le corps. Physiquement, voyez un bus comme une simple ligne électrique sur laquelle il est possible de faire transiter un signal type 0 (pas de courant) ou 1 (il y a du courant). Le terme de bus est une notion abstraite que j'ai mis du temps à comprendre, car cela semblait évident pour tout le monde... Sauf moi. N'hésitez pas à piocher, sur Internet, des ressources en électronique si tout cela vous paraît vraiment indigeste. Je fais de mon mieux pour expliquer !

Enfin, je divague. Sur les figures 9 et 10, vous pouvez apercevoir ce qu'est un processeur. Un simple rectangle dans lequel sont miniaturisés des milliards de transistors !

Nous avons eu une vue d'ensemble sur ce qu'il y avait dans un ordinateur, maintenant, attardons-nous sur la mémoire, un outil d'importance dans le cadre de notre apprentissage.

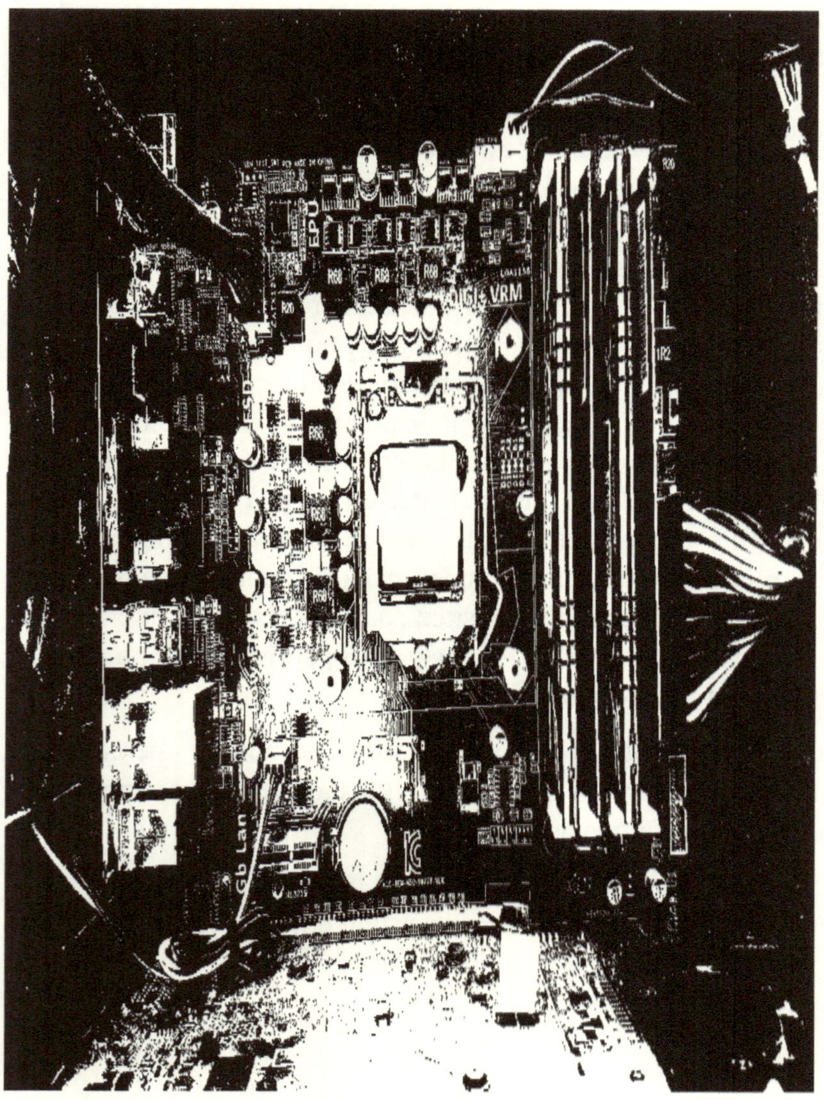

Figure 4.6 – Le processeur niché sur la carte mère.

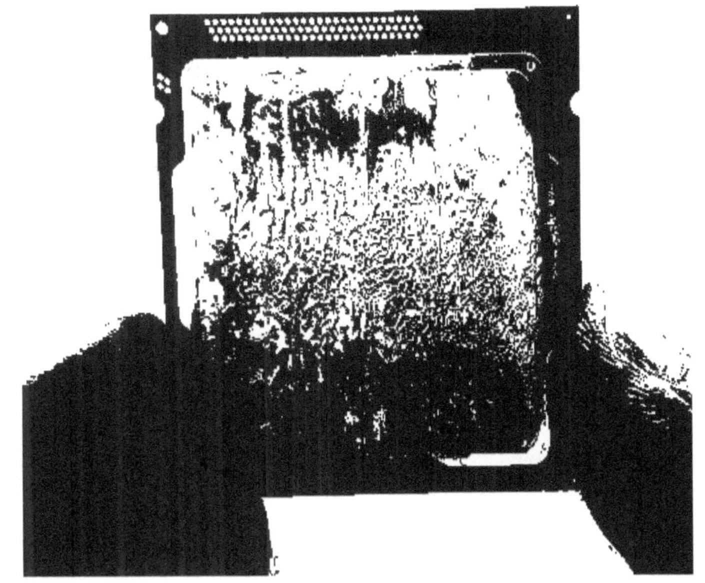

Figure 4.7 – Vue recto d'un processeur.

4.2 La mémoire informatique

Je vous avais dit en "4." de la figure 7 que la RAM avait son importance. Vous avez peut-être remarqué que l'acronyme ROM était similaire. Rappelons leur signification :

— RAM : **R**andom **A**ccess **M**emory. Littéralement, "Mémoire à accès aléatoire". Il s'agit de la mémoire vive de votre ordinateur.

— ROM : **R**ead **O**nly **M**emory. Littéralement, "Mémoire à lecture seule". Comme son nom l'indique, cette mémoire ne peut qu'être lue. En ce qui concerne son écriture, elle ne peut se faire qu'une fois dans le cas des CD-ROM par exemple, ou peut être réécrite dans le cas d'autres types de mémoire (disque dur, ssd, mémoires électroniques...).

La RAM est aussi appelée "mémoire vive". Elle est à accès direct, ou à accès aléatoire, contrairement à certaines autres mémoires où leur accès est dit "séquentiel". Cela signifie que la lecture de la mémoire se fait dans un ordre précis et que pour accéder à une certaine donnée d'intérêt, il faille peut-être passer par une séquence particulière, ou lire d'autres données précédemment. L'accès séquentiel est coûteux et long en opposition à l'accès direct ou aléatoire. Dans ce dernier cas, il est possible d'accéder à n'importe quelle zone mémoire indépendamment les unes des autres. Cela est rendu possible grâce aux **adresses mémoires**, qui sont une notion très, très importante à connaître en C.

Pour rappel, la RAM va avoir pour rôle de mémoriser les processus en cours d'exécution sur notre système d'exploitation. Ainsi que le système d'exploitation lui-même lorsque celui-ci est chargé depuis le disque jusque dans la mémoire vive. Si mise hors tension du système il y a, la mémoire vive se vide de son contenu.

Figure 4.8 – Vue verso d'un processeur.

La figure 11 désigne une barrette de RAM que j'ai soigneusement ôtée de mon ordinateur pour vos beaux yeux.

Pour information, cette barrette fait 2 Giga-octets de capacité. Elle peut donc physiquement contenir deux fois 1024 Méga-octets (souvenez-vous de l'histoire du 1024 au chapitre premier !), soit 1024×1024 kilo-octets, soit 1024×1024×1024 octets. Soit 2×1024×1024×1024 = 2147483648 octets. 2147483648 qui est d'ailleurs la valeur de 2^{31}. cela en fait, des octets ! Et pourtant, cette barrette n'est pas toute jeune et les barrettes actuelles peuvent faire en moyenne 8 Giga-octets de capacité, soit quatre fois plus!

La mémoire vive est donc accessible via des adresses mémoires, comme je le disais plus haut. Mais qu'est-ce que cela signifie ? Eh bien que si vous avez besoin d'accéder à une donnée, il faut indiquer au **contrôleur de la mémoire vive** (qui n'est ni moins qu'un périphérique chargé de recevoir les requêtes d'accès à la RAM) :

— L'adresse mémoire à laquelle on souhaite faire une opération.
— L'opération à y faire : lecture ou bien écriture.

La figure 12 illustre comment le processeur dialogue avec la mémoire, et ce à l'aide de trois bus :

— Le bus de contrôle : c'est sur ce bus que le processeur va indiquer l'opération à effectuer : lecture ou écriture. La taille de ce bus varie selon les architectures, mais nous pouvons retrouver trois lignes communes à beaucoup d'architectures telles que la ligne de lecture (pour indiquer qu'une lecture est en cours), la ligne d'écriture (pour indiquer qu'une écriture dans la mémoire est en cours) et un groupe de lignes *byte enabled* pour indiquer le nombre d'octets à traiter en un cycle. Vous remarquerez que ce bus est uni-directionnel du processeur à la mémoire. En effet, un processeur n'a pas besoin de recevoir les informations d'un bus de contrôle, seulement de les émettre. C'est lui qui commande. *A contrario*, la mémoire (son contrôleur, évidemment) reçoit ces informations de contrôle pour effectuer les opérations qui vont bien.

— Le bus de données. C'est sur ce bus que transitent les données lues à partir de la mémoire ou à écrire dans la mémoire. Ce bus est donc bi-directionnel et la nature des données qui y transitent dépend de l'état du bus de contrôle. Les données peuvent aller au processeur dans le cas d'une lecture, et en partir dans le cas d'une écriture. Pour la mémoire, si les données en partent, il s'agit sans doute d'une lecture à partir du processeur, et s'ils arrivent, c'est qu'il s'agit d'une écriture.

— Le bus d'adresses. C'est sur ce bus que le processeur va spécifier à quelle adresse mémoire il souhaite écrire ou lire une donnée. Il est unidirectionnel du processeur au bus et du bus à la mémoire. Un processeur n'a pas besoin de recevoir une adresse (il la calcule lui-même) et la mémoire n'a pas besoin d'en émettre.

Cela fait beaucoup, hein ? C'est un schéma très simplifié, qui explique comment notre unité de calcul dialogue avec la mémoire dans laquelle est stocké notre programme en cours d'exécution.

A chaque adresse mémoire, nous pouvons accéder à un octet complet. Et vous savez comment sont représentées les adresses mémoires ? En **hexadécimal**.

Sur nos systèmes d'exploitation actuels, ceux-ci sont dits "64-bit". Dans le chapitre sur les bases, j'avais évoqué ce terme, mais en parlant des processeurs ! Je disais qu'un processeur 64-bit pouvait traiter 64-bit de données en un cycle d'horloge. De manière un peu plus concrète, cela signifie que lorsque le processeur demande au contrôleur de la mémoire vive de faire une opération sur celle-ci, il peut lire ou écrire 8 octets à la fois !

Mais il est ici question de "systèmes d'exploitation 64-bit", à ne pas confondre avec les processeurs

Figure 4.9 – Barrette de RAM.

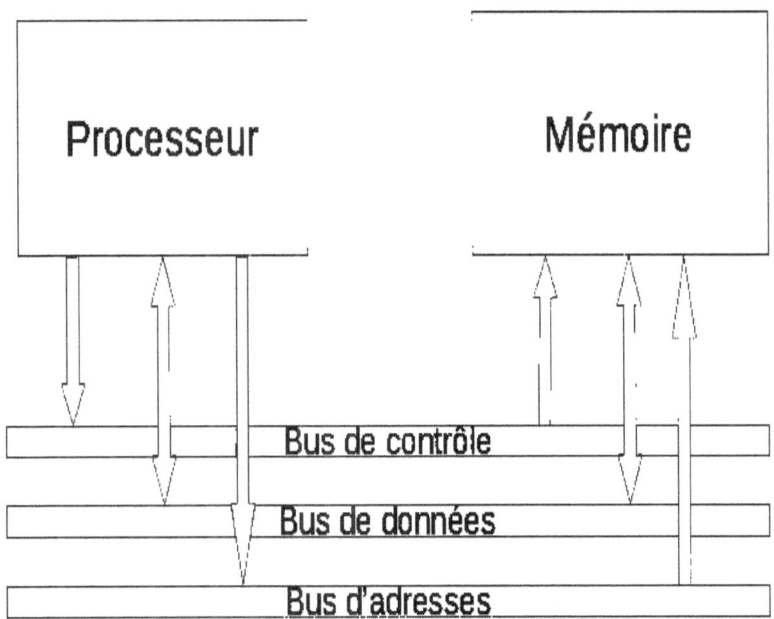

Figure 4.10 – Communication entre le processeur et la RAM.

64-bit ! On dit qu'un système d'exploitation est 64-bit s'il peut manipuler des adresses mémoires sur 64 bits.

Si une adresse mémoire fait 64 bits, elle fait subséquemment 8 octets et donc 16 chiffres hexadécimaux. Ainsi les adresses vont théoriquement de 0000000000000000_{16} jusqu'à $FFFFFFFFFFFFFFFF_{16}$. Cela fait 18446744073709551616 adresses mémoires possibles. Et sachant qu'à une adresse mémoire se trouve un octet, cela fait 18446744073709551616 octets stockables en mémoire, soit 16384 pétaoctets. C'est énorme. Plus que la capacité de nos disques durs et disques SSD, qui sont de l'ordre de téraoctets.

Pourtant, nous ne disposons pas d'autant de mémoire vive dans notre ordinateur, c'est tout bonnement ridicule ! De plus, j'avais dit que la capacité de la mémoire vive se mesurait en Giga-octets. On est loin, bien loin du pétaoctet.

Il faut comprendre deux choses. La première, c'est que la taille du bus d'adresse d'un processeur n'est pas en réalité de 64 bits, mais seulement 48 bits. Ce qui limite théoriquement la mémoire physique adressable à $2^{48} = 281474976710656$ octets, soit 262144 Giga-octets. On n'y est pas encore.

La deuxième, c'est que cela implique que chaque processus, sur votre système d'exploitation (firefox, microsoft word, skype, ...) sera exécuté dans un espace d'adressage de 64 bits et aura **l'illusion** d'accéder à une mémoire dont la capacité fait $2^{64} = 18446744073709551616$. Il s'agit de **mémoire virtuelle**. Le mécanisme responsable de ce petit tour de magie s'appelle la MMU, ou **M**emory **M**anagement **U**nit. Celle-ci est responsable de la traduction des adresses mémoires virtuelles - manipulées par le processus - vers des adresses mémoires physiques - à destination de la véritable mémoire vive, entre autres. Je précise "entre autres", car il se peut que le système d'exploitation ait mis certaines zones de mémoire sur d'autres supports que la mémoire vive, à savoir votre disque, notamment lorsque ladite mémoire est sauvegardée et peu consultée. On parle alors de *swaping*.

Mais cela devient compliqué et nous n'avons pas besoin de nous embêter avec pléthore de détails pour programmer en C. Ce qu'il faut retenir, c'est que nos programmes seront des processus qui auront l'illusion d'accéder à un espace d'adressage allant de 0000000000000000_{16} à *FFFFFFFFFFFFFFFF*$_{16}$.

Et donc, comment cela se passe si une adresse mémoire virtuelle ne correspond à aucune zone mémoire physique ? Pour faire simple, le système d'exploitation envoie paître le processus. Vous savez, ces messages sympathiques sous Windows comme "Programme a cessé de fonctionner" ? Comme sur la Figure 10. Ou alors, ces fameux "Segmentation Fault" sur des systèmes d'exploitation comme Linux.

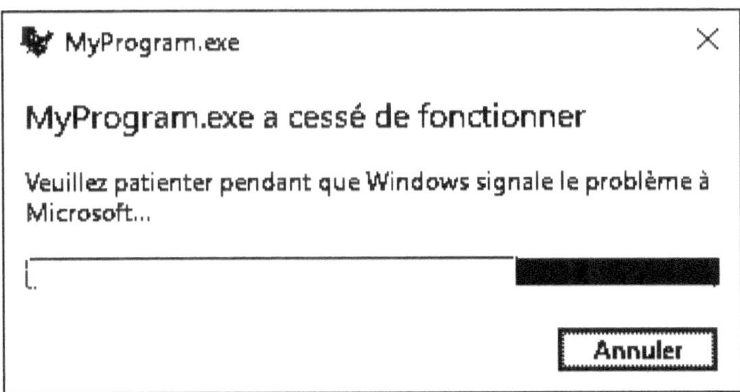

Figure 4.11 – Accès invalide à la mémoire.

Quel est alors l'intérêt pour un système d'exploitation de laisser l'illusion aux processus d'accéder à l'intégralité de la mémoire vive ? Pourquoi ne pas les laisser eux-mêmes accéder à la mémoire physique ? C'est pourtant ce qui était fait sur les anciens systèmes tels que DOS, le système d'exploitation historique de Microsoft.

L'intérêt d'isoler les processus de la sorte est avant tout pour des raisons de sécurité. Un processus ne devrait pas avoir à empiéter délibérément sur l'espace d'adressage d'un processus voisin. S'il a besoin de communiquer avec un autre processus, il doit utiliser des primitives mises à dispositions par le système d'exploitation.

L'autre intérêt est plus évident. Avant les systèmes 64-bit, il y avait les systèmes 32-bit (et avant encore, les systèmes 16-bit). Comme les programmes sont de plus en plus gourmands en mémoire vive, sur 32-bit, un processus avait l'illusion de pouvoir accéder à $2^{32} = 4$ Giga-octets de mémoire. Avec 64 bits, cette limite est repoussée et de loin.

Dans notre contexte, retenez bien que nous programmerons en C sur nos ordinateurs personnels, munis d'un système d'exploitation Linux que je vous ferai installer si vous n'en possédez pas déjà. N'ayez crainte ! Vous pourrez continuer à utiliser Windows si d'aventure vous êtes "windowsien", et Linux est gratuit ! Aucun frais de licence n'est requis pour s'en servir, tant à des fins purement personnelles que professionnelles.

Je vais encore insister un peu sur le fonctionnement de la mémoire, histoire que tout cela soit bien clair dans votre esprit pour la suite. Maintenant qu'on a expliqué ce qu'était la mémoire virtuelle, on ne va parler que dans un contexte de mémoire virtuelle à laquelle nos programmes auront accès.

Comme je le disais, la mémoire vive - et virtuelle aussi - est **adressable**. On accède aux données à lire ou à écrire par des **adresses**.

Supposons que ma mémoire soit adressable sur 16 bits. Je choisis volontairement un nombre inférieur à 64 pour ne pas avoir à m'embêter avec des adresses de 64 bits à rallonge.

Au cours de l'exécution de mon programme, j'ai une partie de ma mémoire qui ressemble à la figure 11. Notez que les valeurs représentées sont en hexadécimal pour des raisons de simplicité.

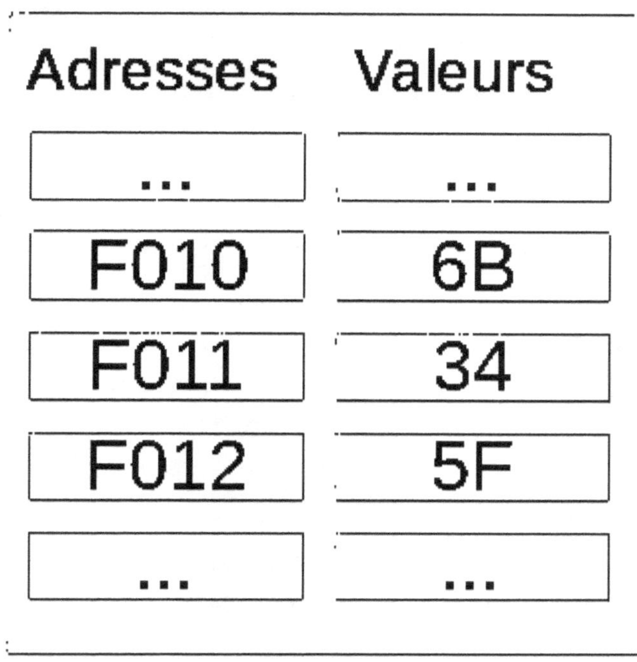

Figure 4.12 – Adressage de la mémoire

A l'adresse $F010_{16}$, j'y ai la valeur $6B_{16}$ (qui est un octet). De même, aux adresses $F011_{16}$ et $F012_{16}$ j'ai respectivement les valeurs 34_{16} et $5F_{16}$. Supposons qu'à un moment donné, mon programme inscrive en mémoire à l'adresse $F011_{16}$ la valeur 12_{16}. Eh bien, l'ancienne valeur qui s'y trouvait, à savoir 34_{16}, sera écrasée, comme montrée sur la figure 12, où j'ai mis en évidence la nouvelle valeur en rouge.

Ainsi, à la prochaine lecture de cette adresse mémoire, nous y lirons la valeur 12_{16}.

Ici, j'ai représenté les valeurs en hexadécimal pour des raisons de simplicité. N'oubliez jamais qu'à une adresse mémoire se trouve un et un seul octet. Donc les valeurs stockées à une adresse mémoire peuvent aller de 0 à 255 (souvenez-vous, on avait dit que, pour un octet, on pouvait avoir 256 valeurs différentes).

Nous verrons plus loin comment gérer le stockage de nombres plus gros que 255. Vous vous doutez que cela se fera sur plusieurs adresses mémoires, mais il y a quelques subtilités avec lesquelles je ne souhaite pas vous embêter pour le moment. Il me faut rester simple dans mes explications et ne pas trop creuser le niveau de détail afin de ne pas vous noyer dans des explications inutiles.

Ici, je vous parle de la mémoire, mais il est tout à fait possible que vous ayez du mal à visualiser son intérêt en tant que tel. Pourquoi un programme aurait besoin de stocker la valeur 12_{16} à l'adresse $F011_{16}$? Ce n'était qu'un exemple pour illustrer une fois pour toutes que **notre mémoire a des adresses auxquelles nous y trouvons un octet**.

Il y aura sans nul doute d'autres spécificités liées au matériel que j'évoquerai dans la suite de cet ouvrage. Pour l'instant, concentrez-vous sur le fonctionnement de la mémoire. Ce que j'ai expliqué plus tôt, c'était pour amener le sujet de la mémoire. Il est inutile, dans le cadre de cet ouvrage, de retenir par coeur l'acronyme **VGA**, par exemple. Je suis même sûr que vous l'avez oublié!

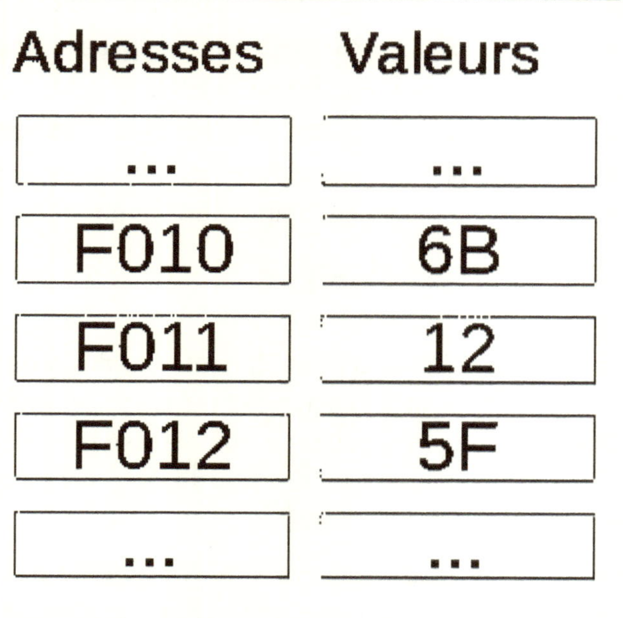

Figure 4.13 – Ecriture de la valeur 12_{16} à l'adresse $F011_{16}$. L'ancienne valeur est écrasée.

4.3 Le mot de la fin, quelques petites annotations pour la suite.

J'ai parlé de capacité de mémoire, en termes de Giga-octet, par exemple. Par la suite, j'abrégerai Giga-octet en *Go*, Méga-octet en *Mo*, etc. Par ailleurs, il est même probable que j'utilise la traduction anglaise, car à force de nous frotter au langage C, nous nous frotterons à du jargon et à des anglicismes que vous apprendrez naturellement. Ainsi il ne vaudra pas s'étonner de peut-être me voir parler de *kB*, avec un B majuscule, pour dire *Kilobytes* (traduit du français "kilo-octet). A ne pas confondre avec *kb*, avec un b minuscule cette fois, qui signifie *kilobit* ; où ici on parle de bits et non d'octets.

4.4 Exercices

1. Si un contrôleur mémoire est relié à un bus d'adresse dont la capacité est de 16 bits, quelle est la capacité théorique de cette mémoire ?

2. Si une mémoire possède des adresses qui vont de 000000_{16} à $FFFFFF_{16}$, quelle est sa capacité théorique en octets ?

4.5 En résumé

Dans ce chapitre, nous avons appris :

— Ce dont était composé un ordinateur.

— Ce qu'il y avait au sein d'une unité centrale.

— Comment le processeur communique avec la mémoire, pour y lire et écrire des données.

— Le fonctionnement de la mémoire avec les adresses.

— La différence entre la mémoire physique (manipulée par le processeur) et la mémoire virtuelle (accessible aux processus dans leur propre contexte d'exécution, *a priori* protégé des autres).

Dans le chapitre suivant, nous nous rapprocherons un peu plus du sujet initial de ce livre. Nous parlerons de programmation et de langages informatiques.

5 La programmation : qu'est-ce que c'est ?

```c
#include <stdio.h>

/* print Fahrenheit-Celsius table
   for fahr = 0, 20, ..., 300; floating-point version */
main()
{
    float fahr, celsius;
    int lower, upper, step;

    lower = 0;        /* lower limit of temperature table */
    upper = 300;      /* upper limit */
    step = 20;        /* step size */

    fahr = lower;
    while (fahr <= upper) {
        celsius = (5.0/9.0) * (fahr-32.0);
        printf("%3.0f %6.1f\n", fahr, celsius);
        fahr = fahr + step;
    }
}
```

Un exemple de programme en C

C is a Spartan language

*- **Linus Torvalds***

Linus Benedict Torvalds est un informaticien américano-finlandais.

Il est connu pour avoir créé en 1991 (à 21 ans) le noyau Linux dont il continue de diriger le développement. Il en est considéré comme le « dictateur bienveillant à vie » (Benevolent Dictator for Life).

5.1 Du langage humain au langage machine

Cet ouvrage est supposé vous apprendre à programmer en C. Dans l'introduction, plus précisément le chapitre 1, nous avons brièvement parlé de ce qu'est un algorithme et nous avons évoqué le concept de langage de programmation, sans entrer dans les détails.

Eh bien, ici, il est temps d'en discuter un peu plus. Notamment sur ce mot, "programmer". Ce terme serait emprunté du latin *programma*, signifiant "ordre du jour". En fait, le fait de programmer une machine consister à lui dicter des ordres, des algorithmes qu'elle exécutera précisément. Une machine, c'est performant, mais c'est stupide. Cela ne pense pas. Cela ne réfléchit pas. Elle a besoin qu'un être humain la programme pour lui dire quoi faire. C'est là qu'intervient le programmeur, qui va dicter dans un langage de programmation ce que la machine doit faire.

Le langage que la machine comprend, c'est le **binaire**. Notre processeur possède un **jeu d'instructions** binaires, communément appelé ISA, qui signifie **I**nstruction **S**et **A**rchitecture. Ces instructions sont binaires, à taille variable (de l'ordre de quelques octets seulement) et servent à effectuer des calculs de base comme les opérations arithmétiques que nous connaissons (addition, soustraction, multiplication, division), mais aussi des instructions pour manipuler la mémoire (comme vu au chapitre 2) et pour dialoguer avec d'autres périphériques (comme la souris, le clavier, l'écran...).

Au début, les informaticiens programmaient directement en binaire les machines. Car celles-ci étaient modestes et n'avaient rien à voir avec nos machines actuelles. Après, n'allez pas croire qu'ils tapaient au clavier des 0 et des 1 à tout bout de champ ! N'oubliez pas que l'hexadécimal est un moyen miracle pour représenter du binaire par paquet de 8 bits, donc par octets. Et encore au-delà de l'hexadécimal, il y a ce qu'on appelle des **opcodes**, qui est un mot-valise pour *operation code*. Les opcodes sont des mnémoniques textuels qui servent à s'affranchir de la programmation binaire directe. Par exemple, la micro-instruction suivante ajoute la valeur 5 à une zone de mémoire positionnée à l'adresse $DEADBEEF_{16}$:

```
add dword ptr ds:[0xdeadbeef], 5
```

On reconnaît le mnémonique `add` qui signifie "additionner". Cette instruction ci-dessus est bien plus facile à retenir et à inscrire que la suite d'octets suivant (représentés en hexadécimal, toujours) :

```
83 05 ef be ad de 05
```

Mais les machines devenaient de plus en plus puissantes, de plus en plus complexes aussi. Et comme l'être humain est intelligent, il a inventé des langages de programmation où on écrit dans un langage proche de la langue de l'être humain... Pour ensuite convertir le programme en binaire, compréhensible par le processeur. Voici à titre d'exemple le premier programme C que nous écrirons et que nous étudierons, le traditionnel "Hello World" que tout programmeur qui se respecte (ou pas ?) étudie avant d'aller plus loin dans l'utilisation d'un langage.

```c
#include <stdio.h>

int main(void) { printf("Hello, world!\n");

return 0; }
```

Vous l'aurez compris, il suffit *a priori* d'un bête éditeur de texte (attention, **pas** un outil de traitement de texte comme Microsoft Office ou LibreOffice, j'insiste lourdement dessus) pour écrire un programme en C.

Le code en langage C ci-dessus, qui est directement lisible et *a priori* compréhensible par un programmeur humain, est aussi appelé **code source** du programme. C'est-à-dire le code dans sa langue source, dans laquelle il est programmé.

Ce langage, relativement facile à lire pour des êtres humains, avec des mots-clés anglophones - main, void, return etc. Sera converti en langage machine à l'aide d'un programme appelé **compilateur**.

La figure 16 illustre grossièrement les démarches pour aboutir à un programme binaire exécutable par le processeur.

Par ailleurs, si vous êtes windowsien, vous avez peut-être remarqué que vous exécutiez des programmes que vous surnommiez "point exé". Ces fameux .exe, oui. Eh bien, il est très probable que ces programmes .exe soient le résultat d'une compilation à partir d'un code source souvent conséquent. Vous saurez faire des .exe sous Windows, mais comme je suis tyrannique, j'expliquerai les démarches pour utiliser un système d'exploitation basé sur Linux à la place. Remerciez-moi, vous n'en serez que plus débrouillard et plus connaisseur en la matière !

Nous avons donc besoin d'un **éditeur de texte** et d'un **compilateur** pour programmer. Mais il manque un troisième programme qui vous sauvera la vie en cas de problème : j'ai nommé... le **débogueur** !

Vous savez ce qu'est un bogue, ou *bug* en anglais, n'est-ce pas? C'est lorsque votre programme plante, souvent parce qu'il a exécuté une instruction de travers ou procédé à un accès mémoire invalide, comme je vous l'ai vaguement expliqué au chapitre 2. Le débogueur est un programme qui nous permettra de dérouler notre propre programme pas à pas, visualiser l'état de la mémoire, pour repérer les erreurs que nous aurions pu commettre dans l'écriture de nos programmes.

Il existe des "suites logicielles" qui intègrent un éditeur de texte, un compilateur et un débogueur. Ces suites logicielles sont communément appelées **Environnement de Développement Intégré**, souvent abrégé par l'acronyme IDE qui lui-même signifie Integrated Development Environment. Ces suites logicielles permettent d'accélérer la productivité du programmeur, tout simplement.

Les éditeurs de texte, compilateur et débogueurs ont évidemment des noms ! Je vous ferai d'ailleurs télécharger ces programmes par internet afin que vous puissiez vous en servir.

En termes d'éditeur de texte, il y en a un que j'affectionne assez et qui fonctionne respectivement sous Windows, Linux et Mac OS. J'ai nommé **Visual Studio Code**. Par ailleurs, si je vous disais que ce livre était en fait écrit dans un langage source avant d'être compilé pour afficher le rendu que vous voyez sur version numérique ou sur version papier ? Vous ne me croyez pas ? Eh bien, regardez la figure 17.

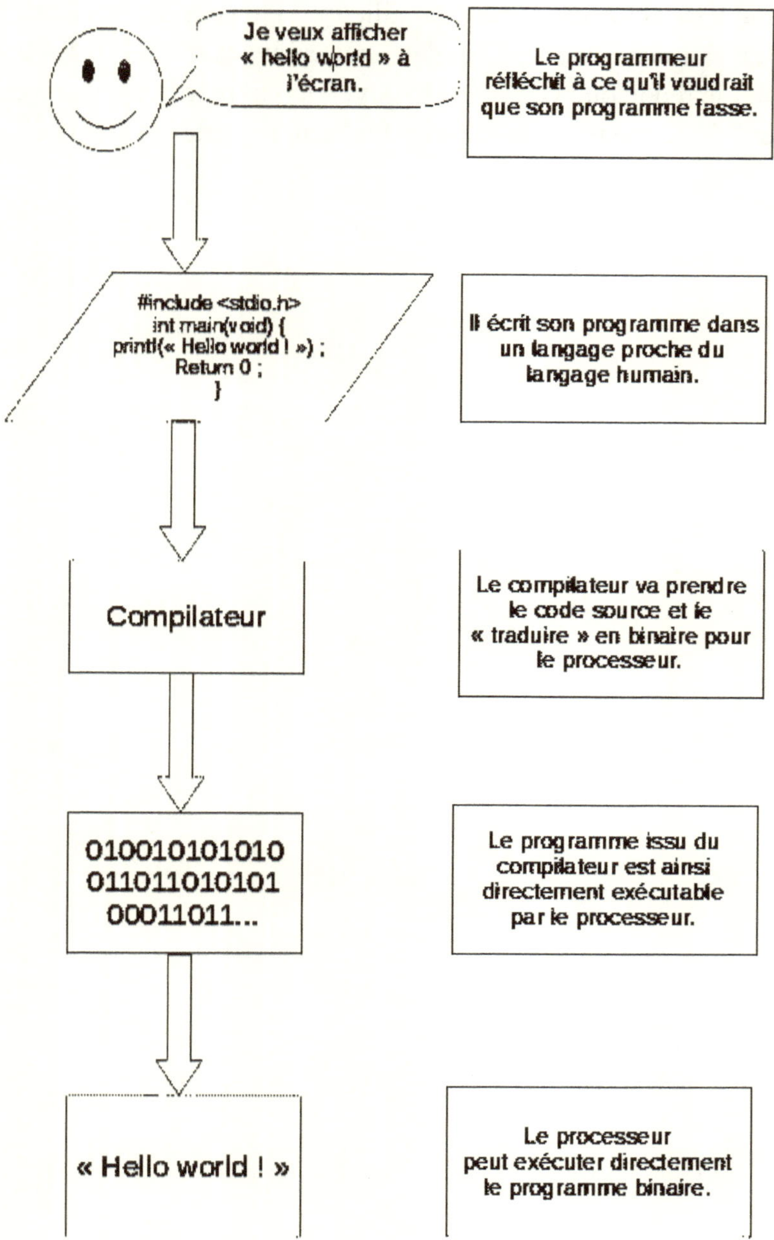

Figure 5.1 – Comment un programmeur écrit un programme qu'il peut ensuite faire exécuter au processeur.

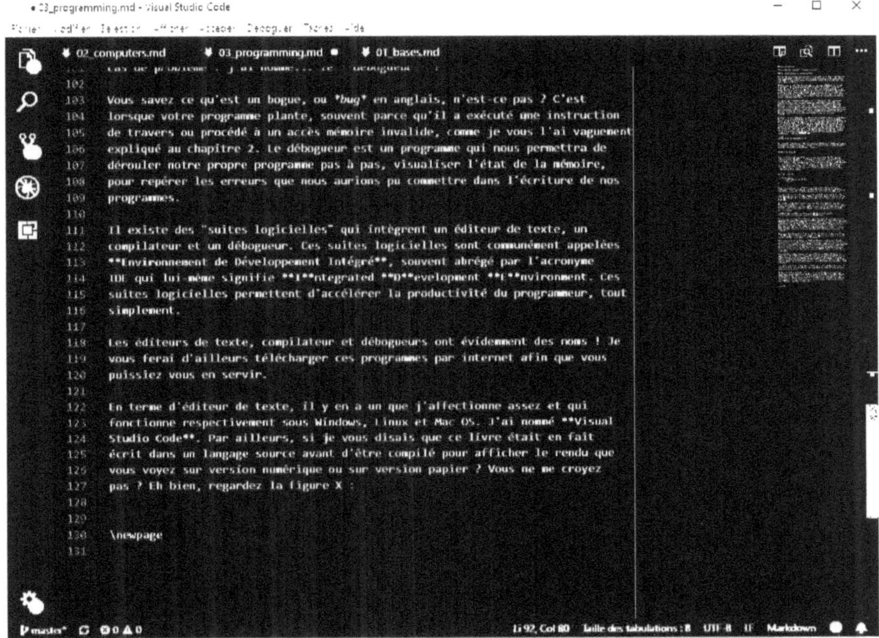

*Figure 5.2 – Visual Studio Code : un éditeur de texte Le langage source dans lequel j'écris cet ouvrage s'appelle le **markdown**, et le compilateur destiné à produire un document final avec un rendu propre, avec les figures intégrées et le style formaté, s'appelle **pandoc**. C'est de l'informatique, il n'y a rien de magique. En plus, vous pouvez voir sur la capture que j'ai écrit "figure X", car je ne peux déterminer à l'avance le numéro des figures qui sera en fait déterminé une fois le rendu produit. De plus, les figures n'apparaissent pas exactement où je les mets, tout est fait de manière automatique et optimisée. Ainsi, je peux me concentrer sur le fond plus que sur la forme! C'est le même principe qu'un langage informatique proche du langage humain. On s'intéresse au fond du problème plutôt qu'à la forme où il faudrait programmer directement en binaire. cela serait suintant (mais cela reste très intéressant, cela dit, je vous le promets).*

Donc ! Visual Studio Code est super dans la mesure où il est récent, au goût du jour (où j'écris ces lignes), **gratuit** et personnalisable à souhait.

En ce qui concerne le compilateur, c'est-à-dire le programme capable de convertir votre code source en langage binaire exécutable, nous utiliserons **GCC**, acronyme qui signifie *GNU C Compiler*. C'est un compilateur très populaire, tout aussi gratuit, très utilisé pour écrire des logiciels en C. Enfin, pour le débogueur, nous utiliserons **GDB**, acronyme qui signifie... *GNU DeBugger*.

Le C est un langage de programmation dit **portable**. C'est-à-dire que vous pouvez tout à fait écrire un programme qui sera capable d'être exécuté, une fois compilé :

— Sur plusieurs processeurs différents (exemples : Intel, architectures ARM, ...). — Sur plusieurs systèmes d'exploitation différents (Windows, Linux, ou Mac).

La seule contrainte est qu'il faudra recompiler le code source à destination de l'architecture cible. Le programme C que vous avez vu précédemment, qui ne fait qu'afficher une bête ligne *Hello world !* à l'écran, peut être compilé à destination de Windows ou Linux sans aucun problème.

C'est tout ce qu'il y a à savoir sur le C. Mais comme vous m'êtes sympathiques et que je souhaite diffuser de la connaissance au goût du jour, nous allons visiter d'autres types de langages utilisés aujourd'hui et en quoi ils diffèrent du C.

5.2 Les langages interprétés : pas besoin de compilateur

Il y a deux grandes familles de langages de programmation.

La première, les langages dits **compilés** ont besoin d'un compilateur comme nous l'avons vu. Mais les langages d'aujourd'hui le sont de moins en moins, et comme la capacité des machines progresse avec le temps, on a de moins en moins d'être "proche de la machine" pour programmer.

L'autre grande famille est celle des langages dits **interprétés**. Ce qui signifie qu'aucune démarche de compilation manuelle n'est nécessaire. On fournit le programme dans un langage proche du langage humain, toujours, à un programme appelé **l'interpréteur**. À titre d'exemple, le langage **Python** est un langage interprété. La figure 18 illustre les démarches pour aboutir à l'exécution d'un programme interprété.

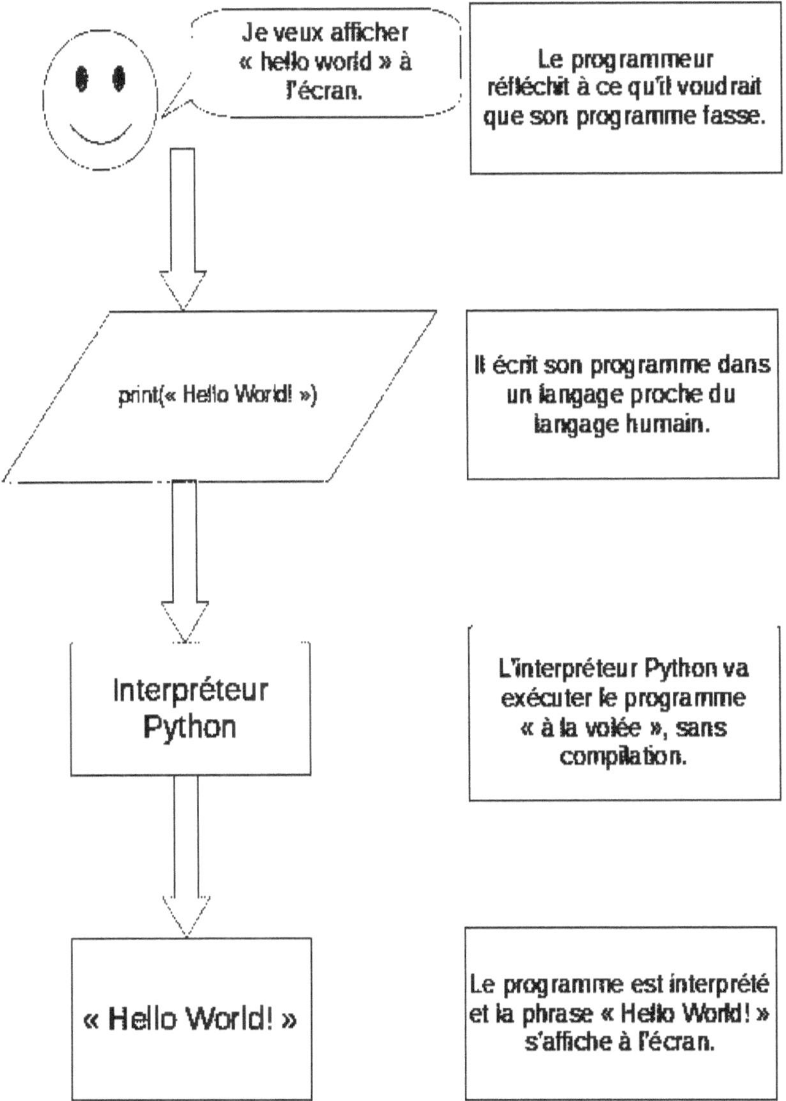

Figure 5.3 – Comment un programmeur écrit un programme qu'il peut ensuite faire exécuter par un interpréteur.

5.3 Les langages intermédiaires : mi-interprétés, mi-compilés

Il y a aussi d'autres langages qui compilent des programmes sous une forme intermédiaire. C'est notamment d'un langage dont vous avez peut-être entendu parler qui est le Java. Un code source Java est compilé dans un format binaire qui n'est pas directement compréhensible par le processeur. C'est donc un langage à mi-chemin entre les langages interprétés et les langages compilés.

Il faut un programme spécifique pour exécuter le binaire "intermédiaire" compilé du Java. Ce programme s'appelle communément machine virtuelle. L'intérêt de ce genre de programme est qu'a priori seule une compilation est nécessaire. Par la suite, le programme peut être exécuté sur tous les systèmes qui disposent de ladite machine virtuelle. Bien évidemment, il aura fallu en amont du travail pour écrire cette machine virtuelle et la compiler sur le plus d'architectures cibles possible. La figure 19 illustre les démarches pour aboutir à l'exécution d'un programme compilé dans un format intermédiaire.

Mais alors, vous pourrez sans doute me demander : "pourquoi ne pas étudier un langage interprété afin d'éviter de nous soucier des détails de la machine?" Ou encore "Pourquoi ne pas apprendre le Java puisque son écosystème semble populaire ?". Cela aurait été plus logique, en 2018.

Il faut savoir et se rappeler que le langage Cela est encore enseigné dans certaines formations et qu'il est un langage de référence. Apprendre et comprendre le C vous fera comprendre des concepts sous-jacents à l'architecture matérielle et à la programmation. Ce qui vous permettra d'évoluer très, très vite vers d'autres langages. Voyez cet ouvrage que les cours de latin que vous avez loupés en classe de cinquième (ce qui est mon cas... Je n'ai jamais fait latin à mon grand regret !).

5.4 En résumé

Dans ce chapitre sur les langages, nous avons appris :

— Comment les programmeurs faisaient pour programmer les machines au début, en programmant directement en binaire.

— Comment les langages de programmation, proche du langage humain, permettent de s'abstraire de certains concepts inhérents aux machines pour davantage se concentrer sur des problématiques algorithmiques.

— Que le C était un langage compilé.

— Qu'il fallait un éditeur de texte pour écrire du code C, un compilateur pour le traduire en langage machine et éventuellement un débogueur pour traquer les bugs nichés dans nos programmes.

— La différence entre les langages compilés comme le C, et d'autres langages interprétés comme le Python ou semi-interprétés comme le Java.

cela en fait, du chemin ! Autant pour vous que pour moi. Vous avez selon moi le b.a-ba pour commencer à apprendre à programmer en C. Je vous félicite d'ailleurs personnellement d'avoir tenu jusque là.

Il est probable que certaines notions soient encore confuses dans votre esprit, tant parce que c'est la première fois que vous les appréhendez, ou que c'est trop théorique, ou simplement parce que j'explique mal. **C'est normal** ! Ces notions se consolideront et prendront du sens quand vous commencerez à programmer et à prendre conscience de ce que vous faites.

Ainsi s'achève la première partie de cet ouvrage. Nous allons pouvoir écrire et étudier des programmes

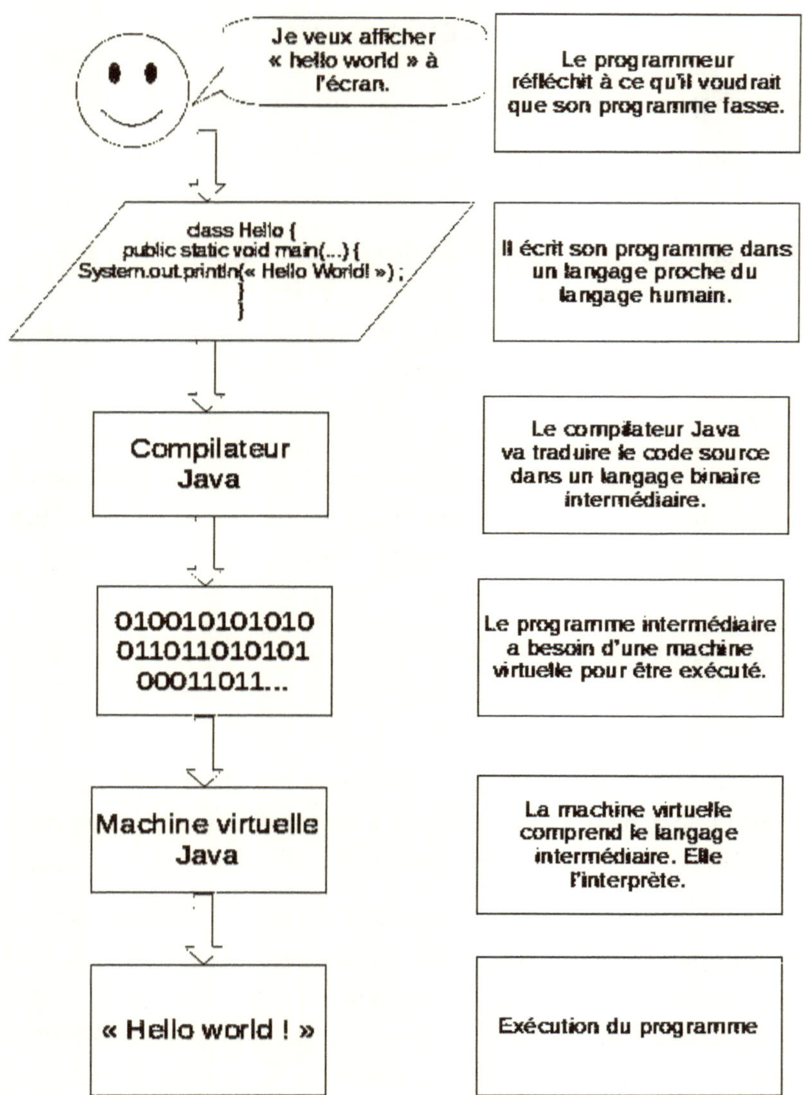

Figure 5.4 – Comment un programmeur écrit un programme qu'il peut ensuite faire exécuter par une machine virtuelle.

en C dans la seconde partie. Je gage, chers lecteurs, que vous en trépignez d'impatience. Alors n'attendons pas plus!

6 Installez votre environnement

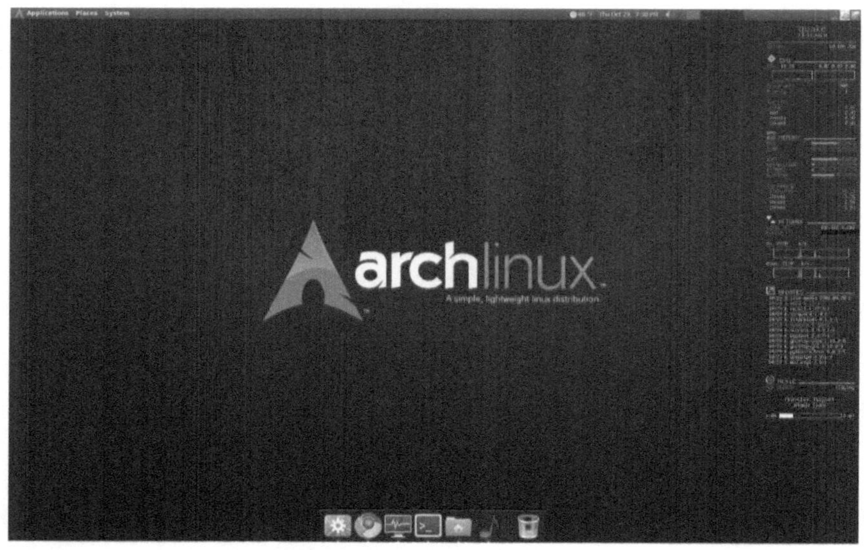

Un environnement archlinux

Un environnement Backtrack

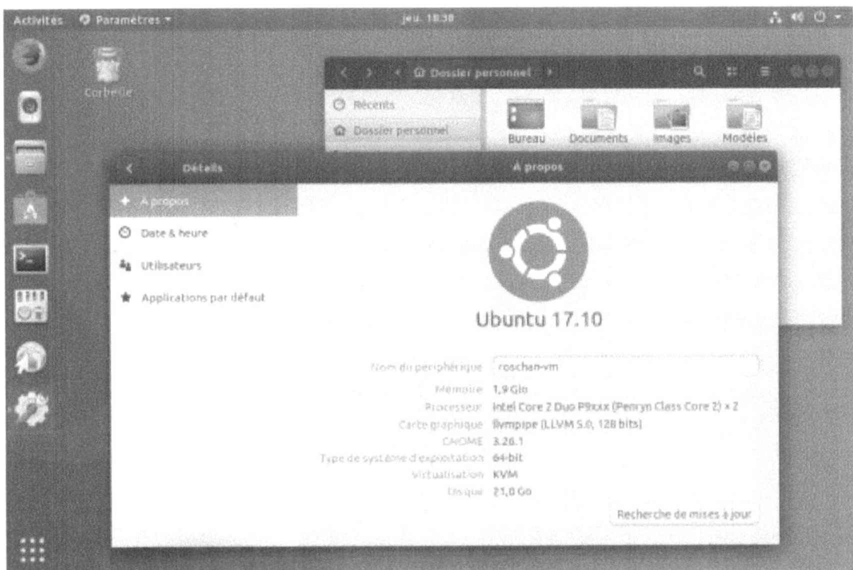

Un environnement Ubuntu

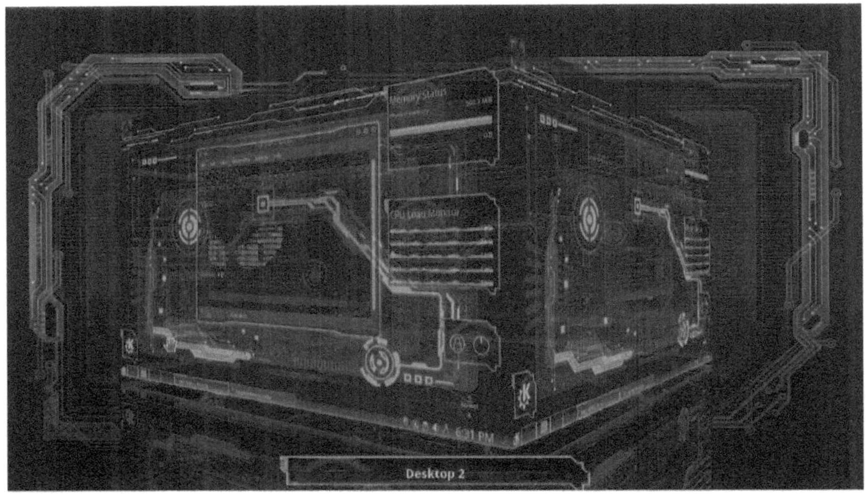

Un environnement Kali Linux avec Thème Ghost

Celui qui trouve sans chercher est celui qui a longtemps cherché sans trouver.

- Gaston Bachelard

6.1 Préambule : configuration d'un environnement Linux

Avant d'aborder ce chapitre, j'aimerais vous mettre en garde sur un point : toutes les procédures décrites ici seront exécutées sur un système d'exploitation **Linux**. Si vous êtes un utilisateur de Windows, je vous renvoie à l'annexe X où je décris la démarche la plus complète possible pour utiliser un système d'exploitation Linux en machine virtuelle.

Si toutefois vous êtes assez à l'aise avec votre système d'exploitation Windows ou encore avec Mac OS et que vous saurez vous-mêmes effectuer certaines commandes, alors je ne vous priverai nullement de votre autonomie et vous encouragerai à travailler dans les conditions qui vous conviennent. Gardez toutefois en tête que ce qui va suivre sera détaillé dans un environnement Linux. L'idée, c'est de faire une pierre deux coups : vous faire programmer en C **ET** utiliser un système d'exploitation basé sur Linux. Allez vers la difficulté, vous n'en ressortirez que grandis !

Fin de la parenthèse ! Souvenez-vous ce dont je vous parlais au chapitre 4 ? Je disais que pour avoir un environnement de développement complet, il fallait :

— Un éditeur de code.

— Un compilateur. — Un débogueur.

Et j'ai parlé de Visual Studio Code. Nous allons commencer par installer les outils nécessaires au développement. Les démarches que je vais décrire seront similaires à l'environnement Debian/Linux dont je décris l'installation et la configuration en annexe. Si vous possédez déjà un système d'exploitation Linux, il y a de très fortes chances que vous soyez capable d'installer les outils par vous-mêmes, sans grand besoin que votre humble serviteur vous guide.

6.2 Visual Studio Code : Un éditeur de code puissant

Rendez-vous sur http://code.visualstudio.com et, sur la page d'accueil, vous devriez voir un encart vers sur lequel il est inscrit ".deb" suivi de "Debian, Ubuntu...". Comme sur la figure X.

Si le site vous propose de télécharger l'éditeur pour Windows, c'est que vous êtes en train de tricher ! Utilisez bien votre système d'exploitation Linux (installé en machine virtuelle pour ceux qui ont suivi l'annexe) !

Je disais donc : cliquez sur l'encart vert que j'ai mis en évidence sur la figure X. Un fichier se terminant par .deb devrait être proposé en téléchargement : il s'agit du paquet logiciel de Visual Studio Code que nous installerons ensuite.

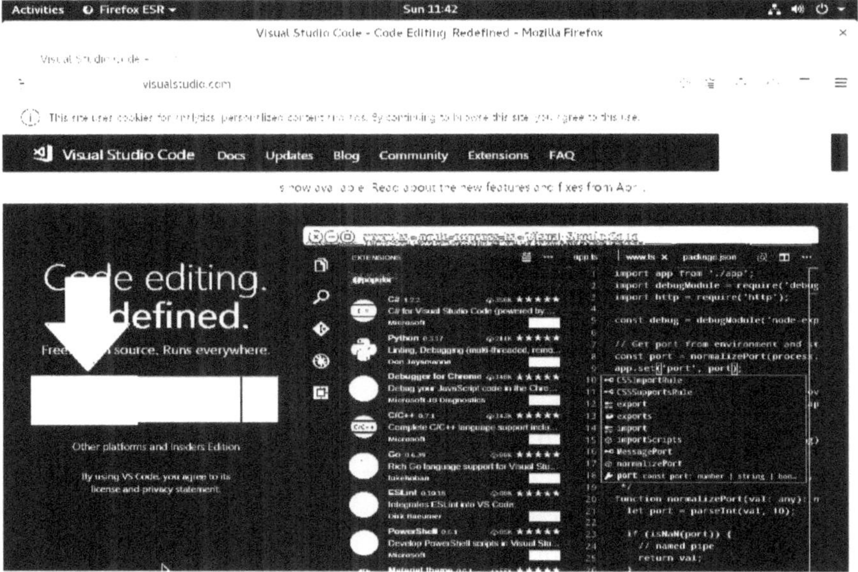

Figure 6.1 – Page diacerein de Visual Studio Code.

Pour ma part, comme vous pouvez le voir sur la figure X, mon navigateur me propose de l'ouvrir avec "Archive Manager". Ce n'est pas ce que nous voulons. Nous allons le sauvegarder. Je coche donc "Save File" et je clique sur "OK".

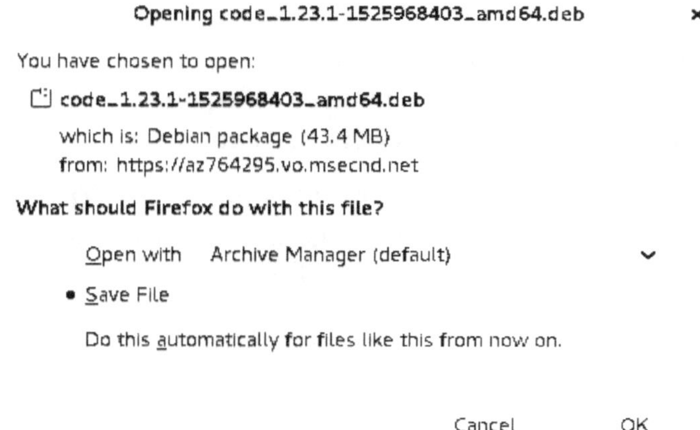

Figure 6.2 – Sauvegarde du paquet de Visual Studio Code.

Une fois le paquet téléchargé, il va falloir l'installer ! Pour cela, ouvrez un émulateur de ligne de commande, ou terminal, sur votre système.

Pour les Windowsiens qui seraient désorientés et qui auraient suivi l'annexe d'installation d'un système d'exploitation Linux dans une machine virtuelle, pas de panique ! Cliquez sur "Activities" en haut à gauche de votre écran puis, dans la barre de recherche, saisissez "Terminal". Vous devriez normalement avoir un résultat similaire à la figure X.

Cliquez sur l'icône de Terminal, cette icône de fenêtre noire avec un >_. Vous avez lancé un **émulateur de terminal**, ou un **émulateur de ligne de commande** ou encore **shell**. Par la suite, j'utiliserai cette dernière appellation pour des raisons de simplicité. Ici, nous revenons aux bases de l'informatique, avant que les programmes avec des fenêtres (comme Firefox, Microsoft Office, etc.) ne voient le jour. La ligne de commande est encore très utilisée par les informaticiens. Elle peut faire peur au début, mais vous verrez, c'est un vrai régal de s'en servir puisqu'on comprend ce qu'on fait, là où une interface graphique fait les choses à notre place sans que nous nous doutions de la moindre opération.

La figure X montre mon terminal. Vous pouvez voir en haut à gauche l'intitulé x@debian: ~$. Respectivement, il s'agit de nom_utilisateur@nom_machine:répertoire$:

— Mon nom d'utilisateur est x.

— Le nom de ma machine est debian.

— Le répertoire courant est ~, qui est un raccourci pour désigner mon répertoire personnel, ou HOME.

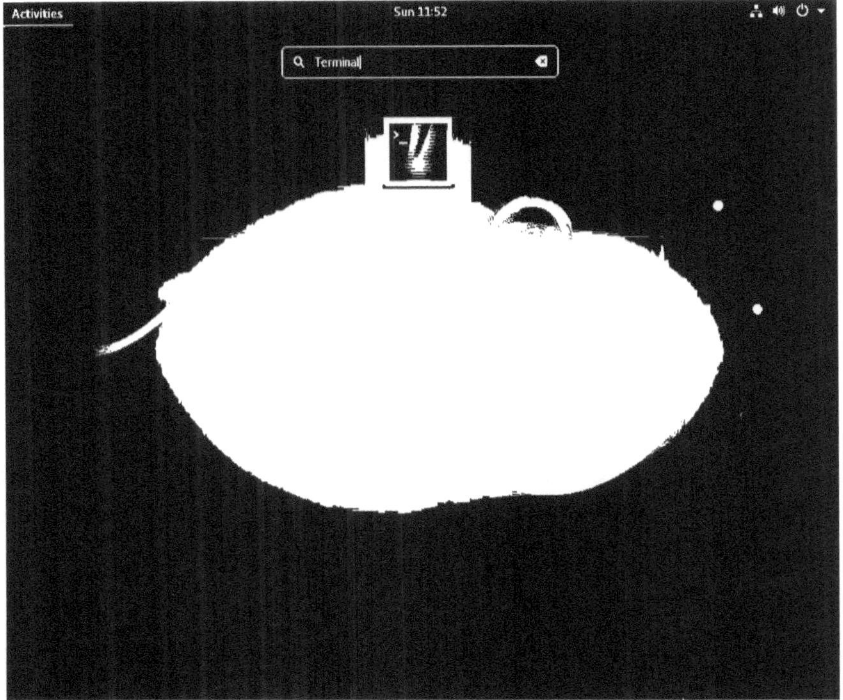

Figure 6.3 – Lancement d'un émulateur de terminal.

Pour la suite de l'ouvrage, tout ce qui concernera le shell sera décrit de la manière suivante :

x@debian:~$ (commande)

Exemple : si j'ai un résultat semblable à la figure X :

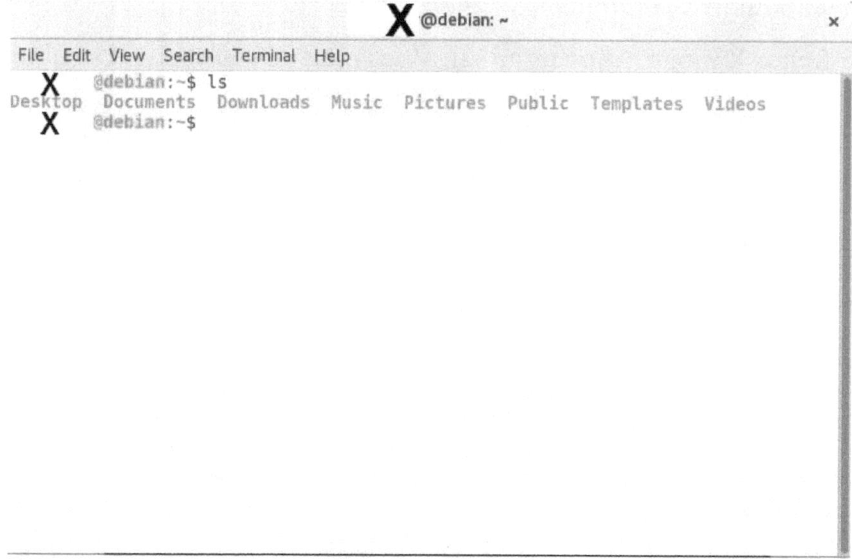

Figure 6.4 – Exécution d'une commande dans le shell.

Alors je décrirai l'action de la sorte :

x@debian:~$ ls

Desktop Documents Downloads Music Pictures Public Templates Videos

Par ailleurs, savez-vous ce que je viens de faire ? Je viens d'exécuter une commande, en tapant sur ls puis sur la touche Entrée (pour valider la commande, donc).

La commande ls permet de lister le répertoire courant dans lequel je me trouve. Ici, je me trouve dans mon répertoire maison, comme indiqué par le ~ juste à gauche du $. Et dans ce répertoire maison, j'ai d'autres répertoires : mon bureau ("Desktop"), mes documents ("Documents") et aussi mes téléchargements ("Downloads"). Nous allons nous déplacer, à l'aide de notre shell, dans le dossier de téléchargements, là où devrait se trouver notre paquet logiciel pour Visual Studio Code:

x@debian: ~$ cd Downloads x@debian:~/Downloads$

Je me trouve dorénavant dans le dossier Downloads, comme indiqué par ~/Downloads à gauche sur $.

Une nouvelle commande ls me permettra de lister les fichiers présents dans le dossier Downloads : x@debian: ~/Downloads$ ls code_1.23.1-1525968403_amd64.deb

Si vous n'avez pas exactement le même nom de fichier que moi, mais que vous voyez dans ce nom code_...deb, c'est sans doute le paquet logiciel de Visual Studio Code.

Commencez par mettre à jour la base de données de dépôts logiciels comme suit :

x@debian: ~/Downloads$ sudo apt-get update [sudo] password for x:

Hit:1 http://security.debian.org/debian-security stretch/updates InRelease

Ign:2 http://ftp.fr.debian.org/debian stretch InRelease

Hit:3 http://ftp.fr.debian.org/debian stretch-updates InRelease

Hit:4 http://ftp.fr.debian.org/debian stretch Release

Get:5 http://packages.microsoft.com/repos/vscode stable InRelease [2,802 B]

Get:7 http://packages.microsoft.com/repos/vscode stable/main amd64 Packages [51.1 kB]

Fetched 53.9 kB in 0s (91.8 kB/s) Reading package lists... Done

Puis faîtes: x@debian: ~/Downloads$ sudo dpkg -i code_1.23.1-1525968403_amd64.deb (Reading database ... 135721 files and directories currently installed.) Preparing to unpack code_1.23.1-1525968403_amd64.deb ...

Unpacking code (1.23.1-1525968403) over (1.23.1-1525968403) ...

Setting up code (1.23.1-1525968403) ...

Processing triggers for gnome-menus (3.13.3-9) ...

Processing triggers for desktop-file-utils (0.23-1) ... Processing triggers for mime-support (3.60) ...

Cliquez ensuite sur "Activities" en haut à gauche et, dans la barre de recherche, saisissez "vs". Vous devriez voir apparaître l'icône de Visual Studio Code comme sur la figure X. Cliquez dessus. Visual Studio Code se lance, comme montré sur la figure X.

Quittez Visual Studio Code pour le moment. Nous l'ouvrirons de nouveau lorsque nous en serons à l'écriture de notre premier programme.

Nous allons installer rapidement le compilateur et le débogueur dont nous avons besoin.

6.3 GCC : Un compilateur non moins puissant

Ecrire du code, c'est bien, c'est beau, mais si nous ne pouvons même pas profiter du tout de notre cru alors... Quel intérêt ? Un code C, cela se compile (et cela se débogue aussi, mais cela, c'est pour plus tard !), à l'aide de programmes appelés **compilateurs** (Je vous renvoie au chapitre 4 pour la définition exacte). Pour installer gcc, exécutez la commande suivante :

$ sudo apt-get install build-essential

(Note : j'ai tronqué la partie à gauche du $, parce que non seulement elle diffère sans doute chez vous, mais en plus, dans le contexte actuel, elle ne nous intéresse pas)

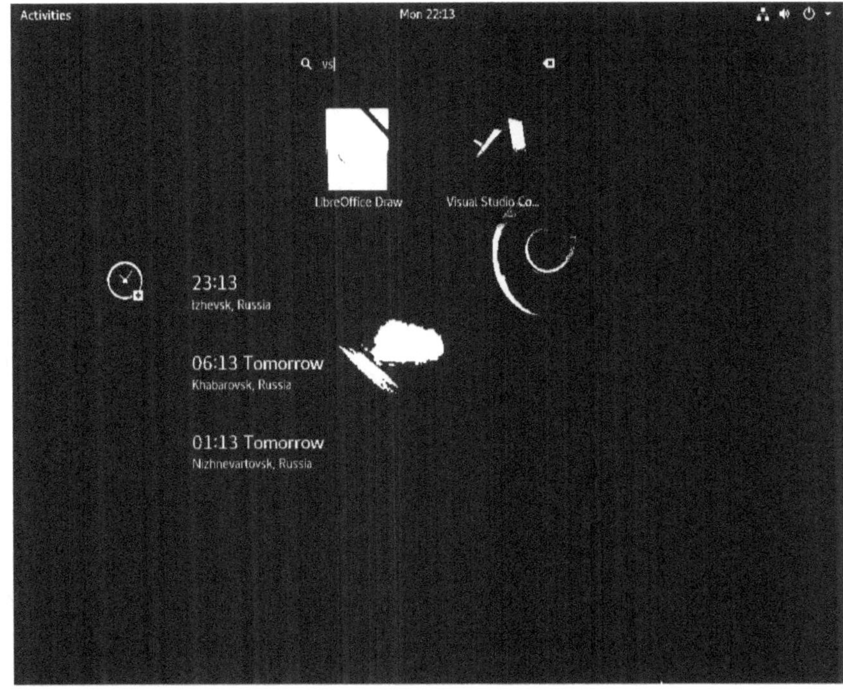

Figure 6.5 – Lancement de Visual Studio Code.

Figure 6.6 – Interface principale de Visual Studio Code.

Si besoin, entrez votre mot de passe utilisateur, et laissez faire le reste. Le système installera gcc pour vous (entre autres !) à travers le paquet build-essential qui contient aussi d'autres logiciels

"essentiels" pour "construire" des logiciels. Dans le jargon, vous entendrez souvent parler du terme *build*. Il s'agit ni plus ni moins de compiler un programme, d'installer ses dépendances logicielles tierces et de produire un **exécutable** ou un **paquet** prêt à l'exploitation ou à la mise en production.

... Comment cela, vous ne comprenez rien ? Bon, prenons un exemple : vous voyez Firefox ? Google Chrome ? Il a fallu des gens, des programmeurs, des développeurs... Bref, du monde, pour écrire le code source de ces navigateurs, le tester, le déboguer... Et pour produire l'exécutable que vous utilisez pour surfer sur internet. Derrière le produit fini, il y a tout un véritable processus d'ingénierie complexe, dont nous étudierons une partie. Et attention ! J'ai dit complexe, pas compliqué ! C'est à votre portée, puisque vous me suivez au travers de ces modestes écrits.

Donc ! Revenons à nos chèvres. Vous avez normalement installé le paquet build-essential. Pour vérifier que gcc est correctement installé :

```
$ gcc
```

```
gcc: fatal error: no input files
```

On vient de se faire méchamment insulter par gcc. "Mais t'es débile ou quoi ? D'où tu me déranges alors que tu ne me donnes aucun fichier à traiter ?". Quelque chose dans ce genre-là. Vous l'aurez compris : gcc est prêt à compiler, et il n'attend que des codes sources à compiler !

Passons maintenant au débogueur, le troisième et dernier élément de notre environnement !

6.4 GDB : Un débogueur très puissant lui aussi

J'ai évoqué très brièvement gdb au chapitre 4. Il s'agit d'un débogueur. J'expliquais aussi la définition concrète du terme *bug*, mais pour la petite histoire, savez-vous pourquoi on parle de *bug*, sachant que cela se traduit en français par *insecte* ? C'est lié à un papillon de nuit qui s'est glissé dans les entrailles d'une machine à calculer dans les années 40, et qui a fait planter tout un calculateur à Harvard ! C'est de là que vient l'expression *bug*, c'est-à-dire du premier insecte (physique !) découvert qui a lui seul a compromis le bon fonctionnement de tout un système ! Balèze, non ?

Et nous, les bugs, en tant que programmeur, on n'aime pas cela. Et dans la phase de réalisation d'un programme, on passe bien plus de temps à relire du code et à le déboguer, qu'à écrire du code nouveau. Vous l'aurez donc compris : disposer d'un débogueur est nécessaire, et cela va grandement vous faciliter la vie. Pour cela :

$ sudo apt-get install gdb

Tout simplement ! Et pour vérifier que l'installation s'est correctement déroulée :

$ gdb

GNU gdb (Debian 7.12-6) 7.12.0.20161007-git

Copyright (C) 2016 Free Software Foundation, Inc.

License GPLv3+: GNU GPL version 3 or later <http://gnu.org/licenses/gpl.html> This is free software: you are free to change and redistribute it. There is NO WARRANTY, to the extent permitted by law. Type "show copying" and "show warranty" for details.

This GDB was configured as "x86_64-linux-gnu".

Type "show configuration" for configuration details.

For bug reporting instructions, please see:

<http://www.gnu.org/software/gdb/bugs/>.

Find the GDB manual and other documentation resources online at:

<http://www.gnu.org/software/gdb/documentation/>.

For help, type "help".

Type "apropos word" to search for commands related to "word".

(gdb)

Beaucoup d'informations qui ne nous intéressent pas pour l'instant. On dit dans ce cas qu'on programme est très **verbeux**. Je vous rappellerai l'expression à l'occasion si vous ne la retenez pas.

A l'instar du $ du shell qui indique qu'il attend de nous une commande, gdb nous informe à sa manière aussi qu'il attend des commandes à inscrire au clavier via les inscriptions (gdb). Pour quitter le débogueur, Tapez q puis appuyez sur "Entrée".

6.5 En résumé

— Nous avons installé un éditeur de code, **Visual Studio Code**, à l'aide duquel nous allons écrire nos programmes en C.

— Nous avons installé un compilateur, **gcc**, qui compilera nos codes sources en C pour créer des programmes.

— Enfin, nous avons installé un débogueur, **gdb**, qui nous permettra de traquer les bogues dans nos programmes (et ceux-ci risquent d'être nombreux !).

Dans le chapitre suivant, nous passerons à l'écriture de notre premier programme, le traditionnel "Hello World" que tout programmeur apprend réalise en pratique lorsqu'il débute l'apprentissage d'un nouveau langage !

7 Hello World, votre premier programme.

Pourquoi Hello World ?

« Hello World sont les mots traditionnellement écrits par un programme informatique simple dont le but est de faire la démonstration rapide d'un langage de programmation (par exemple à but pédagogique) ou le test d'un compilateur. »

-Wikipédia

Hello World constitue les premiers pas d'un programme informatique.

Le mystère du Hello Word est unique, on octroie habituellement sa création à Brian Kernighan & Denis Ritchie dans le livre « The C Programming Language » certains le connaîtront sous le nom de « K&R« (1974) mais il est en réalité utilisé quelques années plus tôt par Kerninghan dans son manuel d'apprentissage du langage B (1972).

C'est ce fameux livre écrit par Kernighan & Ritchie en1974 qui rend le « hello world ! » si connu. Ce livre a été pendant longtemps, un guide d'une clarté inégalée.

Enseigner, c'est apprendre deux fois.

- Joseph Joubert

Joseph Joubert, 1754-1824, est un moraliste et essayiste français

7.1 Ecriture, compilation puis exécution.

Dans ce chapitre, nous apprendrons à écrire notre premier programme, à le compiler puis à l'exécuter. Revoyons le programme d'exemple que j'avais donné dans le chapitre précédent :

```c
#include <stdio.h>

int main(void) { printf("Hello world!\n");

return 0; }
```

Un programme minimaliste qui ne fait rien de plus que d'afficher une phrase "Hello world!" à l'écran. Avant de l'étudier, nous allons mettre en place un petit environnement pour ce chapitre. Ouvrez un terminal et tapez-y la commande suivante :

```
$ mkdir -p ~/cbook/chap06
```

La commande mkdir permet de créer des dossiers. Ici, nous allons créer une arborescence de dossiers qui part de votre répertoire maison (le fameux ~). Vous aurez un dossier cbook dans lequel vous pourrez mettre les fichiers relatifs à nos exercices. Et ici, nous créons aussi un dossier chap06, en référence au chapitre 6 de cet ouvrage.

Le -p est une option de mkdir qui indique que si l'arborescence n'existe pas, alors le programme peut la créer. Ici, le dossier cbook n'existait peut-être pas dans le répertoire maison, alors l'option -p permet de le créer à la volée avant de créer chap06 dans ce même dossier cbook.

Ouvrez maintenant Visual Studio Code. Nous allons écrire un programme C. Pour ce faire, sur l'interface de démarrage, dans le menu de la barre du haut, cliquez sur "File" puis sur "New". Vous avez aussi le raccourci clavier Ctrl+N (Appuyez en même temps sur les touches Ctrl et N). Vous devriez avoir ouvert un nouvel onglet intitulé "Untitled-1", comme sur la figure X.

Nous allons enregistrer notre fichier pour lui donner un nom. Pour cela, toujours dans le menu du haut, cliquez sur "File", puis sélectionnez "Save". Le raccourci clavier correspondant est Ctrl+S. Essayez de pratiquer les raccourcis clavier si vous n'y êtes pas habitués, ils vont grandement vous faciliter la vie !

Vous devriez ensuite avoir un invite pour sauvegarder votre fichier et lui donner un nom, comme sur la figure X. Commencez par vous rendre dans le dossier chap06 que je vous ai fait créer. Pour cela, cliquez sur votre dossier maison comme indiqué en "1" sur la figure (chez moi, il s'agit bien évidemment de x). Double cliquez ensuite sur cbook qui apparaîtra sur la liste de droite, puis sur chap06.

Vous êtes donc dans le bon répertoire.

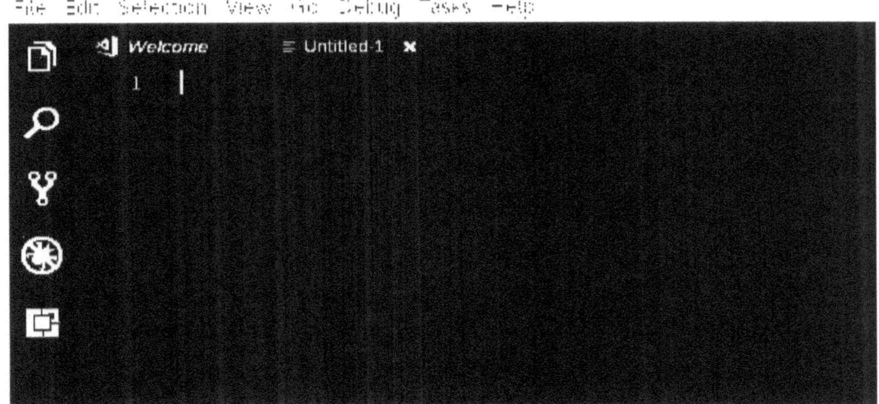

Figure 7.1 – Visual Studio Code - Création d'un nouveau fichier.

Par la suite, dans la zone de saisie tout en haut, vous pouvez donner un nom à votre fichier. Ici, nous l'appellerons "hello.c". Le .c à la fin du fichier est **l'extension du nom de fichier**. Celle-ci n'est pas toujours affichée sous Windows, mais qui a son importance. Elle permet au système d'associer avec quel programme par défaut on peut manipuler ces fichiers ou, pour un utilisateur averti, cela peut donner une idée sur le contenu du fichier. Ainsi, tous les fichiers qui ont .c à la fin de leur nom ont de grandes chances de contenir du code source en C. Cliquez enfin sur le bouton "Save" que j'ai annoté d'un 3.

Nous allons ensuite configurer quelques instants Visual Studio Code pour l'indentation. Si ce terme ne vous évoque rien, pas de panique, j'y reviendrai.

Comme annoté sur la figure X, dans la barre d'informations en bas de Visual Studio Code, vous devriez voir une annotation type "Spaces : 4". Cela signifie qu'à chaque fois que vous appuierez sur la touche "Tabulation", qui se trouve juste entre vos touches 2 et Caps Lock, Visual Studio Code insérera quatre caractères espace, ceux qui sont représentés par la valeur décimale 32 dans le code ASCII!

Nous, ce que l'on souhaite, c'est faire afficher de vraies tabulations qui équivalent à huit espaces, comme dans l'ancien temps. Le caractère tabulation est représenté par la valeur décimale 9 dans le code ASCII.

Revenons à nos moutons. Cliquez donc sur "Spaces : 4" dans un premier temps, puis sur "Indent Using Tabs". Par la suite, vous aurez un second menu vous demandant de choisir un nombre entre 1 et 8. Choisissez 8.

Nous allons maintenant configurer une règle verticale sur la droite qui sera une marge à ne pas dépasser. Un peu comme à l'école où, lorsque vous écriviez sur une feuille simple ou double, vous aviez toujours une marge sur la gauche délimitée par un trait rosé. Ici, le trait ne sera pas forcément rosé, et il sera sur la droite. Ce sera un indicateur conventionnel de vous à moi à ne pas dépasser lorsque nous écrirons du code C. Ceci afin d'avoir un code propre et "plât" (à savoir, qui ne part pas trop sur la droite).

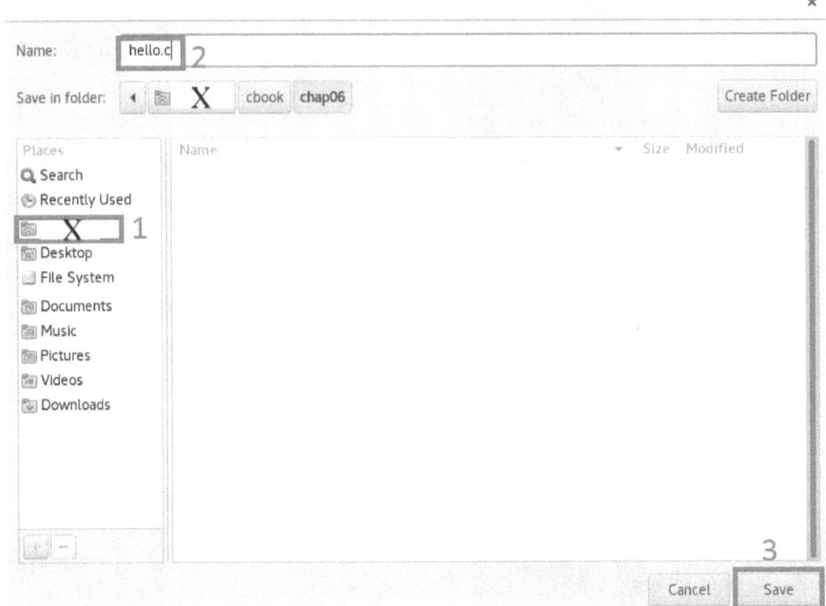

Figure 7.2 – Visual Studio Code - Sauvegarde du nouveau fichier.

Figure 7.3 – Visual Studio Code - Utilisation des tabulations pour l'indentation.

Pour ce faire, dans le menu du haut, cliquez sur "New", puis "Preferences" et enfin sélectionnez Settings [Ctrl+,] comme indiqué sur la figure X.

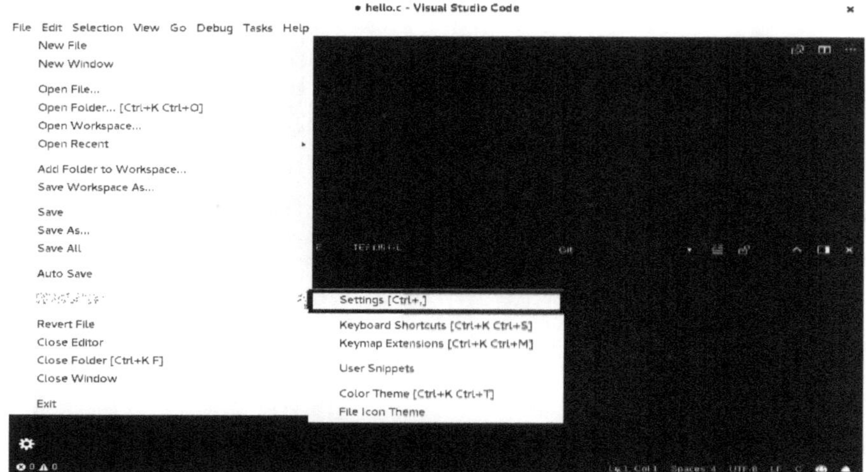

Figure 7.4 – Visual Studio Code - Ouverture de la configuration.

Vous devriez avoir un éditeur ouvert sur la droite, intitulé "USER SETTINGS", comme montré sur la figure X. Dedans, inscrivez-y la configuration suivante :

```
{

"editor.rulers": [79]

}
```

Cela aura pour effet de dessiner une règle verticale placée à 79 caractères effectifs. En fait, on souhaite limiter nos lignes de code au maximum à 80 caractères (le 80ème caractère devant être, tout au plus, un \n, c'est-à-dire un retour à la ligne, matérialisé par la valeur 10 du code ASCII).

Appuyez sur Ctrl+S pour sauvegarder les paramètres utilisateurs, puis fermez l'onglet.

Revenez dans l'onglet intitulé hello.c et inscrivez-y le programme C que je vous ai donné plus haut et que, dans ma grande mansuétude, je vais vous redonner ici :

#include <stdio.h> int main(void) {

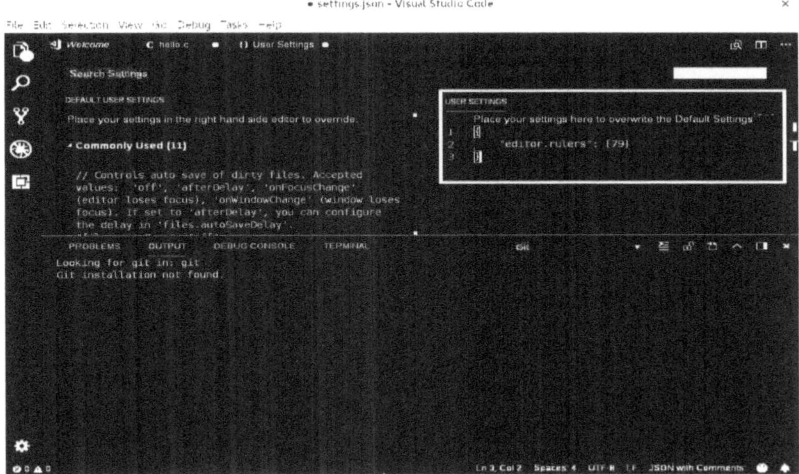

Figure 7.5 – Visual Studio Code - Configuration de l'éditeur. printf

("Hello world!\n");

return 0; }

Recopiez à la main le code de ce programme plutôt que d'essayer un bête copier-coller. Cela vous forcera à écrire du C et à mieux retenir ce que vous écrivez. Vous acquerrez mieux les réflexes et la connaissance du langage de cette manière. Normalement, après avoir recopié le contenu du programme, qui ne fait que 6 lignes, vous devriez avoir un résultat semblable à la figure X.

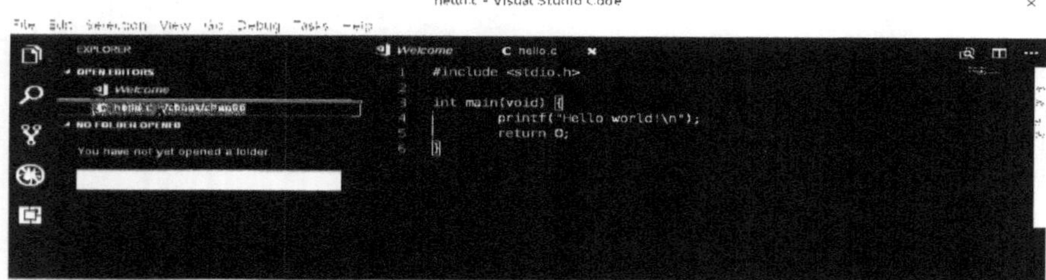

Figure 7.6 – Visual Studio Code - Configuration de l'éditeur.

Ouvrez de nouveau un terminal et déplacez-vous dans le dossier ~/cbook/chap06 à l'aide de la commande cd si ce n'est pas déjà fait :

$ cd ~/cbook/chap06

~/cbook/chap06$

A partir d'ici, faîtes un ls pour bien vous assurer qu'il y a dans ce dossier un fichier hello.c comme nous l'avons créé à partir de Visual Studio Code :

~/cbook/chap06$ ls hello.c

Magnifique! Et pour nous assurer qu'il contient quelque chose, nous allons utiliser la commande cat pour lire le contenu de ce fichier et l'imprimer sur le terminal :

~/cbook/chap06$ cat hello.c #include <stdio.h> int main(void) { printf("Hello world!\n");

return 0;

}

~/cbook/chap06$

Nous allons maintenant utiliser gcc pour compiler notre programme :

~/cbook/chap06$ gcc -c hello.c

~/cbook/chap06$

L'option -c indique à gcc de compiler le fichier dont le nom suit ladite option, à savoir, hello.c.

On peut voir qu'il ne s'est rien passé. gcc ne nous a rien dit. En vérité, il a compilé notre fichier hello.c en un fichier hello.o comme nous pouvons le voir à l'aide de la commande ls :

~/cbook/chap06$ ls hello.c hello.o ~/cbook/chap06$

Le fichier hello.o contient donc la traduction **binaire** de notre fichier hello.c. D'ailleurs, si nous essayons d'afficher son contenu avec cat, on obtient un charabia incompréhensible.

Ce fichier hello.o n'est pas directement exécutable en soi. Il faut procéder à ce qu'on appelle une **édition de liens**. C'est une étape que je ne vous ai pas décrite dans le chapitre 4 afin de ne pas vous noyer inutilement d'informations. Nous le verrons plus tard, l'édition de liens a pour rôle de **lier** les différents fichiers compilés séparément pour produire un fichier binaire exécutable de sortie.

Ici, il n'y a qu'un seul fichier à lier : hello.o. Et pour lier, nous utilisons aussi la commande gcc :

~/cbook/chap06$ gcc hello.o -o hello

~/cbook/chap06$

L'option -o est précédé du nom de fichier de sortie exécutable, hello. Elle indique donc le nom de fichier à avoir en sortie d'opération. Enfin, juste avant, on précise à gcc que nous voulons traiter hello.o. gcc détecte que le fichier hello.o est déjà compilé et donc qu'il est prêt à l'édition de liens.

Vous avez donc produit un exécutable, c'est-à-dire votre premier programme que vous pouvez exécuter! Faîtes un ls pour l'apercevoir :

~/cbook/chap06$ ls hello hello.c hello.o ~/cbook/chap06$

Pour exécuter votre programme, il suffit de faire ./<nom_du_programme> dans votre terminal, sous réserve d'être dans le même dossier que celui-ci. Dans notre exemple, donc, il s'agit de lancer ./hello :

~/cbook/chap06$ ./hello Hello world!

~/cbook/chap06$

Félicitations! Vous venez d'écrire votre tout premier programme qui... ne fait qu'afficher une phrase à l'écran! En soi, pour un débutant, c'est un cap important, c'est un monde nouveau qui s'ouvre à vous, et qui n'attend que d'être exploré!

A noter que nous aurions très bien pu utiliser un raccourci *via* gcc pour compiler et lier le programme d'une traite en n'exécutant qu'une seule commande, comme ceci :

~/cbook/chap06$ gcc -o hello hello.c

~/cbook/chap06$

Cette commande ne change pas beaucoup de gcc -o hello hello.o, puisque gcc détecte le fichier en entrée, comme je l'évoquais ci-dessus. Si on donne à un fichier binaire déjà compilé, celui-ci va chercher à faire une édition de liens. En revanche, si on fournit à gcc un fichier .c avec du code source lisible par un être humain, gcc sera suffisamment intelligent pour d'abord compiler hello.c en un fichier temporaire qui sera utilisé lors de l'édition de liens pour produire hello.

Ainsi :

$ gcc -o hello hello.c

Est un raccourci pour : $ gcc -c hello.c -o hello.o

$ gcc -o hello hello.o

Toutefois, je tiens à ce que vous fassiez la distinction entre la compilation et l'édition de liens, pour faire les choses proprement et, surtout, **pour comprendre ce que vous faites**.

Maintenant que nous avons joué un peu avec des bribes de langage C, nous allons étudier la signification des lignes que je vous ai fait taper.

7.2 Analyse du premier programme

Décortiquons les lignes une par une :

```
#include <stdio.h>
```

Cette ligne correspond à ce qu'on appelle une **directive préprocesseur**. Le préprocesseur est en fait un programme qui intervient avant la compilation. Ici, on indique au préprocesseur d'aller chercher le fichier stdio.h et d'inclure son contenu dans le fichier actuel. Le fichier stdio.h est inscrit entre les chevrons < et >, ce qui indique qu'il se situe dans les répertoires d'inclusions (ici, en l'occurrence, des répertoires système, qui ne nous intéressent guère en tant que programmeur débutant). Ces répertoires peuvent être soit implicitement connus de votre compilateur, soit spécifiés de manière explicite, comme nous aurons l'occasion de voir.

L'intérêt d'inclure un fichier externe comme stdio.h est qu'il contient des outils pour nous permettre de programmer plus efficacement. Le nom en lui-même signifie **ST**an**D**ard **I**nput **O**utput. Littéralement, il s'agit d'un fichier qui va vous permettre de programmer avec les entrées et sorties standards. Ne vous attardez pas sur la définition précédente si vous ne la comprenez pas (ce qui est tout à fait normal), nous y reviendrons.

Les noms de fichiers dont l'extension est .h correspondent, par convention, à des *headers*, c'est-à-dire des en-têtes. Ils ne contiennent pas du code en particulier, mais des déclarations, c'est-à-dire des affirmations pour dire au compilateur : "psst, sache que tel outil existe et que tu peux t'en servir!". Encore une fois, vous comprendrez l'utilité de stdio.h lorsque nous déroulerons la suite du programme.

La ligne suivante : `int main(void) {`

Signifie plusieurs choses.

Le terme int est en fait un mot-clef du langage C. Il signifie *integer*, c'est-à-dire "nombre entier" (qui n'a pas de partie décimale, donc).

Le terme main, ici, désigne un nom de **fonction**. En informatique, une fonction est un routine de code réutilisable et factorisée, qui attend zéro ou plusieurs arguments pour fonctionner. Cela fait beaucoup d'un coup, hein? Ne vous en faites pas.

Le terme void, ici, signifie que notre fonction main ne prend aucun argument. Il est entre deux parenthèses. C'est entre ces parenthèses que l'ont définit la liste des arguments d'une fonction. Tout cela n'est toujours pas clair, pas vrai? Pas d'inquiétude. Encore une fois, nous y reviendrons.

Le symbole accolade ouvrante { indique le début du **corps de la fonction**. C'est-à-dire l'ensemble du code qui sera exécuté par le processeur lorsque la fonction sera appelée. Eh oui, une fonction, en informatique, c'est un morceau de code factorisé, réutilisable, suscité par d'autres fonctions pour effectuer un travail précis.

Vous devinerez que le symbole accolade fermante } indique la fin de la fonction. Passé cette accolade, tout le code écrit ne concernera plus directement notre fonction main.

Analysons maintenant la ligne suivante :

printf("Hello world!\n"); printf est, au même titre que main, une fonction! Mieux, une fonction standard qui permet d'imprimer des données formatées sur le flux de sortie. Là non plus, vous ne comprenez rien? Pas d'inquiétude. Je suis maître de la situation!

Le code complet pour afficher une phrase à l'écran est bien évidemment complexe et nécessite de nombreux calculs. Les programmeurs se sont dits : "plutôt que de réécrire à chaque fois le code qui permet d'afficher une phrase à l'écran, on va écrire une fonction printf qu'on appellera à chaque fois qu'on souhaite afficher quelque chose à l'écran, sans avoir à réécrire à chaque fois le même code.

On en déduit par ces explications ci-dessus que les programmeurs sont paresseux, mais intelligents! Comme un mathématicien qui se reporte à une solution déjà trouvée pour un problème donné. Les programmeurs rencontrent des problèmes chaque jour. Pour les résoudre, deux solutions :

— Ils cherchent s'il n'existe pas déjà du code qui a déjà été écrit pour résoudre ce problème;

— S'ils ne trouvent pas de code déjà disponible pour résoudre ledit problème, ils le résolvent si possible et, éventuellement, mettent à disposition le code qui a permis de résoudre ce problème.

Résoudre un problème déjà résolu s'appelle **réinventer la roue (carrée)**. Un des nombreux adages connus dans le domaine de la programmation est en effet *Don't Reinvent the Wheel* ("Ne réinventez pas la roue!"). Toutefois, il est tout à fait naturel de résoudre un problème déjà résolu, mais à des fins purement académiques ou d'apprentissage. C'est notamment le cas dans notre contexte, où je vous apprendrai à programmer des choses qui existent déjà, mais c'est comme cela que vous apprendrez.

J'ai divagué. printf, donc, est une **fonction** dont la définition est disponible dans le fameux fichier d'en-tête stdio.h. Ce dernier nous a indiqué : "vous pouvez utiliser la fonction printf pour écrire des données à l'écran" (en gros!).

La fonction printf ici, est appelée avec un argument : "Hello world!\n". Les guillemets doubles indiquent qu'il s'agit d'une **chaîne de caractères**, c'est-à-dire d'une suite de caractères : H, e, l, l, o...

En C, les chaînes de caractères statiques sont systématiquement définies entre guillemets doubles ("). Par exemple, le code suivant ne compilera pas :

printf('Hello world');

Puisque les guillemets simples ne permettent pas de définir une chaîne de caractères. Ils permettent de définir autre chose. Et, on ne le dit jamais assez, patience, on y reviendra!

Le caractère \n après Hello world! indique au programme d'imprimer un saut de ligne. Vous vous rappelez du code ASCII dont nous avons parlé dans le chapitre sur les bases? Il s'agit de l'entrée dont le code décimal est 10, nommé "line feed". C'est comme si nous avions écrit :

```
printf("Hello world! ");
```

Notez bien le saut de ligne manuel que j'ai fait. A la place, j'ai encodé un saut de ligne à l'aide de la directive \n.

Enfin, vous pouvez apercevoir qu'après la parenthèse fermante) de l'appel de la fonction printf, il y a un point-virgule ;. Ce point virgule indique la fin de l'instruction en cours. Il est obligatoire.

Une fonction peut comporter un nombre illimité (théorique, bien entendu) d'instructions :

```
printf("Instruction 1"); printf("Instruction 2"); printf("Instruction 3");
```

Finalement, la dernière ligne - qui est une instruction, vous l'aurez compris - : **return** 0;

Indique que la fonction main **retourne une valeur**, ici, 0 (zéro). Cette valeur est de type "entier" (int), exactement comme le mot-clé int présent devant le nom de la fonction main. Il s'agit donc en fait du type de la valeur de retour de la fonction.

Pourquoi une fonction renvoie une valeur? Pour indiquer à la fonction/au programme/au système appelant le résultat de l'appel. Cela ressemble un peu aux fonctions mathématiques, vous savez, ces fameuses $f(x)$ que vous avez sans doute rencontrés dans votre cursus scolaire. Ces fonctions renvoient l'image de x par rapport à un calcul bien établi. Il y a une valeur renvoyée.

Dans notre contexte, la valeur 0, pour la fonction principale de notre programme, indique au système d'exploitation que l'exécution s'est déroulée correctement. C'est une convention établie sur la majorité des systèmes d'exploitation de nos jours. Toute valeur différente de 0 (communément, 1 ou -1) renvoyée par la fonction main indiquera au système d'exploitation que le programme aura rencontré une erreur (par exemple, impossible d'ouvrir un fichier ou d'amorcer une connexion à internet...).

On a donc vu que notre programme, s'il ne faisait qu'afficher une phrase à l'écran, fait un peu plus de choses en réalité.

La fonction main est, par convention, la fonction **principale** de vos programmes écrits en C. Celle qui sera appelée par le système une fois que votre programme sera chargé en mémoire.

Vous n'avez pas à vous soucier de la manière dont cette fonction est appelée. Un peu comme le principe Hollywoodien : "Ne nous appelez pas, nous vous appellerons".

Cela fait beaucoup de choses à la fois, pas vrai ?

7.3 Une question de style

Vos programmes C, s'il sont directement exécutables, devront toujours comporter à un moment donné une fonction main, comme ceci :

```
int main(void) {

return 0;

}
```

Pour les accolades, notez que j'aurais pu les écrire de la sorte :

```
int main(void)

{

return 0; }
```

C'est-à-dire mettre l'accolade ouvrante { sur une seule ligne distincte. Ici, c'est une question de style que je ne vous imposerai pas.

En revanche, ce que j'aimerais que vous fassiez, c'est d'écrire du code propre. C'est quelque chose de délicat à faire quand on débute en programmation, mais plus tôt vous aurez acquis les "bonnes manières", meilleur ce sera pour la suite. Vous avez d'ailleurs remarqué qu'il y avait un niveau d'indentation, c'est-à-dire un gros espacement, avant les deux instructions printf(...) et return 0 :

int main(void) { printf("Hello world!\n");

return 0; }

L'indentation est fondamentale dans la lisibilité d'un code source. Le code suivant, par exemple, n'est pas indenté, peu lisible, et très moche!

int main(void) { printf("Hello world!\n");

return 0; }

Par pitié. Ne faites pas cela. Encore moins :

int main(void){printf("Hello world\n");**return** 0;}

Car, oui, il peut y avoir plusieurs instructions sur la même ligne. Mais en plus d'être illisible, c'est **moche** et indigne des artistes (si, si, j'insiste) en devenir que nous sommes!

Pour la position des accolades, j'ai personnellement tendance à laisser la première accolade à côté de la parenthèse fermante des arguments de la fonction, comme ceci :

int main(void) { ...

}

Mais, encore une fois, il vous est possible d'écrire votre code comme ceci :

int main(void)

{

}

L'important, c'est de bien afficher un retrait - indenter le code, donc - lorsque vous êtes dans un bloc, c'est-à-dire entre deux accolades { et }.

7.4 Commentez votre code !

Un programmeur passe davantage de temps à relire du code - qui n'a pas forcément été écrit par lui-même - qu'à en rédiger. D'où l'importance, comme je le disais plus haut, de coder proprement. Mais aussi, lorsque le code en lui-même n'est pas explicite pour le relecteur, il convient de laisser des commentaires explicatifs.

Il y a en C deux manières de faire :

```
/* Ceci est un commentaire.

Notez qu'il peut se trouver sur plusieurs lignes. Un commentaire de
la sorte commence par slash étoile et se finit par étoile slash. */ #include <stdio.h> /* On inclut les entrées/sorties standards. */
```

Ou encore :

```
// Ceci est un commentaire sur une seule ligne.

#include <stdio.h> // Le commentaire peut aussi commencer à partir
d'ici.
```

Chaque syntaxe de commentaires a ses avantages et ses inconvénients. Et la présence de commentaires dans le code **ne change absolument rien au comportement du programme final**. Par exemple, le programme ci-dessous fera la même chose que notre tout premier programme :

```
/* hello_comment.c

Print out "Hello world!"

Author: x

Date: 2018-05-24*/

#include <stdio.h>

// Here comes the main function:

int main(void) { // Print out the information to the screen:

printf("Hello world!\n");
```

```
// Don't forget to return 0, meaning that everything is ok. return 0;
}
```

Compilons ce programme :

```
~/cbook/chap06$    gcc    -o    hello_comment    hello_comment.c
~/cbook/chap06$ ./hello_comment Hello world!

~/cbook/chap06$
```

Le résultat est **le même** ! Les commentaires n'ont **aucune incidence sur le fonctionnement du programme**. Ils sont là pour apporter des informations supplémentaires au code source d'un programme et en faciliter la lecture.

Accessoirement, vous remarquerez que je commente en Anglais dans mon code. Il y a une chose fondamentale que je ne vous ai pas dite : **j'adore l'anglais**, et si vous y êtes allergique, je vous fais la promesse qu'avec moi **vous allez adorer l'anglais aussi**. Par convention, les programmeurs s'accordent pour commenter du code en Anglais et avoir des noms en anglais aussi. Il y a de grandes choses à l'avenir que si vous travaillez dans une société à contexte international en tant que développeur capable de programmer, le code source que vous maintiendrez sera très probablement rédigé en Anglais.

De même, les documentations techniques de références sont toujours rédigées en Anglais. Cet ouvrage aurait pu être rédigé en Anglais aussi. Lorsque vous progresserez en informatique, vous progresserez inévitablement en Anglais, qui est la langue internationale par défaut.

7.5 Écrivez du code portable !

Dernière bonne pratique vers laquelle je voudrais vous emmener : écrivez du code portable! C'est à dire du code que nous pouvons compiler sous un système d'exploitation comme sous un système d'exploitation Linux! Exemple : vous vous rappelez du return 0; que nous écrivons à la fin de la fonction main? Le code 0 sert à indiquer au système que notre programme s'est déroulé sans erreur.

Seulement voilà : imaginez que, demain, un nouveau système d'exploitation très novateur voie le jour, et que, chez lui, le code de retour standard qui sert à indiquer que notre programme s'est déroulé sans encombre ne soit pas 0, mais 1. Il faudrait alors réécrire notre programme comme ceci :

```c
#include <stdio.h>

int main(void) { printf("Hello world!\n"); return 1; // Return 1 for
our disruptive operating system!

}
```

Ce qui indiquerait d'avoir un fichier hello.c pour Linux et un autre hello.c pour notre autre système d'exploitation. C'est **redondant**! Et comme les programmeurs sont intelligents, ils se sont dit : *"on n'a qu'à définir un symbole qu'on appellera EXIT_SUCCESS qui sera automatiquement remplacé par 0 sous Linux et par 1 sur les systèmes où le code standard de non-erreur vaut 1."*.

EXIT_SUCCESS est, en C, ce qu'on appelle une "constante". Elle est lisible par l'être humain et signifie plus de choses qu'un simple 0 ou 1. Quand on lit EXIT_SUCCESS, on comprend qu'il peut s'agir d'une indication type "indiquer le code de retour de main en cas de succès selon le système pour lequel vous compilez".

Le fichier d'en-tête qui définit EXIT_SUCCESS est stdlib.h, qui signifie **STanDard LIB**rary, ou *bibliothèque standard*. Grâce à cet en-tête, on peut utiliser des outils standards au langage C. L'idée, c'est de fournir des définitions communes EXIT_SUCCESS en amont pour votre fichier, mais qui vont s'adapter en aval selon le système pour lequel vous programmerez, fût-ce un système d'exploitation Linux ou une architecture embarquée pour une cafetière connectée, par exemple.

Ainsi, le code de hello_standard.c est typiquement un code source qu'on peut compiler à destination de n'importe quelle architecture, pourvu que nous utilisions un compilateur et une bibliothèque standard qui se respectent. Et comme je suis gentil, je vais mettre des commentaires (quoique, en Anglais, mais cela ne doit **PAS** vous arrêter!) :

```
/*

File: hello_standard.c

Description: Print "Hello world!" to the screen.

You should be able to compile this file anywhere!

*

Author: x

Date: 2018-05-25*/

#include <stdio.h>

#include <stdlib.h> // Don't forget to include this header!

int main(void) { printf("Hello world!\n"); return EXIT_SUCCESS;
// Use EXIT_SUCCESS to be standard!

}
```

Lorsque vous compilerez ce fichier, vous verrez qu'il ne change absolument pas du premier hello.c que nous avons écrit :

```
~/cbook/chap06$    gcc    -o    hello_standard    hello_standard.c
~/cbook/chap06$ ./hello_standard Hello world!

~/cbook/chap06$
```

A l'avenir, j'utiliserai dorénavant EXIT_SUCCESS au lieu de 0. Parce qu'on veut faire du C **propre** et **portable**!

7.6 Exemple d'erreur de compilation

Allez, encore un dernier passage de ce chapitre pour que vous ne vous étonniez pas si d'aventure vous recopiez mal un code de cet ouvrage et que notre compilateur gcc nous insulte. Soit le programme suivant :

```
#include <stdio.h>

int main(void) { printf("Hello world!\n");
// Error: EXIT_SUCCESS is not defined. We have forgotten to include
// stdlib.h... return EXIT_SUCCESS;

}
```

Lorsque j'essaie de compiler ce fichier, j'obtiens le résultat suivant :

```
test.c: In function 'main':

test.c:7:9: error: 'EXIT_SUCCESS' undeclared (first use in this function) return EXIT_SUCCESS;

^~~~~~~~~~~~~ test.c:5:9: note: each undeclared identifier is reported only once for each function it appears
```

Le compilateur nous dit "aimablement" que l'expression EXIT_SUCCESS n'a été déclarée nulle part (car nous avons oublié d'inclure <stdlib.h> qui définit EXIT_SUCCESS).

On voit ici qu'un compilateur est puissant ! S'il ne comprend pas la "langue" (ici, le langage C) dans laquelle nous exprimons nos instructions, celui-ci nous renvoie des **messages d'erreurs**. C'est comme si je vous disais qu'il fallait me dire un kakemphaton pour avoir mon approbation, et que vous me répondiez "stop ! C'est quoi, au fait, un kakemphaton ?". Parce que vous n'avez pas, spontanément, la définition du terme "kakemphaton" (que je vous laisserai chercher, à votre appréciation).

Un compilateur, c'est pareil. Il a besoin que nous respections un certain vocabulaire, comme nous venons de le voir, mais aussi une certaine grammaire ! Par exemple:

```
#include <stdio.h> #include <stdlib.h>
```

```
int main(void) { printf("Hello world!\n"); return EXIT_SUCCESS // Oops! We have forgotten the semi-colon (;)
}
```

Le retour du compilateur est sans équivoque :

```
test.c: In function 'main':
test.c:7:1: error: expected ';' before '}' token
 }
 ^
```

Il nous indique qu'il attend un point-virgule avant l'accolade fermante, comme à la fin de chaque instruction. Ici, nous l'avons oubliée. C'est comme si je vous disais "Je vais la piscine" et que vous me corrigiez en "Je vais **à** la piscine".

C'est puissant, un compilateur, pas vrai ?! Heureusement que nous n'avons pas à nous intéresser à tous les mécanismes de la compilation (c'est très complexe !). Retenez juste que si gcc vous crache un message d'erreur, c'est que le problème se situe, dit-on, *entre la chaise et le clavier* et que ce n'est *a priori* pas un bug du compilateur (même s'il y a des chances, gcc a la réputation d'être suffisamment stable).

7.7 Exercices

Identifier la ligne qui pose problème dans ce programme :

```
#include <stdio.h>
int main (void) {
print("Hello world!\n");
return 0;
}
```

Pourquoi ce programme ne compile pas?

```
#include <stdio.h>
int main(void) { printf('Hello world!\n');
```

```
return 0;

}
```

7.8 En résumé

— Vous avez écrit votre premier programme en C. Youpi !

— Vous avez compilé puis exécuté votre premier programme en C.

— Vous avez visité certains éléments de notre premier programme, comme les bibliothèques standards à inclure, la fonction main, les instructions et le code de retour pour le système.

— Vous avez appris à écrire des commentaires dans un programme pour rendre son code source plus lisible, sans pour autant changer le comportement du programme final.

— Vous avez appris à utiliser certains outils standards pour écrire des programmes portables, capables de fonctionner *a priori* à destination de n'importe quel système.

— Vous avez appris qu'un compilateur était très puissant et qu'il détectait nos erreurs d'écriture de nos programmes.

C'est la fin du premier véritable chapitre sur le langage C, où vous avez commencé à faire quelque chose de concret. Dans le chapitre suivant, nous verrons un concept fondamental dans le domaine de la programmation en langage C : j'ai nommé les **variables** !

8 Un monde de variables

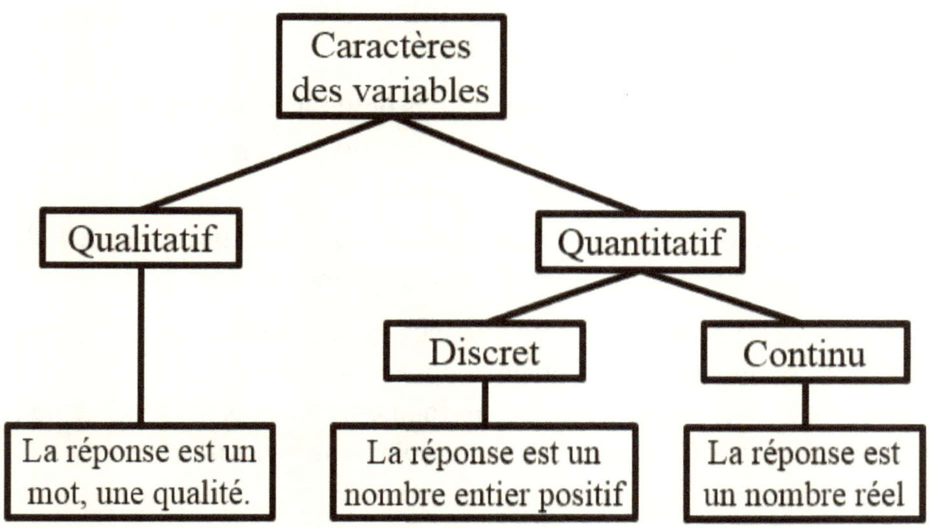

C'est en forgeant qu'on devient forgeron.

*- **Proverbe Latin***

8.1 Définition

Vous avez créé votre premier programme! Vous venez de passer un cap important, car vous avez façonné quelque chose, en quelques sortes, grâce au fruit de votre imagination et de votre réflexion. Alors, certes, un programme est une suite d'instructions virtuelles, mais il n'en reste pas moins que vous avez créé quelque chose! Et si je suis tombé dans ce monde merveilleux qu'est la programmation, c'est que, pour créer des choses, il suffit d'un simple ordinateur. Pas besoin de matériel *a priori* hors de prix.

Enfin, je m'égare. Dans ce chapitre, nous allons parler d'un concept fondamental en programmation, les **variables**. Vous en avez peut-être entendu parler durant vos cours de mathématiques, notamment avec les fonctions. Non? Cela ne vous évoque rien? Pas de problème.

En informatique, une variable est une information définie par un **nom** et qui contient une **valeur**. L'intérêt des variables, c'est d'offrir un contexte d'exécution à votre programme.

Par exemple, si vous créez un programme pour dialoguer avec un utilisateur et que ce programme lui demande son âge, il faudra enregistrer l'âge de la personne dans une variable. Et, en fonction de cet âge donné, il faudra, par exemple, traiter la personne comme si elle était majeure, ou mineure.

Vous avez déjà joué à des jeux vidéo ? Notamment à des RPG? Vous savez, là où vous avez des personnages avec des armes, des classes et des sorts! Chaque personnage, en plus de posséder tout cela, possède un nom **variable**, une apparence elle aussi **variable**... Bref, tout ce qui varie d'un contexte à un autre est stocké dans des variables.

Autre exemple plus parlant, notamment au travers de ce programme. Nous écrirons à un moment donné un programme qui calculera l'aire d'un carré. On ne connaît pas à l'avance le côté du carré, il faudra donc le demander à l'utilisateur ! Et où stockerons-nous la longueur du côté du carré ? Dans une **variable** !

Allez, assez de théorie, passons à la pratique !

8.2 Les règles sur l'utilisation de variables

Comme je disais, une variable est définie par un **nom**. En C, il y a des règles de définition de nom de variable :

— Une variable doit toujours commencer par une lettre de l'alphabet, minuscule ou majuscule, ou par le caractère *underscore* _ (Le "tiret du 8", sur votre clavier azerty, représenté dans la table ASCII par le nombre 95).

— Une variable ne doit jamais commencer par un chiffre.

— Une variable ne peut contenir que des lettres minuscules/majuscules, des chiffres et le caractère *underscore*.

— Une variable ne doit pas comporter de caractères accentués ; quand je dis lettres de l'alphabet, je parle des 26 lettres latines, sans accent.

Ainsi, les noms de variable suivant sont corrects :

— age

— AgeOftheCaptain

— age_of_x

— Number_2

Les noms suivants ne sont pas corrects :

— 7Wonders (ne doit pas commencer par un chiffre) — age of the captain (pas d'espace)

— âge_du_capitaine (ne doit pas contenir de caractères accentués)

— age-of-the_captain (ne doit pas contenir de tirets, mais des *underscores*)

On a dit aussi qu'une variable pouvait contenir des **valeurs**. Mais une **valeur**, c'est assez abstrait. Si l'on doit mémoriser un âge, nous aurons alors très probablement un **nombre** en guise de valeur. S'il s'agit d'un nom (de personnage, par exemple ?), ce sera alors ce qu'on appelle une **chaîne de caractères**. Nous reviendrons sur ce concept. S'il s'agit de l'aire d'une surface géométrique, il y a des chances que nous stockions un nombre à virgule, autrement appelé **nombre flottant**.

Il y a donc trois propriétés à nos variables en C :

— Un nom (dont nous avons énoncé les règles plus haut),

— Une valeur

— Mais aussi un **type**.

Énumérons les types de variables principaux.

8.2.1 Les nombres entiers : le type int.

En C, le mot-clé int permet de définir un nombre entier. Sur systèmes récents, c'est-à-dire 64-bit, un int prend 4 octets en mémoire. Si vous vous rappelez des bases au chapitre 2, 4 octets font 32 bits. Un int peut donc prendre 2^{32} valeurs différentes. Celles-ci vont de -2^{31} à $2^{31}-1$, soit de -2147483648 à 2147483647. Cela en fait, des valeurs possibles!

D'ailleurs, nous avons étudié le codage des nombres entiers sous forme binaire seulement en ce qui concerne les nombres positifs! Mais à aucun moment nous n'avons étudié de nombres négatifs. Pas d'inquiétude, nous y viendrons au chapitre suivant!

8.2.2 Les nombres entiers étendus : le type long.

Comme pour int, le mot-clé long permet de définir des nombres entiers, mais avec deux fois plus de capacité qu'un int. Sur systèmes récents, un long prend 8 octets en mémoire, soit 64 bits. Les valeurs possibles vont de -2^{63} à $2^{63}-1$, soit de -9223372036854775808 à 9223372036854775807.

8.2.3 Les nombres entiers courts : le type short.

De même que pour int et long, short permet de définir des nombres entiers sur 2 octets, soit 16 bits, allant de -2^{15} à $2^{15}-1$, soit de -32768 à 32767.

8.2.4 Les caractères : le type char.

Le mot-clé char permet de définir un caractère, notamment du code ASCII présent en annexe. Un char ne prend qu'un octet en mémoire, donc il peut contenir 256 valeurs possibles, allant de -2^7 à 2^7-1, soit -128 à 127. Rappelez-vous, je disais dans le chapitre 2 que **tout est nombre en informatique**. Il est donc possible de stocker un nombre dans un char, même s'il ne s'agit pas de l'usage premier !

8.2.5 Les nombres à virgule : le type float.

Le mot-clé float permet de définir un nombre dit "flottant" (d'où le terme float). On parle aussi plus précisément de *nombre à virgule flottante*. Un float prend 4 octets en mémoire. **Leur codage est complexe et nous ne le verrons pas dans l'immédiat**. Sachez juste que leur valeur va de -3.4×10^{38} à 3.4×10^{38}. En C, on peut les représenter sous la forme scientifique, respectivement par -3.4E38 et 3.4E38. Leur précision décimale est à peu près de sept chiffres après la virgule. Eh oui, plus vous avez de besoin de chiffres après la virgule, plus vous avez logiquement besoin de bits pour stocker l'information ! Avec 4 octets, il n'est pas vraiment possible de stocker un nombre avec 100 décimales, vous vous doutez bien !

8.2.6 Les nombres à virgule étendus : le type double.

Le mot-clé double permet de définir un nombre flottant, comme float, mais avec deux fois plus de capacité et de précision qu'un float. Ainsi, un double prend 8 octets en mémoire, et sa logique de codage, que nous n'aborderons toujours pas ici, est la même que celle d'un nombre flottant. Les valeurs possibles vont de -1.7E+308 à +1.7E+308, c'est-à-dire de $-1,7 \times 10^{308}$ à $1,7 \times 10^{308}$. On croirait avoir plus de choix que pour un long qui lui aussi peut contenir 64 bits, mais il n'en est rien, puisqu'il faut aussi garder de la place pour les décimales. Par ailleurs, la précision d'un double est d'à peu près 16 chiffres après la virgule.

Un tableau récapitulatif des principaux types de variable :

Type	Capacité	Intervalle de valeurs
char	1 octet	de -128 à 127
short	2 octets	de -32768 à 32767
int	4 octets	de -2147483648 à 2147483647

Type	Capacité	Intervalle de valeurs
long	8 octets	de -9223372036854775808 à 9223372036854775807
float	4 octets	de -3.4×10^{38} à 3.4×10^{38}
dou-ble	8 octets	$-1,7 \times 10^{308}$ à $1,7 \times 10^{308}$

Que je vous rassure après ce pavé théorique : **vous n'avez pas besoin de retenir toutes ces informations par coeur**. Juste savoir quels types de variable de base il existe en C, ainsi que leur capacité : c'est cela le plus important !

Et si on jouait avec nos variables, maintenant ?

8.2.7 Utilisez des variables dans vos programmes !

Je suis sûr que vous trépignez d'impatience d'utiliser des variables dans vos programmes. N'attendons plus.

Pour utiliser une variable, il faut d'abord la déclarer au moyen de deux informations indispensables parmi les trois que j'ai évoquées plus haut, et que je vais vous rappeler, car, dit-on, répétition est mère de l'éducation :

— Un type **obligatoire**

— Un nom **obligatoire**

— une valeur *facultative*.

Il est possible que, selon votre algorithme, vous ne connaissiez pas à l'avance la valeur d'une variable. Ainsi lors de l'initialisation, de la **création d'une variable**, renseigner sa valeur est facultatif.

L'instruction suivante déclare un nombre entier age **sans lui assigner de valeur** :

```
int age;
```

On remarque le mot-clé int, le nom de la variable (age) et enfin le point-virgule qui indique la fin de l'instruction.

Grâce à l'instruction ci-dessus, nous demandons au programme de réserver **un emplacement mémoire pour notre variable age**. Lorsque le programme - ou plus précisément la fonction où nous avons alloué la variable - se terminera, la variable sera **détruite**, dans le sens où l'emplacement mémoire qui était réservé à son utilisation sera libéré pour un autre usage. Sinon, à chaque fois qu'on exécuterait des programmes, on serait obligé de redémarrer l'ordinateur pour libérer la mémoire. Imaginez un peu le calvaire!

Pour assigner une valeur dès la déclaration d'une variable - par exemple, je sais que j'ai 28 ans - nous pouvons procéder de la sorte :

```
int age = 28;
```

Ici, on a déclaré une variable age de type 28 et on lui a assigné à la volée la valeur 28 à l'aide de l'opérateur "égalité" (=). En C, un nombre est représenté simplement de manière brute, sans artifices autour. Ainsi 28 n'est pas la même information que "28" avec des guillemets, par exemple. Nous y reviendrons.

Dans notre programme, nous aurons donc, à un emplacement mémoire spécifique (référencé par une adresse mémoire, comme j'expliquais au chapitre 3) la valeur **28** qui, dans notre programme C, sera référencée par age. Eh oui, si pour un processeur c'est plus pratique d'utiliser des adresses mémoires, pour nous, c'est plus facile d'utiliser des noms comme age!

Je vais maintenant vous fournir un programme complet qui :

— Déclare une variable age et lui assigne la valeur 28

— Affiche à l'écran *You are 28 years old !* ("Vous avez 28 ans") en utilisant le contenu de la variable pour l'affichage.

Créez un fichier your_age.c dans ~/cbook/chap07 et écrivez-y le contenu suivant :

#include <stdio.h> #include <stdlib.h>

int main(void) {

int age = 28; // *Declare and initialize the variable* printf("You are %d years old!\n", age); **return** EXIT_SUCCESS;

}

Compilons et exécutons ce programme :

~/cbook/chap07$ gcc -c your_age.c -o your_age.o

~/cbook/chap07$ gcc -o your_age your_age.o

~/cbook/chap07$ ./your_age You are 28 years old! ~/cbook/chap07$

Magique? Non, logique!

Maintenant, quelques mots sur l'instruction suivante, qui a dû vous interpeller :

printf("You are %d years old!\n", age);

Dans le chapitre 6, j'avais utilisé la fonction printf pour simplement afficher "Hello world". Ici, je l'utilise pour afficher d'autres informations, mais, en plus, j'utilise ce qu'on appelle une *directive de formatage*, à savoir %d. Ici, %d signifie quelque chose comme "affichage la valeur correspondante comme un nombre entier. Ici, la valeur correspondante est age, comme indiqué après la virgule dans la fonction printf. Il s'agit du **second argument** de l'appel à la fonction printf.

En fait, printf est une fonction qui possède un nombre d'arguments variables. Nous manipulons, sans le savoir, l'une des fonctions les plus complexes du langage C.

La fonction printf va déterminer combien d'arguments elle aura à traiter grâce au nombre de directives de formatage que vous lui passerez dans votre **chaîne de format** - ici, il s'agit de "You are %d years old!\n". Comme il n'y a qu'une directive de formatage, alors il n'y aura qu'un argument supplémentaire à traiter.

Si vous êtes un peu perdu en ce qui concerne les fonctions et les arguments, ne vous inquiétez pas pour l'instant.

Pour devenir à l'aise avec les variables et la fonction printf, nous allons écrire un autre petit programme qui va afficher l'âge et la première lettre du prénom d'une personne. Pour stocker cette dernière information, un char suffit (oui, puisqu'un char sert à stocker... Des caractères!).

Allons-y d'une traite, avec les commentaires qui vont bien. Créez un fichier your_info.c et inscrivez-y le contenu suivant :

```c
#include <stdio.h>
#include <stdlib.h>

int main(void)
{
    int age = 28; // Intializing the age
    char first_letter = 'G'; // My first name starts with a 'G'.
    printf(
        "You are %d years old and your name starts with a %c!\n", age,
        first_letter
    );

    return EXIT_SUCCESS;
```

}

Notez que j'ai éclaté l'affichage des arguments de printf sur plusieurs lignes pour ne pas dépasser la marge à droite. Le langage C est assez souple à ce niveau; tout ce qu'il convient de faire, c'est de séparer correctement les arguments par une virgule (,), comme je l'ai fait respectivement pour la chaîne de caractères "You are %d years old and your name starts with a %c!\n", age et first_letter.

Compilons et exécutons ce programme :

~/cbook/chap07$ gcc -c your_info.c -o your_info.o

~/cbook/chap07$ gcc -o your_info your_info.o ~/cbook/chap07$ ./your_info

You are 28 years old and your name starts with a G!

~/cbook/chap07$

Vous l'aurez compris, la directive de formatage %c permet d'afficher un caractère.

Par ailleurs, l'instruction suivante :

char first_letter = 'G';

Déclare une variable nommée first_letter et l'initialise avec la valeur 'G'. Pour coder un caractère, il faut **obligatoirement** le délimiter par des guillemets simples ('). Ainsi, l'instruction suivante est erronée :
char first_letter = G; *// Error: G should have single quotes like 'G'.*

Voyons maintenant comment jouer avec les nombres flottants. Vous avez sans doute entendu parler de π lors de vos cours de mathématiques; vous savez, cette constante qui vaut 3.14159... Et qui vous permet de calculer l'aire d'un cercle. Nous verrons dans un chapitre futur comment effectuer des calculs. Ici, contentons-nous d'afficher un nombre flottant à l'écran.

En langage C, et dans certaines notations internationales, la virgule est matérialisée par un point (.). Ainsi, le nombre 2,34 s'écrira 2.34 par exemple. floating_number.c :

```
#include <stdio.h> #include <stdlib.h> int main(void) { float pi =
3.14159; // Initializing a floating point number. printf("Value of PI =
%f\n", pi); return EXIT_SUCCESS;

}
```

La directive de formatage qui permet d'afficher un nombre flottant est %f, comme vous pourrez le constater.

Ici, un float suffit pour stocker l'arrondi de PI. Nous n'en sommes pas à traquer un nombre incommensurable de décimales. Selon certains contextes, vous aurez besoin de plus ou moins de précision pour effectuer des calculs complexes.

Compilons et exécutons ce programme :

~/cbook/chap07$ gcc -c floating_number.c -o floating_number.o

~/cbook/chap07$ gcc -o floating_number floating_number.o

~/cbook/chap07$ ./floating_number

Value of PI = 3.141590

~/cbook/chap07$

8.3 Autres propriétés des variables

8.3.1 Une variable peut ne pas être initialisée à la déclaration

Nous avons vu des choses basiques avec les variables. A savoir, la déclaration et l'initiation à la volée. Mais comme je le disais, il arrive parfois que vous ne connaissiez pas à l'avance la valeur que contiendra votre variable. Cette variable recevra une valeur quelconque plus tard dans le déroulement de votre programme, comme ceci : int age;
// We don't know yet the value of our variable

/* Some instructions... */ age = 28;

Dans le *snippet* ci-dessus (comprendre par *snippet* : morceau de code), nous avons commencé par déclarer une variable age de type int sans lui donner de valeur. Ce n'est que plus tard que nous lui avons donné la valeur 28 comme ceci :

```
age = 28;
```

Ici, pas besoin de spécifier à nouveau int, car **nous avons déjà déclaré la variable**. Lorsque nous déclarons une variable, nous informons au compilateur que nous avons besoin de réserver un espace mémoire pour cette variable. Le programme résultant associera à age une case mémoire quelconque que nous n'avons pas besoin de redéclarer!

Il y a donc une question que vous pourriez vous poser : *que contient ma variable age si je ne l'initialise pas ?* Réponse : une valeur totalement imprédictible. Voyez vous-même au biais du programme your_weird_age.c :

```c
#include <stdio.h> #include <stdlib.h> int main(void) {

int age; // Do not initialize age yet. printf("You are %d years old!\n", age);

age = 28; // Now we know the right age. printf("My bad, you are %d years old!!\n", age); return EXIT_SUCCESS;

}
```

Compilation puis exécution :

```
~/cbook/chap07$ gcc -c your_weird_age.c -o your_weird_age.o

~/cbook/chap07$ gcc -o your_weird_age your_weird_age.o

~/cbook/chap07$ ./your_weird_age You are 0 years old!

My bad, you are 28 years old!

~/cbook/chap07$
```

Par chance, l'emplacement mémoire réservé pour âge contenait la valeur 0 avant que l'on y inscrire la valeur 28. **C'est du pur hasard** et il est **illusoire de croire que toute la mémoire est initialisée à 0 au lancement du programme**.

8.3.2 Il faut obligatoirement déclarer une variable avant de l'utiliser

Cela paraît évident, mais si vous utilisez une variable sans l'avoir déclarée au préalable, le compilateur vous dira gentiment qu'il ne peut compiler votre programme.

Par exemple, le programme suivant est incorrect :

```c
#include <stdio.h> #include <stdlib.h> int main(void) {

age = 28; // Oops, we did not declare 'age'! printf("I am %d years old.\n", age); return EXIT_SUCCESS;

}
```

Voici ce que gcc est susceptible de nous retourner :

```
~/cbook/chap07$ gcc -c test.c -o test.o ~/cbook/chap07$ gcc -o test test.o test.c: In function 'main': test.c:5:2: error: 'age' undeclared (first use in this function)

age = 28; // Oops, we did not declare 'age'!

^~~ test.c:5:2: note: each undeclared identifier is reported only once for each function it appears in ~/cbook/chap07$
```

Le message est explicite : "Tu ne m'as pas déclaré age, je ne sais donc pas ce à quoi tu fais référence".

Le compilateur a en effet besoin d'avoir toutes les variables déclarées pour connaître à l'avance la quantité de mémoire à réserver pour le programme. Ici, comme age n'est pas déclarée, le compilateur ne sait pas combien d'octets il peut allouer pour ladite variable.

8.3.3 Déclaration de plusieurs variables du même type à la volée

Je vous ai montré des choses comme :

int age;

Mais saviez-vous qu'il était aussi possible de faire :

int age_of_x, age_of_brandon;

Ici, nous avons deux variables pour stocker l'âge de x et l'âge de Brandon. Chaque nom de variable est séparé d'un autre nom de variable par une virgule, comme suit :

int variable1, variable2, variable3;

Cependant, ces variables ne sont pas initialisées, mais il est tout à fait possible de le faire comme suit : int age_of_x = 28, age_of_brandon = 18;

Ici, la variable age_of_x aura pour valeur 28, là où age_of_brandon aura pour valeur 18. Démonstration avec several_ages.c :

```c
#include <stdio.h> #include <stdlib.h>

int main(void) { int age_of_x = 28, age_of_brandon = 18;

printf(

"x's %d and Brandon's %d.\n", age_of_x, age_of_brandon

);

return EXIT_SUCCESS;

}
```

Compilation puis exécution :

~/cbook/chap07$ gcc -c several_ages.c -o several_ages.o

~/cbook/chap07$ gcc -o several_ages several_ages.o
~/cbook/chap07$ ./several_ages

x's 28 and Brandon's 18.

~/cbook/chap07$

8.3.4 On peut réaffecter la valeur d'une variable

On a vu comment initialiser des variables, comment leur affecter une valeur, que cela soit à l'initialisation ou lors de l'exécution d'un programme.

J'ai 28 ans. Mais imaginez que le lendemain, j'en aie 29? Il faudra mettre à jour mon âge au cours du programme. C'est tout à fait possible. À chaque fois qu'une variable reçoit une nouvelle valeur, **l'ancienne valeur est écrasée** (et donc perdue, à moins que vous ne l'eussiez sauvegardée ailleurs).

Démonstration? birthday.c

```c
#include <stdio.h>
#include <stdlib.h>

int main(void) {
    int age = 28;

    printf("Today, you are %d years old. Time goes by...\n", age);
    age = 29; // Set a new value to our variable
    printf("Oh, you had your birthday! You're now %d years old!\n", age);

    return EXIT_SUCCESS;
}
```

Compilation, exécution :

```
~/cbook/chap07$ gcc -c birthday.c -o birthday.o
~/cbook/chap07$ gcc -o birthday birthday.o
Today, you are 28 years old. Time goes by...
Oh, you had your birthday! You're now 29 years old!
~/cbook/chap07$
```

On peut voir que, sur la première ligne, l'instruction utilisait le contenu de la variable age avec son ancienne valeur. Entre temps, nous lui avons affecté une nouvelle valeur. J'avais donné des explications semblables à la mise à jour de la mémoire au chapitre 3 sur le fonctionnement de celle-ci. **C'est exactement ce qu'il s'est passé**. Notre variable age avait la valeur 28, dorénavant elle a pris la valeur 29.

8.3.5 Une variable peut avoir le contenu d'une autre variable

Imaginez qu'on ait encore l'âge de x et l'âge de Brandon à gérer :

int age_of_x; int age_of_brandon;

Mieux, que brandon a le même âge que x. Il est alors tout à fait possible de faire : int age_of_x = 28; *// x is 28 years old.*

int age_of_brandon = age_of_x; *// Brandon is 28 years old too.*

Dans la seconde instruction :

int age_of_brandon = age_of_x;

La variable age_of_brandon reçoit la valeur de la variable d'age_of_x, à savoir 28. **Cette valeur est copiée**, c'est-à-dire que age_of_brandon et age_of_x font référence à deux emplacements mémoires différents.

Par exemple, si nous avons quelque chose comme :

int age_of_x = 28; *// x is 28 years old.* int age_of_brandon = age_of_x; *// Brandon is 28 years old too.*

// ... age_of_x = 29; // x is now 29 years old

Alors seule la variable age_of_x sera mise à jour. Quant à la variable age_of_brandon, elle gardera la valeur qu'elle avait lors de son **affectation** (avec le signe '='), à savoir 28. Un petit code résumé pour vous montrer tout cela :

two_ages_one_birthday.c :

#include <stdio.h> #include <stdlib.h>

int main(void) { int age_of_x = 28; int age_of_brandon = age_of_x;

printf("x's %d years old.\n", age_of_x); printf("Brandon's %d years old.\n", age_of_brandon);

// x's now 29 years old:

```c
age_of_x = 29;

printf("x's now %d years old!\n", age_of_x); printf("Brandon is still
%d years old!\n", age_of_brandon);

return EXIT_SUCCESS;

}
```

Compilation, exécution :

```
~/cbook/chap07$       gcc       -c      two_ages_one_birthday.c      -o
two_ages_one_birthday.o       ~/cbook/chap07$        gcc        -o
two_ages_one_birthday two_ages_one_birthday.o x's 28 years old.

Brandon's 28 years old.

x's now 29 years old!

Brandon is still 28 years old!

~/cbook/chap07$
```

On voit bien que la variable age_of_x, lorsqu'elle est mise à jour, ne perturbe en rien la valeur de age_of_brandon, même si nous avions affecté à cette dernière la valeur que contenait age_of_x avant sa mise à jour.

8.4 Conventions et règles de nommage

Tout au long de l'ouvrage, je nommerai mes variables en respectant une certaine convention. J'attends au possible que vous fassiez de même, mais je vais vous énumérer les principales que vous pourriez être amenés à rencontrer.

De manière générale, il est préférable d'avoir des noms concis et lisibles. Par exemple, évitez d'avoir des noms à rallonge comme :

```
the_first_letter_of_some_word.
```

D'une autre manière, si le contexte ne s'y prête pas, évitez les noms de variable qui ne veulent rien dire, par exemple fezj (J'ai tapé au hasard sur mon clavier, mais vous saisissez l'idée). Préférez des noms comme :

— word_count

— size

Plutôt que :

— number_of_words

— size_of_something

En clair, dès que vous avez la possibilité d'être concis et compréhensif, soyez-le!

Voyons maintenant quelques manières de nommer vos variables. La première (snake case) sera intéressante puisque c'est celle que nous utiliserons. Cela dit, je passe en revue certaines autres conventions pour que vous sachiez qu'elles existent.

8.4.1 Snake-case

La convention "snake case" est celle que j'utilise. C'est-à-dire que toutes mes variables sont écrites en minuscule et que chaque "mot" est délimité par un underscore (_). Vous avez vu des exemples, et il est plus facile de lire age_of_x que ageofx. De même qu'il est plus facile de lire number_of_words que numberofwords.

Certains programmeurs s'accordent sur des conventions de nommage pour distinguer correctement la nature de la donnée. Par exemple, vous aurez remarqué que le terme EXIT_SUCCESS est en snake case, mais en majuscules uniquement. C'est pour indiquer, de manière tacite, qu'il s'agit d'une **constante**. Nous verrons plus loin ce qu'il en est.

8.4.2 lowerCamelCase

La convention "lowerCamelCase" est assez répandue dans certains langages de programmation. Ici, nous ne nous en servirons pas. Mais par exemple, la variable age_of_x serait écrite age_of_x en lowerCamelCase. L'idée, c'est que toutes les variables commencent par une minuscule et que, à chaque fois qu'on a un nouveau mot, on lui met une lettre capitale (majuscule, si vous préférez). Exemple de langage utilisant la lowerCamelCase : le **JAVA**.

8.4.3 UpperCamelCase

La convention "UpperCamelCase" est tout aussi répandue dans certains langages de programmation. Elle ressemble à la lowerCamelCase à l'exception près que la première lettre est capitale. Exemple : Age_of_x.

Cette convention est présente dans de nombreux langages, mais nous ne nous en servirons pas ici.

8.4.4 Notation hongroise

La notation hongroise est répandue chez Microsoft quand il est question de programme en langage C. Elle consiste à préfixer la variable d'un indicateur qui définit le type de celle-ci. Par exemple, supposons que j'ai un entier dans lequel je veux stocker un nombre de mots, je vais utiliser le préfixe i (pour indiquer qu'il s'agit d'un int) suivi d'une notation UpperCamelCase (WordCount). L'exemple complet donne : iWordCount. Autre exemple : cFirstLetter pour désigner un caractère qui peut représenter, si l'on en croit le nom de la variable, la première lettre d'un mot ou d'un prénom.

8.5 Exercices

1. Combien d'octets avons-nous besoin en tout pour tout pour utiliser deux int ?

2. Le nom de variable spam_eggs_b4con est-il valide ?

3. Le nom de variable 4Thewin est-il valide ?

8.6 En résumé

— Nous avons défini ce qu'était une variable et qu'elle avait besoin, **au moins**, d'un type et d'un nom.

— Nous avons énuméré les principaux types de variables et les valeurs qu'elles peuvent contenir.

— Nous avons vu qu'une variable doit être obligatoirement déclarée avant d'être référencée dans notre programme.

— Nous avons vu qu'une fois qu'une fonction dans un programme ou que le programme lui-même se terminait, les variables étaient "détruites", dans le sens où leur emplacement mémoire est libéré pour un autre usage.

— Nous avons vu qu'une variable avait un cycle de vie, et qu'elle pouvait avoir plusieurs valeurs au cours du fonctionnement du programme, jusqu'à sa destruction.

— Nous avons vu plusieurs manières d'affecter une valeur à une variable.

Ce chapitre a été dense, et s'il est difficile pour vous de saisir la véritable utilité des variables et de leur intérêt, il n'a pas été moins difficile pour moi de vous l'expliquer. En rédigeant cet ouvrage sur le C, j'ai pris le pari de devoir expliquer quelques détails liés à l'architecture d'un ordinateur et du fonctionnement de la mémoire, ce qui n'est pas véritablement traité dans d'autres langages de programmation de plus haut niveau.

N'hésitez pas à lire et relire ce chapitre, à recopier les codes d'exemple et les modifier. C'est en forgeant qu'on devient forgeron. Si vous passez uniquement votre temps à lire cet ouvrage sans pratiquer, vous risquez d'avoir des difficultés de compréhension pour les concepts qui suivront. Le langage C est **complexe**, et même si toute la meilleure intention du monde est réunie dans ce manifeste pour tout vulgariser, tout expliquer le plus simplement possible, cela demande quand même du travail, de l'investissement de votre part.

Le chapitre suivant sera un peu plus gentil, théorique et un peu pratique. Nous avions étudié le codage de l'information au chapitre 2 avec les bases. Ici, nous pratiquerons un peu ce que nous avons appris en démontrant une fois pour toutes que **tout est nombre en informatique**.

9 Le codage de l'information avec C

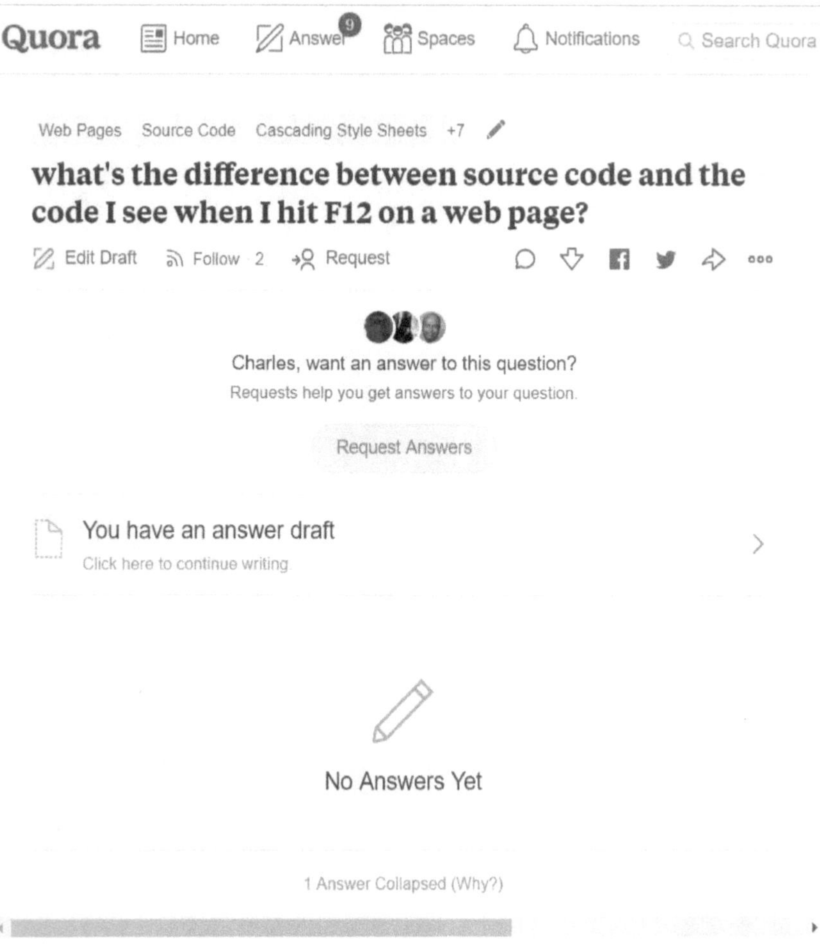

Une page web normale (ici sur Quora.com)

Nous ne voyons alors qu'une interpretation du code suivant :

```
<!doctype html>
<html lang="en" class="js-wf-loaded">
 ▶<head>…</head>
▼<body class="web_page lang_en q_ltr"> == $0
  ▶<script type="text/javascript">…</script>
  ▶<div id="__w2_modal_container_">…</div>
  ▶<div class="hidden modal_overlay">…</div>
  ▶<div class="content_page_feed_offset">…</div>
  ▶<div class="SimpleToggle Toggle ContentPageFeed" id=
    "__w2_wdZKSyPa19__truncated">…</div>
   <div class="SimpleToggle Toggle ContentPageFeed hidden" id=
    "__w2_wdZKSyPa19__expanded"></div>
   <div id="wtncy2dZ7"></div>
  ▶<div class="__live_spinner hidden" id="__w2_wtncy2dZ15_loading">…</div>
   <div class="PMsgContainer" id="__w2_wtncy2dZ16_pmsg_container"></div>
   <div id="wtncy2dZ17"></div>
  ▶<script type="text/javascript">…</script>
   <script type="text/javascript">require.assertPagePropertiesInstalled();
   </script>
  ▶<script type="text/javascript">…</script>
  ▶<script type="text/javascript">…</script>
  ▶<script type="text/javascript">…</script>
  ▶<iframe scrolling="no" frameborder="0" allowtransparency="true" src=
   "https://platform.twitter.com/widgets/widget_iframe.2e9f365dae390394eb8…
   uora.com&settingsEndpoint=https%3A%2F%2Fsyndication.twitter.com%2Fsettings
   " title="Twitter settings iframe" style="display: none;">…</iframe>
  ▶<div id="fb-root" class=" fb_reset">…</div>
  </body>
</html>
<!--perf-->

html.js-wf-loaded   body.web_page.lang_en.q_ltr
```

```
Styles    Computed    Event Listeners    »

Filter                            :hov  .cls  +

element.style {
}

body {              -3-main.css-26-…1856b953.css:5
  height: 100%;
  word-wrap: break-word;
  color: ■#333;
  font-size: 13px;
  overflow-y: auto;
  overflow-x: auto;
}

body {              -3-main.css-26-…1856b953.css:5
  margin: ▶ 0;
}

body {              -3-main.css-26-…1856b953.css:5
  text-align: left;
  direction: ltr;
}

body {                       user agent stylesheet
  display: block;
  margin: ▶ 0px;
}

Inherited from html.js-wf-loaded

html {              -3-main.css-26-…1856b953.css:5
  height: 100%;
  font-weight: 400;
  font-family: "Helvetica
```

Entre :

— Ce que je pense,

— Ce que je veux dire,

— Ce que je crois dire,

— Ce que je dis,

— Ce que vous avez envie d'entendre,

— Ce que vous entendez,

— Ce que vous croyez en comprendre, — Ce que vous voulez comprendre, — Ce que vous comprenez...

il y a au moins neuf possibilités qu'on ait des difficultés à communiquer. Mais essayons quand même...

Bernard Werber - Encyclopédie du Savoir Relatif et Absolu

Ce chapitre sera plus théorique que pratique, car les programmes d'exemple que nous étudierons n'ont en soi que peu d'intérêt (comme les précédents, me direz-vous).

Toutefois je tenais à introduire ce chapitre quelque part, qui facilitera d'autant plus votre compréhension de l'informatique et qui vous convaincra de ce que vous avez pu apprendre au chapitre 2 sur les bases.

9.1 Tout est nombre en informatique

Je ne le répéterai jamais assez. Si vous avez sérieusement travaillé le chapitre deux sur les bases

(numériques), nous allons voir que tout est nombre en C. N'attendez pas plus avec le programme suivant : coding.c :

```c
#include <stdio.h> #include <stdlib.h>

int main(void) { int number = 97;

printf("My number is %d.\n", number); printf("It is also %x.\n", number); printf("Its ASCII representation is %c.\n", number);
```

return EXIT_SUCCESS;

}

Compilation, exécution :

~/cbook/chap08$ gcc -c coding.c -o coding.o

~/cbook/chap08$ gcc -o coding coding.o

~/cbook/chap08$ ./coding My number is 97.

It is also 61.

Its ASCII representation is a.

~/cbook/chap08$

Que venons-nous de faire? Nous avons un nombre en mémoire (97) et, à l'aide de la superbe fonction printf, nous l'avons représenté respectivement :

— En valeur décimale à l'aide du formatage %d : 97

— En valeur hexadécimale à l'aide du formatage %x : $(61)_{16}$

— Sa représentation dans la table ASCII (que je vous invite à aller vérifier) : 'a'.

Il s'agit du MÊME nombre! TOUT EST NOMBRE EN INFOR-MATIQUE!

Est-ce que je vous ai convaincu, maintenant? Nous avons **une seule information** et **plusieurs manières de la représenter**.

Le code suivant fait **exactement la même chose** :

coding2.c :

#include <stdio.h> #include <stdlib.h>

int **main**(void) { int **number** = 0x61;

printf("My number is %d.\n", number); printf("It is also %x.\n", number); printf("Its ASCII representation is %c.\n", number);

return EXIT_SUCCESS;

}

En C, on utilise le préfixe 0x devant un nombre hexadécimal pour utiliser sa notation **hexadécimale** au lieu de sa notation **décimale**.

~/cbook/chap08$ gcc -c coding2.c -o coding2.o

~/cbook/chap08$ gcc -o coding2 coding2.o

~/cbook/chap08$ ./coding2 My number is 97.

It is also 61.

Its ASCII representation is a.

~/cbook/chap08$

Vous comprenez mieux pourquoi j'ai insisté sur un chapitre entier sur les bases numériques ? Comme cela, vous **comprenez** quand je parle de **décimal** ou encore d'**hexadécimal** et, mieux, vous **comprenez** les informations véritables que vous avez en mémoire : des **nombres**!

Vous n'êtes pas convaincu? On y va pour number3.c : #include <stdio.h>

#include <stdlib.h>

int **main**(void) { char letter = 'a';

printf("My letter is %c.\n", letter); printf("It is also %d.\n", letter); printf("It is also %x.\n", letter);

return EXIT_SUCCESS;

}

Compilation, exécution :

~/cbook/chap08$ gcc -c coding3.c -o coding3.o

~/cbook/chap08$ gcc -o coding3 coding3.o

~/cbook/chap08$ ./coding3 My letter is a.

It is also 97.

It is also 61.

~/cbook/chap08$

Cette parenthèse était assez rapide, pour être honnête. Mais je vous ai promis autre chose que nous n'avons pas étudié dans le chapitre 2, car je considérais que cela n'était pas le moment idéal pour le faire : les nombres négatifs en C.

9.2 Le codage des nombres négatifs

Nous n'étudierons que les nombres négatifs **entiers**. Comme je l'ai dit dans le chapitre précédent, pour les nombres à virgule flottante, leur codage est **complexe** et il ne nous est pas nécessaire de le connaître pour l'instant.

D'abord et avant tout, il sera sympathique que je vous dise comment utiliser des nombres négatifs en C, non? C'est tout simple :

int value = -5;

Il suffit de mettre un - devant le nombre. Ainsi, notre variable value, de type int, reçoit la valeur -5. Et si nous affichions ses valeurs hexadécimales et ASCII *juste par curiosité* ?

negative_coding.c :

#include <stdio.h> #include <stdlib.h>

int main(void) { int value = -5;

printf("My value is %d.\n", value); printf("It is also %x.\n", value);

printf("Its ASCII representation is %c\n", value); **return** EXIT_SUCCESS;

}

Compilation, exécution :

~/cbook/chap08$ gcc -c negative_coding.c -o negative_coding.o

~/cbook/chap08$ gcc -o negative_coding negative_coding.o

~/cbook/chap08$ ./negative_coding My value is -5.

It is also fffffffb.

Its ASCII representation is [...]

~/cbook/chap08$

Pour la valeur hexadécimale, on obtient fffffffb, et pour la valeur AS-CII, on obtient un drôle de "?" que j'ai matérialisé en "[...]" plus haut. Car il s'agit d'une valeur non imprimable. Et de vous à moi, en ASCII, il n'y a pas vraiment de -5, alors...

Ici, la question qu'on est en droit de se poser, c'est : pourquoi -5 correspond à fffffffb, soit

$(FFFFFFFB)_{16}$ en hexadécimal? Ce nombre est supposé représenter un tout autre nombre. Convertissons-le d'abord en binaire comme nous savons bien le faire, sachant que les chiffres $(F)_{16}$ valent $(1111)_2$ et que les chiffres $(B)_{16}$ valent $(1011)_2$.

$(FFFFFFFB)_{16} = (11111111111111111111111111111011)_2$

Si vous les comptez, vous vous apercevrez qu'il y en a 32... Comme le nombre de bits dans un int!

Et si nous convertissons cette valeur binaire en décimale en faisant le même calcul qu'au chapitre 2, nous avons un calcul assez long que je ne détaillerai pas, mais qui vous donnera très précisément 4294967291, ce qui est plutôt différent de -5!

Alors, pourquoi? D'abord et avant tout, il faut se rappeler des valeurs possibles pour un entier : celles-ci vont de -2^{31} à $2^{31} - 1$, soit de -2147483648 à 2147483647.

En ce qui concerne notre nombre 4294967291, il est largement supérieur à 2147483647. Auquel cas, nous avons deux solutions :

— Utiliser un long pour coder 4294967291.

— Autre solution que nous allons étudier : ne pas utiliser **le bit de signe** dans notre int.

Et là, vous vous dites, "mais de quoi il nous parle? C'est quoi un bit de signe"? Je vous vois venir.

Par bit de signe, j'entends que dans la représentation binaire de nos nombres, il y a un bit qui détermine le **signe** de notre valeur, à savoir + ou −. **Par défaut, toutes les variables sont signées**, c'est-à-dire qu'on prend en compte les valeurs négatives et subséquemment le bit de signe dans leur représentation.

Sur une valeur entière quelconque, le bit qui détermine le signe **dans le cadre d'une valeur signée** seulement est le bit de plus à gauche.

Sur la figure X, je mets en évidence le bit de signe des autres bits qui codent la valeur véritable de $(11111111111111111111111111111011)_2$, soit -5. On voit que le bit le plus à gauche (1), désigne le bit de signe, et que le reste de la valeur désigne la valeur -5.

Lorsqu'un nombre est signé, si le bit de signe est à 1, le nombre sera **négatif**. Si le bit de signe est à 0, le nombre sera **positif**.

Voyons maintenant comment coder le nombre 5 sur 32 bits. Je vous passe les divisions euclidiennes, d'autant plus qu'avec les tableaux du chapitre deux, vous savez que 5 vaut $(101)_2$. On code le résultat sur 32 bits en ajoutant des 0 non significatifs sur la gauche, de sorte à avoir 32 bits. Ce qui donne : $(00000000000000000000000000000101)_2$ (cela en fait, un paquet de bits!).

Pour passer à -5, commencez d'abord par *inverser* vos bits : les 0 deviennent des 1, et les 1 deviennent des 0, ce qui donne :

$(11111111111111111111111111111010)_2$

Il suffit ensuite d'**incrémenter** (c'est-à-dire, d'ajouter 1) le résultat :

$(11111111111111111111111111111010)_2 + (1)_2 = (11111111111111111111111111111011)_2$

On retombe bien sur nos pattes :

$(11111111111111111111111111111011)_2 = (FFFFFFFB)_{16}$

Notez que le raisonnement s'applique autant sur 32 bits que sur 16 bits ou 8 bits. C'est-à-dire, qu'importe la taille de votre donnée, si il s'agit d'un nombre signé, c'est le bit le plus à gauche qui détermine le signe!

Mais alors, comment passer d'un nombre binaire signé à un nombre décimal? Voyons un exemple.

Pour $(10110110)_2$, codé sur 8 bits, on voit que le bit le plus à gauche vaut 1. C'est donc un nombre **négatif**.

La règle pour passer d'un nombre binaire positif à un nombre binaire négatif est la même.

Ainsi, on inverse les bits de $(10110110)_2$, ce qui donne $(01001001)_2$. On ajoute 1 : $(01001010)_2$

$(01001010)_2 = 0 \times 2^7 + 1 \times 2^6 + 0 \times 2^5 + 0 \times 2^4 + 1 \times 2^3 + 0 \times 2^2 + 1 \times 2^1 + 0 \times 2^0$

Ce qui donne :

$(01001010)_2 = 0 + 64 + 0 + 0 + 8 + 0 + 2 + 0 = 74$

Mais comme on a un nombre négatif, on met un - devant 74. Ce qui donne -74. Ainsi :

$(10110110)_2 = -74$

Simple, non? C'est comme cela que les nombres signés sont codés en binaire.

Maintenant, si nous prenons le même nombre $(10110110)_2$ **sans considérer le bit le plus à gauche comme un bit de signe**? On parle alors de nombre **non signé**! Nous avons :

$(10110110)_2 = 1 \times 2^7 + 0 \times 2^6 + 1 \times 2^5 + 1 \times 2^4 + 0 \times 2^3 + 1 \times 2^2 + 1 \times 2^1 + 0 \times 2^0$

Comme vous pouvez le voir, le bit le plus à gauche (1) n'est plus considéré comme un bit de signe, mais fait partie du calcul de la valeur entière. Ainsi :

$(10110110)_2 = 128 + 0 + 32 + 16 + 0 + 4 + 2 + 0 = 182$

Conclusion? Selon la manière dont nous interprétons la suite de bits $(10110110)_2$

— Si la valeur est **signée**, elle vaudra -74.

— Si la valeur est **non signée**, elle vaudra 182.

C'est exactement (j'ai failli écrire "hexactement") comme pour l'hexadécimal ou l'ASCII. C'est **une manière différente de représenter une information**.

On le répète encore une fois tous en choeur? **Tout est nombre en informatique.**

Après cette passe de théorie barbante, faisons un peu de pratique et voyons comment utiliser des valeurs signées et non signées en C.

9.3 Nombre signés et non signés en C

Rappel : un nombre signé est un nombre où le **signe** (positif ou négatif) est pris en compte dans son interprétation. Par défaut, quand vous déclarez un short, un int ou encore un float, ces valeurs sont **signées**.

Par ailleurs, les float et les double sont obligatoirement signés. Vous ne pouvez PAS faire ceci :

unsigned float **number**; *// ERROR* unsigned double **number2**; *// ERROR*

Sans rentrer dans les détails, les nombres dits "à virgule flottante" comme les float et les double ont un nombre de bits au rôle bien précis, et le bit tout à gauche sera toujours le bit de signe.

Quand le signe n'est pas pris en compte dans l'interprétation du nombre, on dit que celui-ci est **non signé**. Pour indiquer qu'une variable est en fait une valeur non signée, on utilise le mot-clé unsigned devant le type de ladite variable, comme ceci :

unsigned int **age**;

Eh oui, un âge est forcément une donnée positive. Vous n'allez pas dire "j'ai -23 ans" à moins de plaisanter. Il est donc légitime d'utiliser le mot-clé unsigned pour parler de l'âge d'une personne.

Pendant que nous y sommes, je vous disais dans la partie précédente que -74 en valeur signée équivalait à 182 en valeur non signée. Vérifions-le.

unsigned_integer.c

```c
#include <stdio.h> #include <stdlib.h>

int main(void) { unsigned char value = -74;

printf("My (unsigned) value is: %d.\n", value);

return EXIT_SUCCESS;

}
```

Petite précision sur cette ligne :

```c
unsigned char value = -74;
```

Je disais qu'un char était codé sur 1 octet, soit 8 bits. Comme dans mon exemple ci-dessus. Même si les char servent habituellement à stocker des caractères, on peut y stocker des... **nombres**. Et vous savez pourquoi? Vous me voyez venir? **Tout est nombre en informatique.**

On ne le répétera jamais assez.

Maintenant, remarquez bien le "qualificateur" unsigned devant le char. On indique que notre valeur est non signée, mais on lui assigne un nombre négatif (avec un signe). Vous n'avez pas l'impression de faire un peu de magie noire? Je plaisante.

Compilons et exécutions ce petit programme :

```
~/cbook/chap08$ gcc -c unsigned_integer.c -o unsigned_integer.o

~/cbook/chap08$ gcc -o unsigned_integer unsigned_integer.o
~/cbook/chap08$ ./unsigned_integer My (unsigned) value is 182.
```

~/cbook/chap08$

Comme cité dans la partie précédente. -74 et 182 sont exactement les mêmes nombres lorsqu'on les code sur 8 bits. C'est juste une manière différente de les représenter. Et comme on adapte avant tout l'outil informatique à l'humanité, les ingénieurs avant nous se sont dit : "on n'a qu'à utiliser le bit le plus à gauche pour déterminer le signe d'une valeur dans le cas d'une valeur signée". Malin!

Accessoirement, cela veut dire que si nous utilisons nos variables comme des valeurs non signées, alors leur intervalle de valeurs possibles change, naturellement. Par exemple, sur un char signé, les valeurs possibles allaient de -128 à 127. Si notre char n'est pas signé (donc qu'il ne peut être négatif), alors sa valeur pourra aller de 0 à $2^8 - 1 = 255$.

Vous vous demandez peut-être pourquoi '8' dans 2^8-1? Il s'agit du nombre de bits qui servent à coder un char! Et le -1 puisqu'on prend en compte la valeur 0. Et de 0 à 255, il y a 256 valeurs possibles!

Le tableau ci-dessous récapitule l'intervalle de valeurs possibles pour des nombres **non signés** :

Type	Capacité	Intervalle de valeurs
unsigned char	1 octet	de 0 à 255 ($2^8 - 1$)
unsigned short	2 octets	de 0 à 65535 ($2^{16} - 1$)
unsigned int	4 octets	de 0 à 4294967295 ($2^{32} - 1$)
unsigned long	8 octets	de 0 à 18446744073709551615 ($2^{64} - 1$)

9.4 Exercices

Convertir les nombres binaires suivants en nombres décimaux **signés** :

1. $(10010110)_2$

2. $(00101101)_2$

3. $(110101100010101)_2$

9.5 En résumé

— On a démontré que **tout est nombre en informatique** et qu'un nombre entier peut être représenté tant en hexadécimal qu'en ASCII.

— On a vu qu'un nombre pouvait être interprété de manière signée avec le bit le plus à gauche étant le bit de signe par défaut, **ou** de manière non signée où tous les bits sont compris dans le calcul de la valeur.

— On a précisé que les nombres à virgule flottante **sont forcément signés**. — On a vu les intervalles de valeur possibles pour les données **non signées**.

Ce chapitre était léger, et peut-être un peu ennuyeux, je vous le concède. Je vous concède aussi que c'est un sujet qui me passionne (sinon, je n'essaierais pas d'en faire un ouvrage, pensez-vous !). Vous venez d'abattre le troisième chapitre depuis vos premiers programmes.

Comme d'habitude, n'hésitez pas à revenir sur certains points si tout n'est pas clair. Certes les débuts ne sont pas très amusants, car même si vous alliez la théorie à la pratique - en compilant vos programmes pour les exécuter - les exemples que vous voyez n'ont pas vraiment d'intérêt dans le monde réel. Gardez en tête que nous sommes là pour apprendre, comme si nous étions "à l'école". C'est tout à fait normal d'emprunter une approche théorique, que je veux au possible à la fois académique, mais aussi ludique.

Dans le chapitre suivant, je saurai espérer ne pas faire fuir les non-matheux, puisque nous allons voir comment effectuer des calculs avec le langage C !

10 L'arithmétique et la logique avec le C

Symbole	Opération
-=	notation contractée : a -= b donne a = a - b
+=	notation contractée : a += b donne a = a + b
*=	notation contractée : a *= b donne a = a * b
/=	notation contractée : a /= b donne a = a / b
--	post décrémentation : a=i-- . "a" reçoit la valeur de "i", puis "i" est décrémenté de 1. pré décrémentation : a=--i . "i" est décrémenté de 1 puis sa valeur est attribuée à "a"
++	post incrémentation : a=i++ . "a" reçoit la valeur de "i", puis "i" est incrémenté de 1. pré incrémentation : a=++i . "i" est incrémenté de 1 puis sa valeur est attribuée à "a"

Le langage C et la signification de quelques symboles

Les mathématiques ne sont pas une moindre immensité que la mer.

*- **Victor Hugo***
(1802-1855)

Votre ordinateur est un calculateur. Je le disais dans le chapitre trois en parlant du processeur; vous savez, ce composant dans lequel sont miniaturisés des milliards de transistors, ces composants électroniques qui sont capables de fonctionner différemment selon s'ils sont traversés par un courant électrique ou non.

Si nous nous en sortons en calcul mental, nous prenons en général beaucoup moins de temps qu'un ordinateur qui possède des circuits dédiés aux calculs en tout genre. Dans ce chapitre, nous en étudierons deux :

— Les calculs arithmétiques (addition, soustraction, multiplication, division...)

— Mais aussi les calculs **logiques**. Vous ne savez pas de quoi je parle? Pas d'inquiétude. Vous saurez!

Allez! On y va!

10.1 Les calculs arithmétiques : utilisation d'opérateurs mathématiques

Ce que je ne vous ai pas dit, c'est que je m'attendais, de votre part, que vous maîtrisiez les quatre opérations de base sur les nombres :

— L'addition (bon, cela, c'est facile, je pense).

— La soustraction (un peu plus gymnastique!).

— La multiplication (Mmmh, ressortons les cours élémentaires pour être sûr).

— La division (Mais où êtes-vous passés? Et mes divisions euclidiennes au chapitre 2?).

10.1.1 L'addition

En C, il est possible de réaliser toutes ces opérations à l'aide... D'opérateurs! Exemple en C où on a deux variables a et b qui valent respectivement 3 et 5, et où on stocke le résultat dans une variable c avant d'afficher le résultat :

addition.c :

```c
#include <stdio.h> #include <stdlib.h>

int main(void) {

int a = 5, b = 3;

int c = a + b; // c contains the sum of a plus b printf("Sum = %d\n", c);

return EXIT_SUCCESS;

}
```

Comme vous pouvez le voir, la ligne suivante :

```c
int c = a + b;
```

Va stocker le résultat de a + b dans la variable c. Quand le compilateur voit ceci, il va convertir l'instruction en instructions machines suivantes :

— Récupérer la valeur de a

— Récupérer la valeur de b

— Faire l'addition de a et de b — Stocker le résultat dans c.

Sans vraiment le savoir, on fait plusieurs opérations à la fois d'une traite.

Chose évidente qu'il contient de préciser néanmoins : l'opérateur permettant d'effectuer une addition est l'opérateur +. Cet opérateur attend deux opérandes (ici, dans notre exemple a et b à additionner).

Compilons puis exécutons ce programme :

```
~/cbook/chap09$ gcc -c addition.c -o addition.o

~/cbook/chap09$ gcc -o addition addition.o

~/cbook/chap09$ ./addition
```

Sum = 8 ~/cbook/chap09$

On a bien le résultat de notre addition : 5 + 3 = 8.

10.1.2 La soustraction

Pour la beauté de l'exemple, allons-y avec les soustractions. L'opérateur qui permet d'effectuer un tel calcul est l'opérateur - (cela aussi, vous vous en doutiez). Tout comme l'opérateur +, l'opérateur - attend deux opérandes : l'opérande à gauche sera la valeur à laquelle on soustraira l'opérande de droite. substraction.c :

```c
#include <stdio.h> #include <stdlib.h>

int main(void) {

int a = 5, b = 3; int c = a - b; // c contains the difference of a minus b.
printf("Difference = %d\n", c); return EXIT_SUCCESS;

}
```

Compilation, exécution :

~/cbook/chap09$ gcc -c substraction.c -o substraction.o

~/cbook/chap09$ gcc -o substraction substraction.o

~/cbook/chap09$ ./substraction

Difference = 2

~/cbook/chap09$

5 - 3 = 2. Qu'il est balèze, l'ordinateur!

10.1.3 La multiplication

Comment cela se passe avec la multiplication? Il ne s'agit pas de l'opérateur x comme vous auriez pu vous en douter, mais de l'opérateur *. Comme les opérateurs précédents, rien de nouveau, deux opérandes sont requises : les nombres à multiplier!

multiplication.c :

```
#include <stdio.h> #include <stdlib.h>

int main(void) {

int a = 5, b = 3; int c = a * b; // c contains the multiplication of a by b.
printf("Multiplication = %d\n", c); return EXIT_SUCCESS;

}
```

Compilation, exécution :

~/cbook/chap09$ gcc -c multiplication.c -o multiplication.o

~/cbook/chap09$ gcc -o multiplication multiplication.o

~/cbook/chap09$ ./multiplication

Multiplication = 15 ~/cbook/chap09$

$3 \times 5 = 15$. C'est bon, vous arrivez à suivre? On peut parler de l'opérateur de division?

10.1.4 La division

Il s'agit de l'opérateur / et, comme tous ses frères cités précédemment, il attend deux opérandes : celle de gauche sera le **dividende** (la valeur à diviser) et celle de droite sera le **diviseur**. Démonstration :

division.c :

```
#include <stdio.h> #include <stdlib.h>

int main(void) {

int a = 10, b = 2;

int c = a / b; // c contains the division of a by b. printf("Division = %d\n", c); return EXIT_SUCCESS;

}
```

Compilation, exécution :

~/cbook/chap09$ gcc -c division.c -o division.o

~/cbook/chap09$ gcc -o division division.o

```
~/cbook/chap09$ ./division

Division = 5

~/cbook/chap09$
```

$10 \div 2 = 5$, rien d'anormal du tout! Maintenant, essayons de diviser 15 par 2. On devrait obtenir littéralement 7,5, puisque 15 n'est pas divisible par 2.

Comme nous sommes supposés contenir un résultat avec une virgule flottante, il convient de déclarer notre variable c - qui contiendra le résultat de la division - en float.

division2.c :

```c
#include <stdio.h> #include <stdlib.h>

int main(void) {

int a = 15, b = 2; float c = a / b; // c contains the division of a by b.
printf("Division = %f\n", c); return EXIT_SUCCESS;

}
```

```
~/cbook/chap09$ gcc -c division2.c -o division2.o

~/cbook/chap09$ gcc -o division2 division2.o

~/cbook/chap09$ ./division2

Division = 7.000000

~/cbook/chap09$
```

Malheur! On obtient 7. Mais quelle est la raison à cela! Allez, réfléchissez un peu, je suis sûr que vous le savez déjà.

... On manipule des valeurs **entières** dans notre division. Remarquez les mots-clé int qui permettent de déclarer... Des entiers! On n'a rien pour gérer des virgules flottantes dans la division elle-même!

Afin qu'une division produise un résultat à virgule flottante, il faut **qu'au moins UNE des deux opérandes soit un nombre flottant**. Évidemment, si le résultat est stocké dans une variable, il faut que celle-ci puisse contenir un nombre à virgule flottante; en d'autres termes, qu'elle soit float ou double.

int a = 15; float b = 2; *// Here, b is declared as 'float'* float c = a / b;

Est aussi valide que :

float a = 15; *// Here, a is declared as 'float'* int b = 2; float c = a / b;

Ou encore :

// Declare everything as float float a = 15, b = 2;

float c = a / b;

Mais ceci ne fonctionnera pas :

int a = 15, b = 2; float c = a / b; *// Error: we divide two integers.*

Exemple rapide complet reprenant le premier *snippet*, où a reste un int, mais b est un float.

division3.c :

#include <stdio.h> #include <stdlib.h>

int **main**(void) { int a = 15; float b = 2; float c = a / b; *// c contains the division of a by b.* printf("Division = %f\n", c); **return** EXIT_SUCCESS;

}

Compilation, exécution :

~/cbook/chap09$ gcc -c division3.c -o division3.o

~/cbook/chap09$ gcc -o division3 division3.o

~/cbook/chap09$ ./division3

Division = 7.500000

~/cbook/chap09$

Parce que la division, qui aura recours à deux valeurs entières, va produire **une valeur entière** sans virgule flottante. Ce n'est lorsqu'elle sera stockée dans c que la valeur entière sera "convertie" en valeur avec virgule flottante... Sauf qu'on aura perdu la partie décimale en cours de route!

Allez, un exemple deux-en-un qui réunit la chose à ne pas faire et la chose à faire en ce qui concerne les divisions avec des flottants.

division4.c :

```c
#include <stdio.h> #include <stdlib.h>

int main(void) {

int a = 15, b = 2; float c = a / b; // Won't get the right result: dividing two integers.

float d = 15, e = 2; float f = d / e; // Much better!

printf("c = %f and f = %f\n", c, f); return EXIT_SUCCESS;

}
```

~/cbook/chap09$ gcc -c division4.c -o division4.o

~/cbook/chap09$ gcc -o division4 division4.o

~/cbook/chap09$ ./division4

c = 7.000000 and f = 7.500000

~/cbook/chap09$

On s'aperçoit bien que la partie décimale de c est incorrecte contrairement à la partie décimale de f.

Voyons maintenant un opérateur bonus qui est lié aux divisions et que vous retrouverez assez souvent en programmation : j'ai nommé **l'opérateur modulo**.

10.1.5 Le 'modulo', ou le reste de division

L'opérateur modulo est représenté en C par le signe "pourcentage" : %. Il permet de récupérer **le reste d'une division**. Comme pour l'opérateur /, il faut deux opérandes : celle de gauche sera le dividende et celle de droite sera le diviseur.

Dans le cas de la division 15×2, le résultat est de 7, mais il reste 1. Ainsi, l'expression 15 % 2 devrait produire 1. Vérifions-le. modulo.c :

```c
#include <stdio.h> #include <stdlib.h>

int main(void) {

int a = 15, b = 2; int c = a % b;

printf("c = %d\n", c); return EXIT_SUCCESS;

}
```

Compilation, exécution :

~/cbook/chap09$ gcc -c modulo.c -o modulo.o

~/cbook/chap09$ gcc -o modulo modulo.o

~/cbook/chap09$ ./modulo c = 1

~/cbook/chap09$

Comme préssenti!

10.1.6 Astuces sur les opérateurs

Dans nos exemples ci-dessus, afin d'être le plus explicatif possible, j'ai volontairement créé une troisième variable pour stocker le résultat de notre opération. Mais il était tout à fait possible de soumettre l'opération en tant qu'**argument** à la fonction printf, comme ceci : int a = 5, b = 3;

```c
// ...
```

```c
printf("Sum of a + b = %d\n", a + b);
```

Notez le a + b en tant que second argument de l'appel de la fonction printf. On parle d'*inlining*, puisque l'expression mathématique est "soumise à la volée" sans être stockée dans une variable temporaire. On s'en sert "à la volée".

Encore un exemple. Ça vous fera écrire du C, c'est comme cela que vous apprendrez à programmer!

operations.c :

```c
#include <stdio.h> #include <stdlib.h>

int main(void) {

int a = 15, b = 2; printf("a + b = %d\n", a + b); printf("a - b = %d\n",
a - b); printf("a * b = %d\n", a * b); return EXIT_SUCCESS;

}
```

Compilation, exécution :

```
~/cbook/chap09$ gcc -c operations.c -o operations.o

~/cbook/chap09$ gcc -o operations operations.o

~/cbook/chap09$ ./operations

a + b = 17 a - b = 13 a * b = 30

~/cbook/chap09$
```

Trop puissant, pas vrai?

Dans chaque appel à printf, on a soumis un calcul à la volée qui ne modifie ni a ni b.

Voyons d'autres opérateurs en rapport avec nos quatres opérations de base maintenant.

Supposons que vous avez une variable sur laquelle il y a besoin d'accumuler des additions. Vous pouvez très bien faire : `int a = 5; a = a + 3;`

Après le déroulement de ces deux instructions, a vaudra évidemment 8. Le *snippet* suivant fait la même chose :

```c
int a = 5;

a += 3; // Same as 'a = a + 3'
```

Vous l'aurez compris : l'opérateur += est un raccourci pour signifier variable = variable + expression, où variable est, ni plus ni moins, la variable qui recevra le résultat de l'addition entre elle-même et expression.

Le raisonnement s'applique aussi pour -, *, / et %. On a donc respectivement -=, *=, /= et %=. Un petit exemple? A recopier à la main parce que je suis tyrannique et que je veux votre plus grand bien? operators.c :

```c
#include <stdio.h> #include <stdlib.h>

int main(void) { int a = 5;

printf("a = %d\n", a);

a += 3; // a = a + 3

printf("a = %d\n", a);

a -= 2; // a = a - 2

printf("a = %d\n", a);

a *= 4; // a = a * 4

printf("a = %d\n", a);

a /= 12; printf("a = %d\n", a);

return EXIT_SUCCESS;

}
```

Compilation, exécutions :

```
~/cbook/chap09$ gcc -c operations.c -o operations.o

~/cbook/chap09$ gcc -o operations operations.o

~/cbook/chap09$ ./operations

a = 5 a = 8 a = 6 a = 24 a = 2

~/cbook/chap09$
```

On s'aperçoit que a prend plusieurs valeurs successives. Tout d'abord, *via* l'instruction int a = 5;, on déclare notre variable et nous lui affectons la valeur 5 à la volée. Par la suite, l'instruction a += 3; va calculer a + 3 - ce qui donnera donc 5 + 3 = 8 - et stockera le résultat dans a.

L'opération suivante, matérialisée par l'instruction a -= 2;, fera le calcul a - 2, ce qui donne 8−2 = 6 et stockera le résultat dans a...

Et ainsi de suite.

Ces raccourcis s'avèrent très pratiques pour modifier la valeur d'une variable.

Voyons maintenant deux autres opérateurs que vous rencontrerez souvent, et qui appartiennent aussi au domaine de l'arithmétique.

10.1.7 L'opérateur d'incrémentation

Avez-vous déjà entendu parler du terme **incrémentation**? Cela signifie "ajouter une unité à un nombre*. L'opérateur d'incrémentation attend une opérande : la **variable** à incrémenter. Il s'agit de l'opérateur ++. Voyons comment l'utiliser. int a = 5;

```
// ... Some code...

a++; // After this instruction, a equals to 6
```

Exemple.

incrementing.c :

```c
#include <stdio.h> #include <stdlib.h>

int main(void) { int a = 5;

printf("Before incrementing, a = %d\n", a); a++;

printf("After incrementing, a = %d\n", a); return EXIT_SUCCESS;

}
```

Compilation, exécution :

~/cbook/chap09$ gcc -c incrementing.c -o incrementing.o

~/cbook/chap09$ gcc -o incrementing incrementing.o

~/cbook/chap09$ ./incrementing

Before incrementing, a = 5

After incrementing, a = 6

~/cbook/chap09$

Lorsque l'opérateur ++ se situe après le nom de variable que nous souhaitons incrémenter, on parle de *post-incrémentation*. Qu'est-ce que cela signifie?

En d'autres termes, la valeur de la variable sera modifiée **après** la fin de l'instruction. Exemple avec le snippet suivant :

int a = 5;

printf("a = %d\n", a++);

Dans l'instruction de l'appel à la fonction printf, on incrémente a "à la volée". Qu'est-ce que printf va afficher à votre avis? *"a = 6"* ? Perdu! L'instruction affichera "a = 5", et seulement **après** la variable a aura pour valeur 6. Parce que l'opérateur d'incrémentation se situe **après** la variable a.

Démonstration.

post_increment.c :

```c
#include <stdio.h> #include <stdlib.h> int main(void) { int a = 5;
printf("a = %d\n", a++); // From here, a has been post-incremented.
printf("Actually, a = %d\n", a); return EXIT_SUCCESS;
}
```

Compilation, exécution.

~/cbook/chap09$ gcc -c post_increment.c -o post_increment.o

~/cbook/chap09$ gcc -o post_increment post_increment.o

~/cbook/chap09$ ./post_increment

a = 5

Actually, a = 6 ~/cbook/chap09$

On voit bien que le premier printf affiche la valeur de a **avant** que celle-ci ne soit incrémentée.

Au contraire de la *post-incrémentation*, la *pré-incrémentation*, qui consiste à placer l'opérateur ++ **avant** la variable, va d'abord incrémenter la valeur avant de l'utiliser.

Ainsi, le *snippet* suivant :

int a = 5;

printf("a = %d\n", ++a);

Affichera "6", car la *pré-incrémentation* à la volée de a (le ++a) va d'abord modifier la valeur de a en lui ajoutant 1 avant de l'utiliser pour printf.

Comme on ne manque pas d'exemples, un de plus ne fera pas de mal.

pre_increment.c :

#include <stdio.h> #include <stdlib.h>

int main(void) { int a = 5;

printf("a = %d\n", ++a); printf("a = %d still.\n", a); **return** EXIT_SUCCESS;

}

Compilation, exécution :

~/cbook/chap09$ gcc -c pre_increment.c -o pre_increment.o

~/cbook/chap09$ gcc -o pre_increment pre_increment.o

~/cbook/chap09$ ./pre_increment

a = 6 a = 6 still.

~/cbook/chap09$

On voit bien que, dans le premier printf, on incrémente **d'abord** la valeur de a avant de la soumettre en argument à printf. Et à la fin de cette instruction, a vaut toujours 6, comme pour le cas de la *postincrémentation*. A la seule différence qu'on modifie la valeur avant ou après usage, selon le contexte choisi.

Un dernier pour la route en ce qui concerne les opérateurs arithmétiques, j'ai nommé l'opérateur de **décrémentation**!

10.1.8 L'opérateur de décrémentation

L'opérateur de décrémentation est matérialisé par --, et n'attend qu'une opérande : la variable à décrémenter. Comme pour l'opérateur d'incrémentation, il existe aussi les notions de *post-décrémentation* et de *pré-décrémentation*.

Vous l'aurez deviné, la décrémentation consiste à soustraire '1' à notre valeur cible.

Ainsi, le snippet suivant :

```c
int a = 5;
printf("a = %d\n", a--);
```

Affichera "a = 5", mais, à la fin de l'instruction, a sera décrémenté et vaudra $5 - 1 = 4$.

De même :

```c
int a = 5;
printf("a = %d\n", --a);
```

Affichera "a = 4", car on décrémente la valeur **d'abord**, et seulement **après** on l'utilise dans le cadre de notre instruction. Dans tous les cas, à la fin de l'instruction, a sera décrémentée et vaudra 4.

Démonstration : decrement.c :

```c
#include <stdio.h> #include <stdlib.h>
int main(void) { int a = 5;
```

```c
// Here, we are post-decrementing, so "a = 5" will be printed.
printf("a = %d\n", a--);
// After the instruction above, a is decremented, so it equals to 4.
printf("My bad! a = %d\n", a);
// Because of the pre-decrement operator, "a = 3" will be printed:
printf("And now, a = %d\n", --a);
return EXIT_SUCCESS;

}
```

J'ai commenté (en Anglais, parce qu'on est des fous et qu'il ne faut pas négliger l'importance de l'anglais au moins dans le monde de l'informatique) afin que vous compreniez bien l'évolution de la valeur de notre variable a.

Compilation et exécution :

```
~/cbook/chap09$ gcc -c decrement.c -o decrement.o

~/cbook/chap09$ gcc -o decrement decrement.o

~/cbook/chap09$ ./decrement

a = 5

My bad! a = 4

And now, a = 3 ~/cbook/chap09$
```

On voit bien l'évolution successive de a, en accord avec nos commentaires.

10.1.9 Priorité des opérateurs

Nous avons vu les opérateurs arithmétiques. Vous serez sûrement amenés à vous en servir et à les combiner; à faire des opérations peut-être complexe comme sur le snippet suivant :

```c
int a = 3 + 5 * 8 - 12 / 3 * 7;
```

Pouvez-vous déterminer le résultat de cette expression? C'est difficile, surtout quand on oublie que les opérateurs division et multiplication **ont la priorité** sur les opérateurs addition et soustraction.

D'abord, il convient de calculer 5 ∗ 8 (40) et 12/3 (4), ce qui donne :

3 + 40 − 4 ∗ 7

L'opérateur * (multiplication) est prioritaire; on calcule ensuite 4 × 7 (28). On a :

3 + 40 − 28

Ce qui donne pour résultat final 15. On vérifie?

operators_priority.c :

```c
#include <stdio.h> #include <stdlib.h>

int main(void) {

int a = 3 + 5 * 8 - 12 / 3 * 7; printf("a = %d\n", a); return EXIT_SUCCESS;

}
```

Compilation, exécution :

~/cbook/chap09$ gcc -c operators_priority.c -o operators_priority.o

~/cbook/chap09$ gcc -o operators_priority operators_priority.o

~/cbook/chap09$ ./operators_priority

a = 15

~/cbook/chap09$

Super! Maintenant, la question qu'on pourrait se poser est : comment effectuer certains calculs en priorité par rapport à d'autres? Avec des parenthèses!

Exemple :

```c
int a = (3 + 5) * 8 - 12 / (3 * 7);
```

Ici, on *priorise* le calcul de 3 + 5 (8) et de 3 × 7 (21). Ce qui donne :

$8 * 8 - 12/21$

Priorité aux deux opérateurs * et /, ce qui donne :

$64 - 0$

(En effet, la division **entière** de 12 par 21 donne... 0).

On obtient donc au final 64. On vérifie?

operators_priority2.c :

```c
#include <stdio.h> #include <stdlib.h>

int main(void) {

int a = (3 + 5) * 8 - 12 / (3 * 7);

printf("a = %d\n", a); return EXIT_SUCCESS;

}
```

Compilation, exécution :

```
~/cbook/chap09$ gcc -c operators_priority2.c -o operators_prior-
ity2.o

~/cbook/chap09$ gcc -o operators_priority2 operators_priority2.o

~/cbook/chap09$ ./operators_priority2 a = 64

~/cbook/chap09$
```

Comme escompté! C'est dit pour la priorité sur les opérateurs mathématiques.

De manière générale, d'autres opérateurs en C existent, et il y a des règles de priorités bien établies que nous verrons au fil de l'eau.

Nous avons fait le tour des opérateurs mathématiques, et vous avez pu voir que notre ordinateur, s'il est bourré d'électronique et s'il comprend le binaire, est capable d'effectuer des calculs pour nous, humains. Voyez l'informatique comme quelque chose où **tout est nombre** (bon sang, je vais vraiment finir par vous saouler, à force), mais aussi comme un outil au service des êtres humains.

Voyons maintenant d'autres types de calculs que l'ordinateur sait bien mieux faire, puisqu'il s'agit de ses opérations à lui, qui s'effectuent *bit à bit*, au niveau binaire. J'ai nommé les **calculs logiques**!

10.2 Les calculs logiques : des opérations inhérentes à l'électronique

Si nous avons vu, en premier lieu, les opérations arithmétiques, c'est parce qu'elles s'apparentent au type d'opérations que nous pouvons faire dans le monde réel.

Mais nous avons précisé au chapitre deux que l'ordinateur avait son propre langage : le binaire. En d'autres termes, il ne manipulait que des nombres, eux-mêmes codés sur une succession de bits, à taille variable.

Nous verrons donc les différentes opérations logiques qu'il est possible d'effectuer, sans trop nous attarder sur des exemples concrets, puisque ces derniers concernent davantage des cas liés à l'électronique et au matériel qu'à des cas liés au monde réel.

10.2.1 L'opérateur NOT, ou la négation.

L'opérateur NOT permet d'inverser l'état d'un bit. Si le bit est à 0, celui-ci passe à 1. A l'inverse, si le bit vaut 1, il passe à 0. L'opérateur n'a donc qu'une opérande et se trouve devant l'expression à inverser. L'opérateur **NOT** en C est matérialisé par le signe "tilde" ~ et obéit à la **table de vérité** suivante :

A	S
0	1
1	0

Dans le tableau ci-dessus, j'ai identifié par "A" la valeur d'entrée, et par S la valeur de sortie. En résumé, si je soumets le bit 0 à l'opération

"NOT", alors j'obtiens en sortie le bit 1. De même, si je soumets le bit 1 à l'opération NOT, j'obtiens en sortie 0.

Prenons par exemple le cas du nombre 45, qui en binaire vaut $(00101101)_2$ sur huit bits. Soumis à l'opération **NOT**, ces huit bits vaudraient $(11010010)_2$. Et vous n'êtes pas sans savoir que les nombres peuvent être interprétés différemment selon si le bit le plus à gauche est un bit de signe ou non. Ainsi, pour $(11010010)_2$:

— Si la valeur est **signée**, elle correspond à -46.

— Si la valeur est **non signée**, elle correspond à 210.

On vérifie? not.c :

```c
#include <stdio.h> #include <stdlib.h>

int main(void) { char a = 45; char b = ~a; unsigned char c = ~a;
printf("b = %d and c = %u\n", b, c);

return EXIT_SUCCESS;

}
```

Trois variables sont déclarées. La première, a, contient notre valeur de base (45). La seconde, b, est déclarée comme un char et sera donc implicitement signée. Elle recevra le "not" de 45. De même pour c, à la différence prêt que cette dernière ne sera pas signée. Ainsi la valeur sera interprétée différemment par notre ordinateur et par nous-mêmes, puisqu'il est question d'employer le bit de signe ou non.

Compilation, exécution :

```
~/cbook/chap09$ gcc -c not.c -o not.o

~/cbook/chap09$ gcc -o not not.o

~/cbook/chap09$ ./not

b = -46 and c = 210

~/cbook/chap09$
```

Et on obtient bien -46 et 210, comme escompté.

La directive de formatage %u pour printf est utile pour formater des nombres non signés. En effet, le 'u' fait référence au terme unsigned, qui signifie... Non signé.

L'opérateur not est simple parce qu'il ne possède qu'une opérande et que son résultat est prédictible, puisqu'il s'agit d'inverser un bit. Voyons d'autres opérateurs plus intéressants, puisqu'il requièrent deux opérandes.

10.2.2 L'opérateur AND, le ET logique

L'opérateur AND compare deux bits et renvoi 1 **si et seulement si** les deux bits sont égaux à 1. Dans le cas contraire, il renvoie 0. Ainsi, il répond à la **table de vérité suivante**, A et B étant les deux entrées, S étant la sortie :

A	B	S
0	0	0
0	1	0
1	0	0
1	1	1

Il est donc utile puisqu'il permet de vérifier que les deux entrées doivent avoir du "courant électrique" (être à 1, en somme). En C, l'opérateur qui permet de matérialiser l'opération logique **ET** est l'opérateur "esperluette" (&), communément appelé "ampersand" par les anglophones.

Soient deux nombres binaires - toujours sur 8 bits pour la beauté de l'exemple - $(10110110)_2$ pour l'entrée A et $(01010110)_2$ pour l'entrée B. En décimal, ces deux nombres correspondent respectivement à 182 et 86. Un **AND** de ces deux nombres donnerait la série de bits suivante :

A	B	S

1	0	0
0	1	0
1	0	0
1	1	1

A	B	S
0	0	0
1	1	1
1	1	1
0	0	0

Le nombre binaire $(00010110)_2$ donne en nombre décimal non signé la valeur 22. Comme on a déjà compris le principe des nombres signés et des nombres non signés, on ne va pas se prendre la tête à afficher les valeurs signées. Tout ce qui nous intéresse, c'est le résultat d'une opération logique.

On essaie? and.c :

```
#include <stdio.h> #include <stdlib.h>

int main(void) { unsigned char a = 182; unsigned char b = 86; unsigned char c = a & b; printf("c = %u\n", c); return EXIT_SUCCESS;
}
```

Compilation, exécution :

```
~/cbook/chap09$ gcc -c and.c -o and.o

~/cbook/chap09$ gcc -o and and.o

~/cbook/chap09$ ./and

c = 22

~/cbook/chap09$
```

Note : comme pour les opérateurs arithmétiques binaires (comprendre : opérateurs qui possèdent deux opérandes, à ne pas confondre à les

188

opérateurs unaires qui ne possèdent qu'une opérande), les opérateurs logiques ont les mêmes raccourcis vis-à-vis du =. Ainsi, le snippet suivant : a = a & 1;

Equivaut à : a &= 1;

Pas besoin d'un exemple, j'imagine!

Cet opérateur logique permet de tester la valeur d'un bit en particulier comme nous le verrons plus tard. Voyons maintenant une autre opération logique courante.

10.2.3 L'opérateur OR, le OU logique

L'opérateur OR compare deux bits et renvoi 1 si AU MOINS l'une des deux entrées est égale à 1. Elle renvoie donc 0 si et seulement si les deux entrées valent 0.

Ainsi, il répond à la table de vérité suivante, A et B étant les deux entrées, S étant la sortie :

A	B	S
0	0	0
0	1	1
1	0	1
1	1	1

Il est donc utile puisqu'il permet de vérifier qu'au moins une des deux entrées doit avoir du "courant électrique" (être à 1, en somme). En C, l'opérateur qui permet de matérialiser l'opération logique OU est l'opérateur "barre verticale" (|), communément appelé "pipe" par les anglophones.

Soient deux nombres binaires $(10110110)_2$ pour l'entrée A et $(01010110)_2$ pour l'entrée B. En décimal, ces deux nombres correspondent respectivement à 182 et 86. Un OR de ces deux nombres donnerait la série de bits suivante :

A	B	S
1	0	1
0	1	1
1	0	1
1	1	1
0	0	0
1	1	1
1	1	1
0	0	0

Soit le nombre $(11110110)_2$ qui vaut 246 en non signé. Vérifions-le. or.c :

#include <stdio.h> #include <stdlib.h>

int main(void) { unsigned char a = 246; unsigned char b = 86; unsigned char c = a | b; printf("c = %u\n", c); return EXIT_SUCCESS;

}

Compilation, exécution :

~/cbook/chap09$ gcc -c or.c -o or.o

~/cbook/chap09$ gcc -o or or.o

~/cbook/chap09$ ./or c = 246

~/cbook/chap09$

Comme escompté! Et cet opérateur possède le même raccourci vis-à-vis du = comme suit : a = a | 1;

Le snippet ci-dessus équivaut à :

a |= 1;

Cet opérateur logique permet de positionner à 1 un bit choisi, comme nous le verrons plus tard.

Il existe un autre opérateur "bit-à-bit" important et très répandu, utile à beaucoup de choses dans la vie quotidienne cette fois-ci : le XOR, autrement appelé le OU Exclusif.

10.2.4 L'opérateur XOR, le OU exclusif

L'opérateur XOR compare deux bits et renvoi 1 si et seulement si les deux entrées sont strictement différentes. Elle renvoie donc 0 si et seulement si les deux entrées ont la même valeur. D'où la notion d'exclusivité.

En d'autres termes, l'opération XOR renvoie 1 si UNE SEULE des deux entrées vaut 1. En C, l'opérateur XOR est matérialisé par le signe accent circonflexe ^. La table de vérité ci-dessous sera plus parlante :

A	B	S
0	0	0
0	1	1
1	0	1
1	1	0

Il est utile dans la mesure où l'opérateur XOR est dit *réversible*. C'est-à-dire que si vous lisez la table de vérité ci-dessus de sorte que les entrées ne soient plus A et B, mais plutôt S et B - et que la sortie se retrouve être A - vous vous apercevez que le XOR de S et B donne bien les bits escomptés en A.

... Ça n'est pas clair?

Reprenons nos deux nombres binaires $(10110110)_2$ pour l'entrée A et $(01010110)_2$ pour l'entrée B. En décimal, ces deux nombres correspondent respectivement à 182 et 86. Un XOR de ces deux nombres donnerait la série de bits suivante :

A	B	S
1	0	1
0	1	1
1	0	1
1	1	0
0	0	0
1	1	0
1	1	0
0	0	0

Ce qui donne $(11100000)_2$, ou 224.

Maintenant, faisons un XOR de notre sortie (224) avec l'entrée B (86). A prend cette fois 224 et B garde sa valeur (86) comme décrite dans la table ci-dessous :

A	B	S
1	0	1
1	1	0
1	0	1
0	1	1
0	0	0
0	1	1
0	1	1
0	0	0

On obtient pour S $(10110110)_2$, soit 182... Qui était la valeur initiale de A. On est retombé sur nos pattes! Car l'opérateur XOR est dit réversible.

Et son utilité, alors? Il est très utile en cryptographie. Par exemple, imaginez que A soit notre message à chiffrer et B notre clef de chiffrement. Après un XOR, on obtient en S notre message chiffré.

Plus tard, pour déchiffrer notre message chiffré, on imagine qu'il sera A, et que B sera la même clef de chiffrement. Après on XOR, on retrouve le message d'origine.

Et sachant que la cryptographie est utilisée au quotidien, notamment dans les transactions de carte bancaire... On se rend vite compte de l'intérêt de l'opérateur XOR!

Montrons à l'aide d'un programme C l'utilité et la réversibilité de l'opérateur XOR!

xor.c :

```c
#include <stdio.h>
#include <stdlib.h>

int main(void) {
    unsigned char a = 182;
    unsigned char b = 86;
    unsigned char c = a ^ b;
    printf("c = %d\n", c);

    c ^= b; // Get back to a
    printf("c = %d\n", c);
    return EXIT_SUCCESS;
}
```

On aperçoit que, dans une première passe, nous effectuons un premier xor *via* l'opération logique suivante :

```c
c = a ^ b;
```

Ainsi, la variable c contiendra le résultat de a XOR b. Plus loin, nous disons à l'ordinateur d'effectuer l'opération suivante :

```c
c ^= b;
```

Ce qui, si vous avez bien compris l'intérêt des opérateurs simplifiés avec =, correspond à : c = c ^ b;

On XOR le contenu de la variable c (qui contient le résultat du XOR de a et b) à b. On retombe ainsi sur la valeur de a, qui vaut 182.

Compilation, exécution :

~/cbook/chap09$ gcc -c xor.c -o xor.o

~/cbook/chap09$ gcc -o xor xor.o

~/cbook/chap09$ ./xor c = 224 c = 182

~/cbook/chap09$

On s'aperçoit que non seulement notre opération XOR est valide et donne le résultat 224, mais qu'un second xor avec b nous fait revenir à a (182).

Magique, non?

On a fait le tour des opérateurs dit *bit-à-bit*. C'est-à-dire que ces opérateurs effectuent des opérations sur les bits en place.

Mais il existe deux autres opérateurs logiques dont j'aimerais vous parler. Ce sont des opérateurs de décalage de bits.

10.2.5 Opérateurs de décalage de bits

Il est facile pour un ordinateur d'effectuer des opérations sur les bits. Il lui est tout autant intéressant d'effectuer des opérations de décalage.

Exemple avec le nombre $(01010110)_2$ (codé sur huit bits, donc), soit 86, **en tant qu'entier NON signé..** Un décalage de trois bits vers la **gauche** donnera $(10110000)_2$, soit 176. Les bits $(010)_2$, qui se trouvaient tout à gauche de notre nombre d'origine, auront été éjectés du nombre (pour cause de mémoire trop petite, bien entendu).

Également, un décalage de trois bits vers la **droite** de $(01010110)_2$ donnera $(00001010)_2$, soit 10. Les bits $(110)_2$ qui se trouvaient tout à droite du nombre seront éjectés. Et ce peu importe la taille de la donnée, puisque les bits les plus à droite sont les "plus faibles".

Reprenons les mêmes exemples avec le même nombre binaire sur 16 bits, ce qui donne $(0000000001010110)_2$. Un décalage de trois bits vers la gauche donnera $(0000001010110000)_2$, soit 688. Comme il y a "de la place sur la gauche", on voit bien le décalage qui a eu lieu, sans avoir perdu de bits, si ce ne sont trois 0 non significatif sur la gauche.

Pareillement, un décalage de trois bits sur la droite donnera $(0000000000001010)_2$, soit 10... Qui est **le même nombre** que $(00001010)_2$ (seule la capacité de stockage de l'information varie). Quand on décale à droite, on "perd" forcément de l'information (bien que l'idée ne soit pas de perdre de l'information pour le plaisir dans perdre, mais cela, vous comprendrez).

En C, les opérateurs qui permettent d'effectuer, respectivement, des décalages vers la gauche et des décalages vers la droite sont les opérateurs << et >>.

Un exemple ci-dessous qui reprend nos propos, avec le décalage de trois bits à gauche et trois bits à droite du nombre $(01010110)_2$ - 86 en décimal, que nous coderons à la fois sur huit bits (un char) et seize bits (un short). shifting.c :

```c
#include <stdio.h>
#include <stdlib.h>
int main(void) { unsigned int value = 86; // Reference number
unsigned char value8; // 8-bit value.
unsigned short value16; // 16-bit value.

value8 = value << 3;

printf("value8 left shift = %u\n", value8);

value8 = value >> 3;

printf("value8 right shift = %u\n", value8);

value16 = value << 3;

printf("value16 left shift = %u\n", value16);

value16 = value >> 3; printf("value16 right shift = %u\n", value16);
return EXIT_SUCCESS;
```

}

On enregistre notre valeur 86 dans une variable entière **non-signée** que nous appelons value. L'importance ici d'utiliser une valeur non signée est de pouvoir décaler sur tous les bits du nombre et ne pas se faire embêter par un bit de signe dans le cas d'une valeur signée.

Par la suite, on effectue nos décalages de trois bit à gauche puis à droite, et nous stockons le résultat sur 8 bits (pour value8) et 16 bits (pour value16).

Avant d'afficher ces valeurs, bien entendu!

Compilation et exécution :

~/cbook/chap09$ gcc -c shifting.c -o shifting.o

~/cbook/chap09$ gcc -o shifting shifting.o

~/cbook/chap09$ ./shifting value8 left shift = 176 value8 right shift = 10 value16 left shift = 688 value16 right shift = 10 ~/cbook/chap09$

On obtient, une fois de plus, les résultats escomptés. Et nous remarquons que les décalages vers la droite produisent les mêmes résultats, indépendamment de la taille de notre information.

Maintenant, à quoi peuvent servir ces opérateurs de décalage? Il y a quelque chose que nous n'avons pas vraiment remarqué avec nos exemples, mais :

— Décaler une valeur de n bits vers la **gauche** revient à la **multiplier** par 2^n. — Décaler une valeur de n bits vers la **droite** revient à la **diviser** par 2^n.

En effet, nous avions 86 comme valeur de départ. La décaler de trois bits vers la gauche a revenu à la multiplier par 2^3 (8). Or :

$$86 \times 8 = 688$$

Magique!

De même, avec un décalage de trois bits vers la droite (on divise) :

$$86 \div 8 = 10$$

196

On parle ici de division entière, naturellement. Le reste de la division (6) n'est pas pris en compte.

Les décalages de bits peuvent donc être un moyen rapide pour effectuer des multiplications et des divisions (qui sont coûteuses rien que pour nous).

10.2.6 Retour sur le ANNd et le OR

Que peut-on faire de concret avec un AND et un OR?

Grâce à une opération logique AND, on peut vérifier si un bit est à 1 ou non. En effet, il suffit de comparer le bit dont on souhaite connaître la valeur à 1. La sortie de l'opération **AND** ne dépendra donc que du bit dont on "questionne" la valeur. Voyez par vous-mêmes : on souhaite connaître la valeur du bit A sachant que nous n'aurons que 1 pour le bit B :

A	B	S
0	1	**0**
1	1	**1**

On voit que la sortie S est égale à l'entrée A, comme escompté.

Supposons la valeur binaire $(11010110)_2$ (214). Nous voulons connaître la valeur du cinquième bit en partant de la droite. C'est bien évidemment un 1, on le voit à vue d'oeil : 11010110. Mais comment le vérifier en C?

Solution : utiliser l'opérateur de décalage sur la droite pour décaler notre nombre de 4 bits (et non pas cinq, puisqu'on veut garder le cinquième bit!), puis effectuer un AND avec $(00000001)_2$ (1, si vous préférez) pour **isoler** le bit ciblé.

Par étapes :

$(11010110)_2$

Après un décalage de quatre bits vers la droite :

$(00001101)_2$

On applique ensuite un **AND** avec $(00000001)_2$, ce qui nous donne (A étant notre nombre décalé et B étant $(00000001)_2$) :

A	B	S
0	0	**0**
0	0	**0**
0	0	**0**
0	0	**0**
1	0	**0**
1	0	**0**
0	0	**0**
1	1	**1**

On obtient en sortie $(00000001)_2$, qui n'est ni plus ni moins que le cinquième bit de $(11010110)_2$ en partant de la droite que **nous avons réussi à isoler**! Si vous vous souvenez des opérateurs C, cela revient à exécuter le *snippet* suivant :

```c
unsigned char value = 214; int bit = (value >> 5) & 1; // Extract the 5th bit from the right.
```

Mais comme on ne manque pas de rigueur et de pratique, un exemple complet est de mise.

extract_bit.c :

```c
#include <stdio.h> #include <stdlib.h>

int main(void) { unsigned char value = 214; int bit = (value >> 4) & 1;

printf("%d's 5th bit equals to %d!\n", value, bit);

return EXIT_SUCCESS;
```

}

Compilation, exécution.

~/cbook/chap09$ gcc -c extract_bit.c -o extract_bit.o

~/cbook/chap09$ gcc -o extract_bit extract_bit.o

~/cbook/chap09$ ./extract_bit

214's 5th bit equals to 1! ~/cbook/chap09$

Cela dit pour un exemple d'utilisation du AND. Qu'en est-il du OR?

Il est, par exemple, possible de forcer la mise à 1 d'un bit de notre choix grâce au OR. En effet, nous avons vu qu'une opération logique OR avait pour effet de renvoyer 1 si **au moins UNE des deux entrées valait 1**. Si nous prenons en entrées notre nombre à modifier et un *masque* qui contient un bit '1' à la position de notre choix, alors on aura en sortie notre valeur avec le bit en question mis à 1 **dans tous les cas** (car il se peut qu'il le soit déjà).

Prenons un exemple avec le nombre $(00101101)_2$ (45). Nous voulons mettre à 1 son cinquième bit en partant de la droite, qui vaut zéro : 00101101. Il faut donc faire un OR avec $(00010000)_2$*. Il est important que, sur cette dernière valeur, **seul le cinquième bit soit à 1 et tous les autres à 0**. Car on ne souhaite modifier que le cinquième bit. Le OR produira donc la sortie suivante :

A	B	S
0	0	**0**
0	0	**0**
1	0	**1**
0	1	**1**
1	0	**1**
1	0	**1**

0 0 **0**

1 0 **1**
———————

$(00111101)_2$, soit 61 en décimal.

Vous vous rappelez qu'il est plus sympathique de transcrire des nombres binaires en hexadécimal? Ainsi, nous représenterons $(00010000)_2$ en hexadécimal, soit $(10)_{16}$. On a déjà vu comment représenter des nombres hexadécimaux en C - il faut préfixer le nombre de 0x comme ceci : unsigned char mask = 0x10;

Un exemple complet vaut mieux qu'un long discours (comme d'habitude).

set_bit.c :

```c
#include <stdio.h> #include <stdlib.h>

int main(void) { unsigned char value = 45; value |= 0x10; // Set the 5th bit to 1 printf("value = %d.\n", value);

return EXIT_SUCCESS;

}
```

Compilation, exécution :

~/cbook/chap09$ gcc -c set_bit.c -o set_bit.o

~/cbook/chap09$ gcc -o set_bit set_bit.o

~/cbook/chap09$ ./set_bit value = 61

~/cbook/chap09$

Encore une fois (je ne le dirai jamais assez). Rien de magique. C'est juste **logique** !

Et parce qu'on a le goût de l'effort et du dépassement de soi, on ne va tout de même pas passer à côté du cas inverse par facilité, quand même ?! Apprenons à faire en sorte de mettre le bit de notre choix à 0.

On peut le faire avec l'opérateur AND (décidément, il est plus utile que nous ne le pensions !).

Reprenons la valeur $(00101101)_2$ (45). On souhaite mettre le sixième bit en partant de la droite à 0. Le sixième bit est un 1 : 00**1**01101. Pour ce faire, il suffit de faire un AND entre cette valeur et $(11011111)_2$. Le sixième bit de cette dernière valeur étant 0, un AND produira forcément 0 en sortie puisqu'il faut qu'au moins une des deux entrées soit à 0 pour obtenir une sortie égale à 0 (ou, en d'autres termes, pour avoir une sortie à 1, les deux entrées doivent être à 1).

Ainsi, pour A = $(00101101)_2$ et B = $(11011111)_2$, on a :

A	B	S
0	1	**0**
0	1	**0**
1	0	**0**
0	1	**0**
1	1	**1**
1	1	**1**
0	1	**0**
1	1	**1**

Ce qui donne (00001101), à savoir 13. On vérifie ? Pour information, $(11011111)_2$ correspond à $(DF)_{16}$.

unset_bit.c :

```c
#include <stdio.h>
#include <stdlib.h>

int main(void) {
    unsigned char value = 45;
    value &= 0xDF; // Set the 6th bit to 0.
    printf("value = %d.\n", value);

    return EXIT_SUCCESS;
}
```

Compilation, exécution :

~/cbook/chap09$ gcc -c unset_bit.c -o unset_bit.o

~/cbook/chap09$ gcc -o unset_bit unset_bit.o

~/cbook/chap09$ ./unset_bit value = 13

~/cbook/chap09$

Je pense que vous avez maintenant quelques bases en termes d'opérations logiques.

10.3 En résumé

— Vous avez vu les quatre opérateurs arithmétiques de base en C : l'addition (+), la soustraction (-), la multiplication (*) et la division (/).

— Vous avez vu d'autres opérateurs arithmétiques utiles, comme le modulo (%) qui permet d'obtenir le reste d'une division, ainsi que les opérateurs d'incrémentation ++ et de décrémentation --.

— Vous avez vu que certains opérateurs sont prioritaires sur d'autres, comme * et / le sont sur + et -.

— Vous avez vu les opérateurs logiques NOT (~) AND (&), OR (|) et XOR (^). Vous avez pu voir à quel point il est facile de manipuler l'information bit-à-bit avec !

C'est la fin du dixième chapitre de cet ouvrage. Celui-ci était, d'ailleurs, pour ainsi dire, assez conséquent. Je vous félicite d'avoir pu le surmonter !

Les informations que vous avez pu trouver sur ce chapitre sont denses. Encore une fois : c'est **normal** de ne pas tout retenir par coeur. Référez-vous à ce chapitre quand vous aurez des doutes sur l'arithmétique et la logique. De surcroît, les programmes que nous avons faits n'ont pas vraiment de réel intérêt dans la vie réelle. Au passage, j'espère bien que vous les recopiez à la main pour vous **habituer** à programmer en C et à mieux mémoriser la syntaxe du langage ! C'est important ! On n'apprend pas à jouer en foot en regardant un match. Ici, c'est pareil. Pratiquez ! Écrivez vos propres programmes, faites vos propres erreurs aussi !

Dans le chapitre suivant, qui sera un peu plus ludique, nous apprendrons à faire des programmes qui interagissent avec l'utilisateur, c'est-à-dire, par exemple, demander de saisir des informations au clavier. On commencera par faire des programmes qui auront un réel intérêt, même s'il s'agit un peu de réinventer la roue. N'oubliez pas qu'on reste didactique !

Allez, on continue avec le sourire et l'enthousiasme qui sont aussi les miens alors que j'écris ces lignes !

11 Les entrées/sorties

Ainsi nous construisons des jouets et un certain nombre d'entre eux transforment le monde.

- Nassim Nicholas Taleb

Nassim Nicholas Taleb né en 1960 à Amioun au Liban, est un écrivain, statisticien et essayiste spécialisé en épistémologie des probabilités.

Vous commencez à savoir écrire des programmes basiques qui utilisent des variables et qui opèrent des calculs. C'est bien, c'est un bon début.

Maintenant, quand vous utilisez un ordinateur, des logiciels plus précisément, ceux-là interagissent avec l'utilisateur (pour la plupart!). On dit qu'ils communiquent avec eux via des **entrées** (on parle d'input en anglais) et des **sorties** (on parle alors d'output, aussi en anglais).

Par exemple, le snippet suivant : printf("Hello world!\n");

Va afficher la chaîne Hello world! sur la **sortie** de votre programme. C'est ce que le programme produit en **sortie** pour **communiquer avec l'utilisateur**.

On sait donc communiquer du programme à l'utilisateur. Il est maintenant tant de montrer des exemples sur comment l'utilisateur peut communiquer avec le programme.

Une histoire de flux

Votre programme communique en fait avec le monde extérieur par des **flux**. On utilise d'ailleurs très souvent la traduction anglaise stream.

Chaque processus possède **au moins** trois flux :

— stdin : le flux d'entrée, celui qui permet de fournir des informations à notre programme. C'est celui dont nous allons nous servir pour communiquer avec notre processus.

— stdout : le flux de sortie. C'est celui qui est utilisé à chaque fois par printf, de manière totalement transparente, pour communiquer avec nous, l'utilisateur.

— stderr : le flux d'erreur. Il est semblable au flux de sortie, à l'exception prête que ce flux est utilisé pour écrire des messages d'erreur. Exemple : gcc qui nous informe qu'il n'arrive pas à compiler nos programmes!

Dans un terminal, on voit par défaut le contenu des flux de sortie et d'erreur s'imprimer sur l'écran. Il est cependant tout à fait possible d'en faire autre chose. Nous étudierons cela plus loin dans l'ouvrage, où nous commencerons à faire des programmes avec des fenêtres!

Mais pour l'heure, toujours place à des exercices simples et didactiques.

11.1 Saisie au clavier d'un caractère

Vous rappelez-vous de ce que je disais à propos de l'en-tête stdio.h? Il s'agit d'un en-tête qui **définit** des fonctions comme printf. Mais il y en a d'autres! L'une d'entre elles qui nous intéresse est la suivante : getchar().

Sa signature est la suivante :

int getchar(void);

Ainsi, la fonction getchar() **ne prend pas d'arguments** et retourne un int. Cet int correspond :

— Soit au caractère que nous avons lu si la lecture a abouti; — Soit à la constante EOF (**E**nd **O**f **F**ile) si le flux est fermé.

Vous vous rappelez d'EXIT_SUCCESS? Il s'agit d'une constante qui vaut 0 sur la majorité des systèmes d'exploitation. Eh bien, les programmeurs se sont dit qu'ils allaient faire la même chose avec EOF. Sur nos systèmes d'exploitation, EOF correspond à -1, mais pourrait tout à fait valoir autre chose sur un autre système!

Nous n'aurons pas à nous occuper de cette histoire d'EOF présentement, ainsi cette parenthèse était juste informative.

Écrivons notre premier programme qui demande un caractère à l'écran.

getchar.c :

#include <stdio.h> #include <stdlib.h>

```c
int main(void) { int my_char;

printf("Please type a char! "); my_char = getchar();

printf("You have typed the char: %c!\n", my_char); return
EXIT_SUCCESS;

}
```

Allons-y progressivement. Commencez, d'abord, par *builder* (comprendre : compilation + édition de liens) ce programme :

~/cbook/chap11$ gcc -c getchar.c -o getchar.o ~/cbook/chap11$ gcc -o getchar getchar.o

Exécutez-le ensuite : ~/cbook/chap11$ ./getchar Please type a char!

On voit que l'exécution est suspendue! Parce que le programme lit sur stdin un caractère qu'il va pouvoir récupérer via la fonction getchar(). Entrez un caractère au clavier (au hasard, G, la première lettre du prénom de votre très très humble serviteur) et appuyez ensuite sur Entrée :

Please type a char! G You have typed the char: G!

Que s'est-il passé? Le **Terminal** attendait que nous entrions des données au clavier, pour les transmettre sur le plus stdin du programme ./getchar. Lorsqu'on a appuyé sur Entrée, le terminal s'est dit : "c'est bon, je peux transmettre ce que l'utilisateur a écrit au clavier".

Ainsi, le programme a sur son flux stdin les caractères suivants : G et le \n qui correspond à la touche

Entrée. Vous ne vous en doutiez pas, pour le deuxième caractère, n'est-ce pas? Là aussi, c'est juste à titre informatif, mais vous verrez qu'il faudra gérer cette histoire de \n sur stdin plus loin.

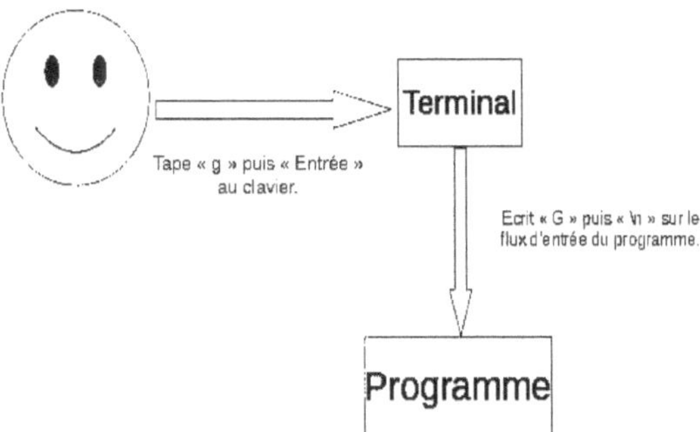

Figure 11.1 – Saisie d'informations au clavier pour les entrées du programme.

Sur la figure 11.1, j'ai grossièrement schématisé comment tout cela fonctionne. Le programme informe le terminal qu'il souhaite lire des données sur le flux d'entrée (stdin). Le terminal, qui n'a aucune donnée à lui fournir, va donc demander celles-ci à l'utilisateur qui va pouvoir les saisir au clavier. Lors que l'utilisateur appuie sur Entrée, le Terminal va pouvoir inscrire les données saisies sur le flux d'entrée (stdin) du programme, qui va pouvoir les traiter.

J'ai un scoop pour vous : c'est quelque chose que j'ai mis énormément de temps à comprendre alors que j'avais quelques années de C derrière moi! Donc si vous ne comprenez pas tout, en soi, cela n'est pas bien grave. Et puis il faut aussi du temps pour assimiler la connaissance (ce que je m'efforce de faire à votre égard, néanmoins).

Saisir des caractères, c'est drôle, mais l'utilité est assez limitée ici. Si nous n'allons pas apprendre de suite à saisir des mots (l'utilisation de chaînes de caractère nécessite des concepts un peu plus avancés, mais nous y viendrons pour sûr!), nous allons apprendre à saisir des nombres!

11.2 Saisie au clavier de nombres

Nous venons de voir l'utilisation de getchar() pour saisir un caractère. Mais ce n'est ni la seule fonction de saisie qui est offerte par stdio.h, ni la seule possibilité pour nous de saisir d'informations. À l'instar de printf qui affiche des données "formattées", il existe une fonction qui saisit des données formatées : j'ai nommé scanf!

Je ne vais pas m'étaler sur la lecture du prototype de scanf, puisqu'il est en soi assez compliqué (comme printf), mais nous en servir dans un contexte débutant est tout à fait possible. Commençons par écrire un programme qui saisit, par exemple, l'âge d'un utilisateur.

scanf_age.c :

```c
#include <stdio.h> #include <stdlib.h>

int main(void) { unsigned int age;

printf("How old are you? "); scanf("%u", &age);

printf("You are %u years old!\n", age);

return EXIT_SUCCESS;

}
```

Et là, normalement, vous devriez vous demander pourquoi :

```c
scanf("%u", &age);
```

Et non pas :

```c
scanf("%u", age);
```

Je vais vous l'expliquer **brièvement**, car cela relève d'une notion avancée du langage C. L'opérateur & devant une variable n'a rien à voir avec l'opérateur AND & que nous avons étudié au chapitre précédent. En effet, l'opérateur AND & est **binaire** (il possède deux opérandes), et notre opérateur & ici est **unitaire** et possède une opérande : la variable qu'il préfixe.

Mais alors, à quoi sert-il? A indiquer **l'adresse mémoire de la variable**.

Vous vous souvenez du chapitre 4 sur les ordinateurs? Et sur le fonctionnement de la mémoire? Nous y avons étudié que la mémoire comportait des adresses auxquelles y étaient stockées des valeurs.

Ici, nous fournissons à la fonction scanf non pas la valeur de age, mais **l'adresse** pour lui dire : "tu liras un nombre sur stdin et tu le stockeras à l'adresse mémoire que je t'indique".

Enfin! Retenez juste qu'il faut utiliser ici & devant le nom de notre variable quand nous la soumettons à scanf. Nous reviendrons sur ces concepts d'adresses mémoire et compagnie quand vous aurez pris un peu plus de gallons, comme on dit!

Outre cette fameuse instruction scanf, qu'y a-t-il à préciser? Qu'un âge est forcément positif ou nul, donc on utilisera un entier **non signé** (d'où le unsigned int) et la directive de formatage %u pour indiquer qu'on souhaite saisir un nombre positif ou nul.

Assez parlé! Compilation :

~/cbook/chap11$ gcc -c scanf_age.c -o scanf_age.o ~/cbook/chap11$ gcc -o scanf_age scanf_age.o

Exécution :

~/cbook/chap11$ ./scanf_age

How old are you?

Le programme bloque à l'instruction scanf, qui "demande un entier à saisir au clavier" (je fais un raccourci pour ne pas préciser à chaque fois : "Monsieur le Terminal demande à l'utilisateur de saisir au clavier machin chose à écrire sur stdin... Mais vous comprenez théoriquement comment cela marche).

Tapons donc un entier. Comme j'ai 28 ans, je vais taper... 28!

~/cbook/chap11$ ./scanf_age

How old are you? 28

You are 28 years old!

~/cbook/chap11$

On commence à voir les possibilités sympathiques du C. Maintenant, commençons par faire un programme qui a un **MINIMUM** d'intérêt.

Je vous avais parlé d'un programme qui calcule l'aire d'un carré. C'est déjà plus sympathique et cela s'inscrit davantage dans le monde réel qu'un programme qui vous dit "ok, chouette, vous avez 28 ans, allez salut". Peu d'intérêt, si ce n'est didactique.

Donc, avant de commencer, quelques rappels mathématiques pour ceux qui dorment au fond de la classe. La figure 11.2 représente un carré de côté 5. N'allez pas mesurer avec votre règle, on dit juste que c'est 5, sans préciser l'unité. Je vous vois venir, les pointilleux, hein!

Figure 11.2 – Un carré de côté 5.

L'aire $A(c)$ d'un carré de côté c est définie par :

$$A(c) = c \times c$$

Une bête addition, donc! Ainsi, si notre côté $c = 5$, $A(5) = 5 \times 5 = 25$. Pas trop dur, quand même!

On fait un programme qui calcule l'aire d'un carré pour nous?

square_area.c :

```c
#include <stdio.h> #include <stdlib.h>

int main(void) { unsigned int side;

printf("What is the side of your square? "); scanf("%u", &side);

printf("Its area is: %u!\n", side * side); return EXIT_SUCCESS;

}
```

Comme le côté d'un carré est forcément positif, on utilisera des unsigned int.

Ensuite, vous remarquerez dans la ligne suivante : printf ("Its area is: %u!\n", side * side);

Qu'on calcule l'aire "à la volée" en exécutant side * side pour renvoyer le résultat de cette multiplication à printf. Pas besoin de variable intermédiaire pour stocker le résultat si nous voulons juste l'afficher ! Au début, j'utilisais des variables pour vous bien mettre en évidence certaines étapes, mais votre humble serviteur a aussi le devoir de vous montrer certains raccourcis et de faire preuve de bon sens quand il le faut !

Je parle, je parle... Compilation :

~/cbook/chap11$ gcc   -c   square_area.c   -o   square_area.o
~/cbook/chap11$ gcc -o square_area square_area.o

Exécution :

~/cbook/chap11$. /square_area

What is the side of your square?

Le programme "bloque" et attend un nombre au clavier. Allez, soyons fous, entrons un **gros** côté, comme 123 :

~/cbook/chap11$ ./square_area What is the side of your square? 123 Its area is: 15129!

Vous pouvez vérifier si vous ne faites pas confiance à votre machine. Votre calculatrice vous dira la même chose : $123 \times 123 = 15129$. Votre ordinateur est tout aussi puissant et rapide pour effectuer ce genre de calcul.

On vient de créer notre tout premier programme qui a un intérêt réel (même si on saurait utiliser la calculatrice Windows pour ce genre de tâche) : calculer l'aire d'un carré, avec saisie utilisateur pour stocker l'information dans une variable.

On voit aussi un peu plus l'intérêt des variables. Car à une autre exécution, le contenu de SIDE peut changer !

~/cook/chap11$. /square area What is the side of your square? 34 Itsa area Is : 1156 !

Cela dit, je ne pouvais pas me permettre de vous faire découvrir les entrées/sorties plus tôt sans parler des variables, du type d'information qu'elles peuvent contenir, et des mathématiques (afin de faire des programmes qui ont un intérêt, même moindre, à savoir-faire des calculs à notre place).

Nous verrons plus loin d'autres techniques et de manières de saisir de l'information, mais pour ce chapitre, cela sera amplement suffisant.

11.3 En résumé

— Nous avons dit qu'un processus avait au moins trois flux pour communiquer avec le "monde extérieur" : stdin (le flux d'entrée), stdout (le flux de sortie) et stderr (le flux d'erreurs).

— Nous avons vu comment saisir un caractère avec getchar().

— Nous avons vu que nous pouvions saisir des données formatées avec scanf en fournissant l'adresse des variables récipiendaires des informations saisies.

Il n'y a pas vraiment besoin de fournir des exercices pour cette partie, et je la laisse volontairement succincte pour, encore une fois, ne pas vous noyer d'informations inutiles.

On a fait nos premiers programmes "sympathiques" puisqu'ils interagissent avec l'utilisateur, et où la notion de variable prend davantage son sens puisque nous stockons dans des variables les informations saisies par l'utilisateur. Chaque **contexte d'exécution** peut varier.

Cela dit, nos programmes sont assez linéaires. J'entends par là qu'il n'existe à chaque fois qu'un cas / scénario possible. Il faudrait contextualiser l'exécution davantage, si nous voulons vraiment commencer à nous amuser !

Ainsi, le chapitre suivant parlera des **conditions**, pour écrire des scénarios comme "si l'utilisateur a moins de dix-huit ans, alors...". Cela sera déjà plus sympathique.

Allez, on ne s'arrête pas !

12 Les conditions

Nulle pierre ne peut être polie sans friction, nul homme ne peut parfaire son expérience sans épreuve.

- Confucius

Dans ce chapitre, nous verrons plusieurs méthodes pour introduire des cas conditionnels dans nos programmes. Nous verrons comment exécuter une à plusieurs instructions si une condition est vérifiée.

Nous verrons aussi comment exécuter une à plusieurs instructions si une condition n'est pas vérifiée (le cas inverse, donc).

Aussi, nous étudierons les branchements quand il est question de tester plusieurs conditions en chaîne.

Nous étudierons ce qui se cache derrière le terme **booléen**, un concept fondamental lorsqu'on parle de conditions.

Nous verrons ensuite comment faire des conditions étendues, lorsqu'il est question de tester qu'une condition n'est PAS vérifiée (comme l'opérateur **NOT**) qu'une condition A **ET** une condition B sont vraies (comme l'opérateur **AND** du chapitre 10); on étudiera aussi le cas où une condition A **OU** une condition B sont vraies (au moins l'une d'entre elles, donc).

Enfin, nous verrons ce qu'est l'expression dite "ternaire".

Ça fait très sérieux comme introduction, non ? Mais ne perdons pas l'engouement et étudions avec passion !

12.1 if : condition simple

À la fin du chapitre précédent, j'avais parlé d'un exemple basique; d'un programme qui se comporte différemment selon l'âge de l'utilisateur.

Nous allons commencer par écrire un programme simple. Celui-ci va demander l'âge de l'utilisateur, afficher cet âge et, si la personne est majeure - c'est-à-dire si elle a dix-huit ans ou plus - alors on affiche "You are major". Parce qu'on est *english* !

Avant d'aller plus loin, voici les **opérateurs de comparaison** que vous devrez connaître (vous vous y habituerez) :

Opérateur	Description	Exemple
!	N'est pas	!smart
==	Est strictement égal à	number_of_months == 12
!=	Est strictement différent de	age_of_x != 12
>	Est strictement supérieur à	money > 100
<	Est strictement inférieur à	weight < 30
>=	Est supérieur ou égal à	number_of_apples >= 3
<=	Est inférieur ou égal à	my_sins <= 7

Cela en fait sept. C'est peut-être beaucoup, mais à force de pratique, vous les retiendrez vite. Au pire, référez-vous à ce tableau si vous avez un doute. L'ouvrage est là pour cela.

Dans notre cas, quel est l'opérateur dont nous avons besoin pour afficher "You are major" si l'âge est de dix-huit ans ou plus ? Il s'agit de >=.

La syntaxe pour exprimer une condition est la suivante :

```
if (condition) { // Instructions executed if the condition is met.

}
```

Le mot-clé if permet d'introduire une condition. Par la suite, on décrit la condition entre deux parenthèses. Vous noterez que j'ai mis un espace entre if et les parenthèses. Vous pouvez tout à fait écrire :

```
if(condition) { // Instructions executed if the condition is met. }
```

Ou même :

```
if (condition)
{
```

```
    // Instructions executed if the condition is met.
}
```

C'est une question de style que je laisse à votre appréciation. **Seulement, n'oubliez pas d'indenter correctement votre code!

Ensuite, les instructions à exécuter **si et SEULEMENT si** la condition est vérifiée doivent se trouver entre deux accolades { et }. On parle alors de **bloc conditionnel**. Exemple :

```
if (condition) { printf("Instruction 1\n"); printf("Instruction 2\n");
}
```

Toutefois, il arrive que vous n'ayez qu'une et **UNE SEULE** instruction à exécuter en cas de condition vérifiée. Dans ce cas, les accolades ne sont pas requises et vous pouvez tout à fait faire :

```
if (condition) printf("Instruction 1\n");
    // ...
```

Ici, l'instruction printf sera exécutée si la condition est remplie. Personnellement, je préfère quand même mettre des accolades pour plusieurs raisons :

— En cas de modification du code, j'aurai peut-être plus d'une instruction à exécuter. Cela m'évitera de me soucier d'enlever ou d'ajouter des accolades. — Je trouve cela plus lisible.

Mais cela n'engage que moi. J'insiste donc bien sûr le **personnellement**. Faîtes bien comme vous voulez, mais, dans les exemples, je mettrai des accolades qu'il y ait une instruction ou plusieurs.

Enfin, cela commence à devenir un peu trop théorique et manque d'exemple. Alors allons-y avec un programme qui :

— Demande à l'utilisateur de saisir son âge (facile, nous l'avons vu au chapitre précédent);

— Affiche l'âge saisi par l'utilisateur;

— Affiche "You are major" si l'utilisateur a dix-huit ans ou plus (c'est-à-dire qu'il est majeur en France). is_major.c :

```c
#include <stdio.h> #include <stdlib.h>
```

```c
int main(void) { unsigned int age; printf("How old are you ? ");
scanf("%d", &age);
```

```c
printf("You are %d years old!\n", age);
```

```c
if (age >= 18) {
```

```c
printf("You are major!\n");
```

```c
}
```

```c
return EXIT_SUCCESS;
```

```c
}
```

Remarquez qu'ici on affiche, dans tous les cas, "You are X years old!", où X représente l'âge saisi par l'utilisateur.

Vous pouvez voir que le bloc :

```c
if (age >= 18) {
```

```c
printf("You are major!\n");
```

```c
}
```

Indique d'exécuter l'instruction printf("You are major!\n"); **SI** l'âge saisi par l'utilisateur est **supérieur ou égal à 18**. Vérifions-le.

~/cbook/chap12$ gcc -c is_major.c -o is_major.o ~/cbook/chap12$ gcc -o is_major is_major.o

Exécutons ce programme avec deux cas de figure :

— L'utilisateur a 28 ans. — L'utilisateur a 5 ans.

~/cbook/chap12$ ./is_major

How old are you? 28 You are 28 years old!

You are major!

On voit, dans le premier cas, que le programme a affiché "You are major!" puisque la condition age >= 18 est **vraie** (pour age valant 28).

Une deuxième exécution avec un âge saisi à 5 donnera :

~/cbook/chap12$ ./is_major

How old are you? 5 You are 5 years old!

Ici, l'instruction printf("You are major!\n"); ne sera pas exécutée, car l'âge saisi par l'utilisateur (5) n'est pas supérieur ou égal à 18.

Ça va? C'est assez clair? Voyons d'autres exemples; cela vous fera recopier du code - donc mieux assimiler la programmation C, en bons apprentis artisans de la programmation que vous êtes - et assimiler des conditions basiques.

Vous savez ce qu'est un nombre pair et ce en quoi il diffère d'un nombre impair? Simplement, un nombre pair est divisible par 2 - c'est-à-dire que la division de ce nombre par 2 aura pour reste 0 et, à l'inverse, un nombre impair n'est pas divisible par 2 - donc la division de ce nombre par 2 aura pour reste 1!

Vous vous rappelez de l'opérateur mathématique qui permet d'extraire le reste d'une division? Il s'agit de l'opérateur **modulo** (%).

Comme nous venons de le dire, pour vérifier qu'un nombre est pair, il faut vérifier que le reste de la division d'un nombre par 2 vaut 0. Ainsi, la condition suivante,

number % 2 == 0

Sera vérifiée si number est pair. Le code ci-dessous, complet, informera l'utilisateur si le nombre qu'il a saisi est pair ou impair. Pour information, en anglais, on traduit "pair" par **even** et "impair" par **odd**.

is_even.c :

```c
#include <stdio.h> #include <stdlib.h>

int main(void) { int number;
```

```
printf("Please enter a number: ");

scanf("%d", &number);

if (number % 2 == 0) {

printf("%d is even.\n", number);

}

return EXIT_SUCCESS;

}
```

Ici, comme on teste une égalité stricte à 0, nous utilisons l'opérateur ==. Notez que l'opérateur modulo % a une priorité **supérieure** à l'opérateur ==. En effet, dans number % 2 == 0, le compilateur évaluera en premier lieu number % 2 avant de comparer le résultat de ce calcul à 0. ~/cbook/chap12$ gcc -c is_even.c -o is_even.o

~/cbook/chap12$ gcc -o is_even is_even.o

Exécutions le programme avec deux cas de figure. Rentrons 432 à la première exécution (un nombre pair) et 31 à la seconde (un nombre impair).

~/cbook/chap12$ ./is_even Please enter a number! 432 432 is even.

~/cbook/chap12$

Lors de la première exécution, on voit bien que la condition est vérifiée, puisque l'instruction printf("%d is even.\n", number); est exécutée.

En revanche :

~/cbook/chap12$ ./is_even Please enter a number! 31

~/cbook/chap12$

Ici, rien n'est affiché, ce qui est un peu dommage. On aimerait informer l'utilisateur que le nombre est impair dans le cas contraire à notre condition if. Pour cela, il existe un mot-clé : else.

12.2 else : condition contraire

Le mot-clé else - "sinon" en français - permet d'exécuter des instructions dans le cas contraire à celle spécifiée entre les parenthèses de notre if, comme ceci :

if (condition) { printf("Instruction 1\n"); printf("Instruction 2\n"); printf("Instruction 3\n");

} **else** {

printf("Instruction 4\n"); printf("Instruction 5\n"); printf("Instruction 6\n");

}

Dans le *snippet* ci-dessus, si la *condition* est **fausse** (exemple : on vérifie que l'âge d'une personne est supérieur ou égal à 18 alors qu'elle n'a que 15 ans), alors les instructions :

printf("Instruction 4\n"); printf("Instruction 5\n"); printf("Instruction 6\n");

Seront exécutées. Au passage, je le précise à nouveau, mais ce style :

if (condition) {

// ...

} **else** { // ... }

Et celui-là :

if (condition) {

// ...

} **else** {

// ...

}

Font exactement **la même chose**. C'est juste une question de goût. Je suis personnellement habitué à la première. Je tiens juste, encore une fois, à ce que vous ne fassiez JAMAIS ceci :

```c
if (condition)

{

printf("Instruction.\n"); // Some other instructions... }
```

En clair : **INDENTEZ VOTRE CODE!**

Parenthèse fermée! Voyons un exemple qui introduit l'utilisation du mot-clé else.

is_major2.c :

```c
#include <stdio.h> #include <stdlib.h>

int main(void) { unsigned int age; printf("How old are you? ");
scanf("%u", &age);

printf("You are %u years old!\n", age); if (age >= 18) {

printf("You are major!\n");

} else {

printf("You are minor!\n");

}

return EXIT_SUCCESS;

}
```

On reprend en effet le code de is_major.c, mais, cette fois-ci, on ajoute un bloc conditionnel else pour exécuter des instructions dans le cas contraire où la personne est majeure.

Compilation, exécution :

```
~/cbook/chap12$ gcc -c is_major2.c -o is_major2.o

~/cbook/chap12$ gcc -o is_major2 is_major2.o

~/cbook/chap12$ ./is_major2
```

How old are you? 28 You are 28 years old!

You are major!

~/cbook/chap12$ ./is_major2

How old are you? 28 You are 15 years old! You are minor!

Simple, non?

12.3 Chaînez les conditions avec else if.

Maintenant, imaginez que nous avons trois cas de figure :

— Afficher "You are a kid" si la personne a moins de cinq ans.

— Afficher "You are minor" si la personne a moins de dix-huit ans.
— Afficher "You are major" si la personne a dix-huit ans ou plus.

On pourrait faire comme indiqué par le snippet suivant :

```
if (age < 5) {

printf("You are a kid.\n");

} else { if (age < 18) {

printf("You are minor.\n");

} else {

printf("You are major.\n");

}

}
```

Ça fonctionne et c'est le plus important. Mais cela peut poser deux problèmes :

— On surindente le code alors qu'on souhaite avoir du code *le plus "plat" possible* (c'est-à-dire limiter les niveaux d'indentation). — Le code n'est pas très lisible.

En effet, quand on écrit un programme... En fait, mieux, quand on écrit de manière générale, c'est pour être lu et relu. Écrivez du code

226

dans l'espoir d'être le plus compréhensible possible par la personne qui vous relira.

J'en viens donc à ma solution pour le problème ci-dessus. Sachez qu'il était possible d'enchaîner un autre if après un else comme ceci :

```c
if (age < 5) {

printf("You are a kid.\n");

} else if (age < 18) {

printf("You are minor.\n");

} else {

printf("You are major.\n");

}
```

On a non seulement réduit le niveau d'indentation, mais en plus le code semble assez clair :

— On vérifie en premier lieu que l'âge est inférieur à 5. Si c'est le cas, on affiche "You are a kid.".

— Si cela n'est pas le cas, la personne a 5 ans ou plus. On vérifie donc si elle a strictement moins de dix-huit ans. Si c'est le cas, on affiche "You are minor."

— Dans tous les cas contraires, la personne a dix-huit ans ou plus. Si c'est le cas on affiche "You are major.".

Le code complet ci-dessous résume nos propos :

multiple_conditions.c :

```c
#include <stdio.h> #include <stdlib.h>

int main(void) { unsigned int age; printf("How old are you? ");
scanf("%u", &age);

printf("You are %u years old!\n", age);

if (age < 5) {
```

```c
printf("You are a kid.\n");
} else if (age < 18) {
printf("You are minor.\n");
} else {
printf("You are major.\n");
}
return EXIT_SUCCESS;
}
```

Compilation, exécution :

~/cbook/chap12$ gcc -c multiple_conditions.c -o multiple_conditions.o

~/cbook/chap12$ gcc -o multiple_conditions multiple_conditions.o

Premier cas où l'utilisateur a 3 ans (ce qui est peu probable dans la vie réelle, mais c'est juste pour la beauté de l'exemple, vous voyez).

~/cbook/chap12$ ./multiple_conditions

How old are you? 3 You are 3 years old! You are a kid.

On comprend que l'instruction printf("You are a kid.\n"); est exécuté. Et comme le reste du bloc conditionnel est préfixé du mot-clé else, il ne sera naturellement pas évalué.

Second cas où l'utilisateur a 15 ans : ~/cbook/chap12$ ./multiple_conditions

How old are you? 15 You are 15 years old! You are minor.

Rien d'anormal. Et le dernier cas où l'utilisateur a 28 ans :

~/cbook/chap12$ ./multiple_conditions

How old are you? 28 You are 28 years old! You are major.

Assez simple aussi, non?

12.4 Chaînez plusieurs cas spéciaux avec switch..case

Le mot-clé switch permet de programmer plusieurs cas de figure pour plusieurs valeurs **distinctes**.

Un exemple : quand on épelle un mot au téléphone, il arrive qu'on vous dise par exemple "B comme Bernard", "C comme Claude" etc. Vous savez faire cela au niveau des conditions avec des if...else if, comme sur le *snippet* suivant :

```c
if (letter == 'B') { printf("B as Bernard.\n");

} else if (letter == 'C') { printf("C as Claude.\n");

} else {

printf("%c\n", letter);
```

Toutefois, les blocs conditionnels avec if sont plutôt utiles où il est question de tester des conditions complexes, avec des opérateurs autres que ==. **Attention!** Je ne dis pas qu'il ne faut pas utiliser des if pour comparer une variable à une valeur via ==. Je dis juste que s'il est question de traiter plusieurs cas distincts comme pour l'exemple ci-dessus, il existe un outil plus approprié : switch.

Notre *snippet* ci-dessus peut-être traduit en un bloc switch comme ceci :

```c
switch (letter) { case 'B':

printf("B as Bernard.\n");

break;

case 'C':

printf("C as Claude.\n"); break; default:

printf("%c\n", letter);

}
```

Entre parenthèses, on spécifie notre valeur pour laquelle on souhaite vérifier des cas particuliers (ici, en l'occurrence, il s'agit de letter).

On voit l'utilisation de plusieurs mots-clé. Le mot-clé case permet de décrire les instructions à exécuter si nous rencontrons notre cas de figure précis. On le précède à notre valeur précise (par exemple, ici, 'B' ou 'C').

Le mot-clé break permet de sortir du bloc switch, notamment lorsque nous avons trouvé notre cas spécifique au moyen de case.

Finalement, le mot-clé default permet de spécifier les instructions à exécuter lorsqu'aucun cas spécifique n'a été rencontré dans notre bloc switch.

Étudions un cas complet!

```c
include <stdio.h> #include <stdlib.h>

int main(void) { char letter;

printf("Type a letter: "); scanf("%c", &letter);

switch (letter) { case 'A':

printf("A like Albert.\n");

break;

case 'B':

printf("B like Bernard.\n");

break;

case 'C':

printf("C like Claude.\n"); break; default:

printf("%c\n", letter);

}

return EXIT_SUCCESS;

}
```

Compilation, exécution :

~/cbook/chap12$ gcc -c switch.c -o switch.o

~/cbook/chap12$ gcc -o switch switch.o

~/cbook/chap12$ ./switch Type a letter: A A like Albert.

~/cbook/chap12$ ./switch Type a letter: B B like Bernard.

~/cbook/chap12$ ./switch Type a letter: C C like Claude.

~/cbook/chap12$ ./switch

D

On voit que pour nos trois cas particuliers, on exécute les instructions dictées ("A comme Albert", "B comme Bernard"...). Dans tous les autres cas "non particuliers", on affiche la lettre. C'est aussi simple que cela.

Je vous avais promis, en introduction, de parler de ce que sont les booléens.

Voyons ce dont il s'agit!

12.5 Les booléens : vrai ou faux ?

Le terme booléen vient d'un brave britannique répondant au nom de George Bool, fondateur de la logique moderne. Et comme nous avons étudié les opérateurs logiques au chapitre 10, vous vous doutez qu'il est question de 0 ou de 1.

En vérité, il est question, de manière plus abstraite, de vrai ou de faux. Soit deux valeurs, du binaire, donc.

D'ailleurs, en informatique, il est assez facile de représenter la valeur vrai et la valeur faux. Respectivement 1 et 0. Quoi de plus simple?

En C, comme on ne peut pas avoir de variable qui soit de la taille d'un bit, selon les circonstances, on va stocker un booléen dans un int (c'est assez standard). Certains systèmes modestes vont avoir tendance à compacter huit booléens dans un char (car un bit suffit) et utiliser les opérateurs & et | pour vérifier l'état d'un bit.

Ici, on ne va pas s'attarder sur l'économie démesurée de mémoire (nous ne programmons pas pour les systèmes embarqués et la capacité de nos ordinateurs est suffisante pour stocker nos informations).

Supposons que j'aie le *snippet* suivant, où is_vaccinated est un int :

```c
if (is_vaccinated) { printf("I am vaccinated.\n");
```

```c
} else {
```

```c
printf("I am not vaccinated.\n");
```

```c
}
```

La question qu'on est en droit de se poser est : est-ce valide de faire cela? La réponse est oui (c'est déjà un bon point). Il est possible d'écrire :

```c
if (variable)
```

Voire même : **if** (1234)

Même si le dernier cas n'a que peu d'intérêt (nous allons voir de suite pourquoi).

En fait, la condition exprimée à l'intérieur du if doit renvoyer tout sauf 0 pour être vérifiée. Par exemple, l'expression suivante :

```c
age < 18
```

Renvoie 1 si age est strictement inférieur à 18, 0 dans le cas contraire.

Un exemple pour que vous compreniez bien.

boolean.c

```c
#include <stdio.h> #include <stdlib.h>
```

```c
int main(void) { unsigned int age; printf("How old are you? ");
scanf("%u", &age);
```

```c
printf("age < 18 = %u\n", age < 18);
```

```
return EXIT_SUCCESS;
}
```

Ici, j'affiche ce que renvoie l'expression age < 18 sous forme d'un entier. Si l'âge que l'utilisateur a saisi est strictement inférieur à 18, alors le programme affichera age < 18 = 1. Sinon, il affichera age < 18 = 0.

Compilons et exécutons ce programme pour nous en rendre compte.

~/cbook/chap12$ gcc -c boolean.c -o boolean.o

~/cbook/chap12$ gcc -o boolean boolean.o

~/cbook/chap12$ ./boolean How old are you? 15 age < 18 = 1

~/cbook/chap12$ ./boolean How old are you? 28 age < 18 = 0

Vous comprendrez donc qu'il est aisé de stocker le résultat d'une comparaison dans une variable, un peu comme ceci :

```
int is_major = age >= 18;
```

Ici, on déclare un entier is_major que nous utiliserons comme *booléen*. Par convention, il est préférable de préfixer les variables booléens par is_ (comme pour signifier : "est un"), ou encore has_ (comme pour signifier "a un/des", au sens possession).

12.6 Opérateurs logiques dans les conditions

Il est possible de tester, dans un seul et unique if, une condition composée de, disons, "sous conditions". Exemples :

— Si une personne est majeure et vaccinée.

— Si un nombre est divisible par 5 ou par 7.

D'ailleurs, pour le dernier cas, vous pourriez vous dire "mais quel intérêt"? Mais c'est le genre de chose à savoir-faire pour démontrer les bases en entretien d'embauche. Donc nous étudierons ce cas bénin, que cela vous plaise ou non!

12.6.1 L'opérateur NOT (!)

L'opérateur ! permet d'inverser une condition. Par exemple, le *snippet* suivant :

```
if (!(age < 18)) { // ...
}
```

Correspond en fait à :

```
if (age >= 18) {
}
```

En effet, la condition strictement inverse d' "avoir 18 ans ou plus" est "avoir strictement moins de 18 ans".

Un petit exemple rapide ci-dessus.

not.c :

```
#include <stdio.h> #include <stdlib.h>

int main(void) { unsigned int age;

printf("How old are you ? "); scanf("%u", &age);

if (!(age < 18)) { printf("You are major!\n");

} else {

printf("You are minor!\n");

}

return EXIT_SUCCESS;

}
```

Examinez correctement la ligne suivante :

```
if (!(age < 18))
```

Avec les parenthèses, on *priorise* les évaluations. Le programme va donc évaluer en premier age < 18. Supposons que l'âge rentré est 28. Alors la condition age < 18 va retourner 0 ("faux").

Mais comme l'opérateur **NOT** a pour fonction d'inverser son unique opérande, alors le résultat final sera !(age < 18), soit !0, soit 1.

En bref, notre algorithme stipule que "si la personne n'est pas mineure, alors on lui dit qu'elle est majeure". C'est un peu inutilement compliqué, car il suffirait de dire "si la personne est majeure, alors on lui dit qu'elle est majeure". Mais c'est pour la beauté de l'exemple. Et vous pourriez avoir besoin de cet opérateur, alors autant l'étudier!

Compilation et exécution.

~/cbook/chap12$ gcc -c not.c -o not.o

~/cbook/chap12$ gcc -o not not.o

~/cbook/chap12$ ./not How old are you? 28 You are major!

~/cbook/chap12$ ./not

How old are you? 15 You are minor!

C'était assez rapide, finalement. Passons à l'opérateur suivant!

12.6.2 L'opérateur AND (&&)

L'opérateur && permet de vérifier que deux sous-conditions sont valides, Exemple :

if (age >= 18 && is_vaccinated) {

printf("Instruction.\n");

}

Ici, il faut que l'âge soit égal à 18 ou plus et que is_vaccinated vaille autre chose que 0. A l'aide de l'opérateur &&, on vérifie que les conditions age >= 18 et is_vaccinated (qui doit valoir autre chose que 0 comme nous l'avons vu plus haut) sont toutes les deux **valides**.

Comme les exemples sont préférables aux longs discours, attardons-nous sur le code suivant.

and.c :

```c
#include <stdio.h> #include <stdlib.h>

int main(void) { unsigned int age; unsigned int is_vaccinated;

printf("How old are you? "); scanf("%u", &age);

printf("Are you vaccinated? (1 = yes/0 = no) "); scanf("%u", &is_vac-
cinated);

if (age >= 18 && is_vaccinated) { printf("You are major and vac-
cinated!\n");

} else { printf("Sorry! You must be major AND vaccinated!\n");

}

return EXIT_SUCCESS;

}
```

Le code en lui-même est simple. En premier lieu, on demande l'âge de l'utilisateur (pour changer...) et on lui demande ensuite s'il est vacciné ou non. Après quoi on vérifie qu'il est majeur (age >= 18) **ET** (&&)vacciné (is_vaccinated). Auquel cas on affiche "You are major and vaccinated!" ("Vous êtes majeur et vacciné"). Dans le cas contraire (else), on affiche "Sorry! You must be major AND vaccinated!" ("Désolé! Vous devez être majeur ET vacciné!").

Vérifions-le. Compilation et exécution :

~/cbook/chap12$ gcc -c and.c -o and.o

~/cbook/chap12$ gcc -o and and.o

~/cbook/chap12$ ./and

How old are you? 28

Are you vaccinated? (1 = yes/0 = no) 1 You are major and vaccinated!

Dans le premier cas, la personne a 28 ans (majeure, donc) et est vaccinée.

Autre cas avec une personne de 15 ans vaccinée :

~/cbook/chap12$ ./and

How old are you? 15

Are you vaccinated? (1 = yes/0 = no) 1

Sorry! You must be major AND vaccinated!

Comme la personne est mineure, même si elle est vaccinée, cela ne suffit pas.

Un autre exemple :

~/cbook/chap12$ ./and

How old are you? 15

Are you vaccinated? (1 = yes/0 = no) 0

Sorry! You must be major AND vaccinated!

Ici, la personne est mineure (15 ans) et n'est pas vaccinée. Aucune des conditions n'est vérifiée.

Et un dernier exemple pour couvrir tous les cas, comme cela, on est tranquille.

~/cbook/chap12$ ./and

How old are you? 28

Are you vaccinated? (1 = yes/0 = no) 0 Sorry! You must be major AND vaccinated!

Ici, la personne est majeure (28 ans), MAIS n'est pas vaccinée. Par conséquent, le programme affiche "Sorry! You must be major AND vaccinated!", comme convenu.

Et comme on aime être exhaustif et travailler à répétition, on va dorénavant couvrir le cas de l'opérateur **OR** ||! Trop génial! (Avouez, vous êtes brûlants d'enthousiasme).

12.6.3 L'opérateur OR (||)

L'opérateur OR (||) est binaire à l'instar de l'opérateur AND (&&) et permet de vérifier qu'**au moins une des deux conditions est valide**. Exemple :

```c
if (age >= 18 || is_vaccinated) {

printf("Instruction.\n");

}
```

Ici, l'instruction printf("Instruction.\n"); sera exécutée si la personne est majeure **OU** si elle est vaccinée. En bref, elle ne sera pas exécutée dans le cas contraire (si la personne est mineure **ET** non vaccinée). Démonstration. or.c :

```c
#include <stdio.h> #include <stdlib.h>

int main(void) { unsigned int age, is_vaccinated;

printf("How old are you? "); scanf("%u", &age);

printf("Are you vaccinated? (1 = yes / 0 = no) "); scanf("%u", &is_vaccinated);

if (age >= 18 || is_vaccinated) { printf("You are major or vaccinated. Welcome!\n");

} else { printf("You are neither major nor vaccinated. Sorry.\n");

}

return EXIT_SUCCESS;

}
```

Assez ressemblant à l'exemple pour illustrer l'opérateur AND, finalement.

Compilation, exécution.

```
~/cbook/chap12$ gcc -c and.c -o and.o

~/cbook/chap12$ gcc -o and and.o

~/cbook/chap12$ ./and
```

How old are you? 28

Are you vaccinated? (1 = yes/0 = no) 1 You are major or vaccinated. Welcome!

Jusqu'ici, rien de surprenant. La personne est majeure et vaccinée, elle passe le test.

Si une personne est mineure et vaccinée, elle passe le test également :

~/cbook/chap12$ gcc -c and.c -o and.o

~/cbook/chap12$ gcc -o and and.o

~/cbook/chap12$ ./and

How old are you? 15

Are you vaccinated? (1 = yes/0 = no) 1 You are major or vaccinated. Welcome!

Aussi, si la personne est majeure, mais n'est pas vaccinée, elle passe le test (puisqu'il faut qu'au moins une des deux conditions soit validée).

~/cbook/chap12$ gcc -c and.c -o and.o

~/cbook/chap12$ gcc -o and and.o

~/cbook/chap12$ ./and

How old are you? 28

Are you vaccinated? (1 = yes/0 = no) 0 You are major or vaccinated. Welcome!

Finalement, le seul cas où la condition ne sera pas vérifiée, c'est lorsque la personne est mineure ET non vaccinée :

~/cbook/chap12$ gcc -c and.c -o and.o

~/cbook/chap12$ gcc -o and and.o

~/cbook/chap12$ ./and

How old are you? 15

Are you vaccinated? (1 = yes/0 = no) 0 You are neither major nor vaccinated. Sorry.

Pfiou! Cela en fait des cas. Je ne sais pas pour vous, mais pour moi, cela devenait barbant (quoique nécessaire) d'être le plus exhaustif possible.

On n'en a malheureusement pas encore fini avec les conditions! Il faut **absolument** que je vous parle d'une subtilité avec les opérateurs && et ||).

12.7 Subtilité des opérateurs && et ||

Pour l'opérateur &&, rappelez-vous, il y a deux opérandes, nommons-les a et b : a && b;

Cet opérateur renvoie 1 si a ET b sont des expressions "vraies" (donc si elles-mêmes renvoient autre chose que 0).

L'ordre des opérandes de l'opérateur && a son importance. Ainsi, a && b n'est pas la même chose que b && a. Pourtant, vous pourriez vous dire qu'écrire : age >= 18 && is_vaccinated; Revient à écrire :

is_vaccinated && age >= 18;

Dans ce cas précis, on n'est pas dérangé... Mais vous vous souvenez de l'opérateur ++? Oui, l'opérateur d'incrémentation. Il est unitaire (une opérande) et a pour fonction d'incrémenter ("ajouter 1") à son opérande.

A des fins didactiques, nous allons étudier le *snippet* suivant : unsigned int age = 21; int a = 5;

printf("a = %d\n", a); **if** (age < 18 && a++) {

printf("You are minor.\n")

} **else** {

printf("You are major.\n");

} printf("a = %d\n", a);

Analysez minutieusement l'expression suivante :

age < 18 && (a++)

On vérifie que age < 18 et que a++ renvoie autre chose que 0. Indépendamment de la valeur de a, puisqu'on incrémente la variable et qu'elle valait initialement 5, on devrait voir affiché à l'écran : a = 5

You are major. a = 6

On vérifie? subtle_and.c :

#include <stdio.h> #include <stdlib.h>

int main(void) { unsigned int age = 21; int a = 5;

printf("a = %d\n", a);

if (age < 18 && a++) {

printf("You are minor.\n");

} else {

printf("You are major.\n");

}

printf("a = %d\n", a);

return EXIT_SUCCESS;

}

Compilation, exécution :

~/cbook/chap12$ gcc -c subtle_and.c -o subtle_and.o

~/cbook/chap12$ gcc -o subtle_and subtle_and.o

~/cbook/chap12$ ./subtle_and a = 5

You are major.

a = 5

Malheur! On n'a pas le résultat escompté et a n'a pas été incrémenté!

Comment ce fait-ce?! Eh bien, regardons encore l'expression suivante : age < 18 && a++

Dans notre cas, age vaut 21, donc l'expression age < 18 renverra 0 et le résultat de l'opération && renverra ainsi 0 puisqu'au moins une des deux opérandes vaut 0. Pour rappel, voici la table de vérité de l'opérateur AND, qu'on a étudiée au chapitre 10 :

A	B	S
0	0	0
0	1	0
1	0	0
1	1	1

En résumé, si au moins une des deux entrées est à zéro, alors la sortie sera à zéro aussi.

Dans l'expression age < 18 && a++, on commence par évaluer celle à gauche (age < 18 donc). Celleci renvoie 0, puisque age vaut 21. Puisqu'on sait déjà qu'au moins une des deux entrées est à 0, on en déduit donc que la sortie sera à 0. **Ainsi, le compilateur considère qu'il est inutile d'évaluer a++**. Donc a ne sera pas incrémenté!

On a le même fonctionnement avec l'opérateur ||. Imaginez le *snippet* suivant :

```c
unsigned int age = 21; int a = 5;

printf("a = %d\n", a);

if (age >= 18 || a++) {

printf("You are major.\n");

} else {

printf("You are major.\n");
```

```
}
```

printf("a = %d\n", a);

Et attardons-nous sur l'expression suivante :

age >= 18 || a++

L'opérateur || va vérifier qu'au moins age >= 18 ou a++ retourne quelque chose différent de 0. Il commence par évaluer age >= 18. Comme age vaut 21, alors l'opérateur || n'a pas besoin d'évaluer a++ et a ne sera pas incrémentée. On vérifie?

subtle_or.c :

```c
#include <stdio.h> #include <stdlib.h>

int main(void) { unsigned int age = 21; int a = 5;

printf("a = %d\n", a);

if (age >= 18 && a++) {

printf("You are major.\n");

} else {

printf("You are minor.\n"); }

printf("a = %d\n", a);

return EXIT_SUCCESS;

}
```

Compilation, exécution :

```
~/cbook/chap12$ gcc -c subtle_or.c -o subtle_or.o

~/cbook/chap12$ gcc -o subtle_or subtle_or.o

~/cbook/chap12$ ./subtle_or

a = 5

You are major.

a = 5
```

Comme convenu. Et pour conclure ce chapitre, nous allons écrire un exemple récapitulatif pour montrer que a peut-être incrémenté selon les cas de figure. and_or.c :

```c
#include <stdio.h> #include <stdlib.h>

int main(void) { int a = 5; int b = 5; int c = 5; int d = 5;

// Demonstrate how && and || behave:

&& ++a;

&& ++b;

0 || ++c; 1 || ++d;

printf(" a b c d = %d %d %d %d\n", a, b, c, d);

return EXIT_SUCCESS;

}
```

Très didactique et assez inutile. Juste pour montrer comment les opérateurs && et || se comportent.

Compilation, exécution :

```
~/cbook/chap12$ gcc -c and_or.c -o and_or.o

~/cbook/chap12$ gcc -o and_or and_or.o

~/cbook/chap12$ ./and_or

a b c d = 5 6 6 5
```

On voit que les variables a et d n'ont pas été incrémentées, comme nous l'avons expliqué au préalable. Si l'opérande de gauche d'un opérateur && renvoie un 0, alors l'expression de droite ne sera pas évaluée. Ainsi, a ne sera pas incrémenté. En revanche, si l'opérande de gauche renvoie un 1, alors on évalue l'opérande de droite (et b est incrémenté dans notre cas).

L'opérateur || a un fonctionnement similaire. Si l'opérande de gauche renvoie autre chose que 0, alors il est inutile d'évaluer l'opérande de droite, puisque le résultat renverra 1 de toute manière. C'est pour cela que d n'est pas incrémenté. En revanche, pour c, comme l'opérande de gauche vaut 0, l'opérateur || ne peut déduire le résultat de la comparaison et devra donc évaluer l'opérateur de droite.

Expliqué comme cela, cela fait un peu brouillon. Cela n'est peut-être pas le plus passionnant à savoir, mais c'est le genre de question qu'on pose en entretien d'embauche pour piéger certains candidats. Votre humble serviteur ne saurait blâmer quelques personnes sadiques ou même quelques candidats un peu trop sûrs d'eux qui prétendraient "maîtriser le C" et qui se feraient écarter rapidement, cela dit. L'important, c'est de rester modeste.

12.8 En résumé

— Vous avez appris à écrire nos premières conditions et à exécuter des instructions uniquement si une condition était "vraie", à l'aide du mot-clé if.

— Vous avez appris quels étaient les opérateurs de comparaison (==, !=, >, <, >= et <=).

— Vous avez aussi appris à exécuter des instructions dans le cas contraire d'une condition, à l'aide du mot-clé elles.

— Vous avez appris à chaîner plusieurs conditions avec l'association elles if.

— Vous avez appris ce qu'étaient les *booléens*.

— Vous avez découvert trois nouveaux opérateurs : NOT (!), AND (&&) et OR (||). — Vous avez appris quelques subtilités à propos des opérateurs && et ||.

Voilà un gros chapitre d'abattu, autant pour vous que pour moi. Vous commencez à savoir faire des choses sympathiques qui pourront vous resservir dans plein d'autres langages de programmation !

Mais il vous manque encore une corde à votre arc qui vous sera utile pour répéter un même traitement et qui se sert des conditions que nous avons étudiées : j'ai nommé les boucles !

13 Les boucles

L'homme content de son sort ne connaît pas la ruine.

- Lao Tseu

Dans le chapitre précédent, nous avons étudié, autant que possible, le principe des conditions pour fournir à nos programmes des cas de figure spécifiques. On commence à pouvoir écrire des programmes un peu moins linéaires, et on peut envisager des flux d'exécutions différents selon les différentes exécutions et entrées possibles.

Dans ce chapitre, nous allons étudier un outil qui va vous permettre de répéter un traitement de manière définie. J'ai nommé : les boucles.

Nous étudierons dans un premier temps des boucles qui s'exécuteront un nombre de fois définies à l'aide du mot-clé for. Par la suite, nous verrons les boucles while qui sont réservées à des cas où le nombre de tours est indéfini (on ne sait pas jusqu'où on va boucler).

Nous verrons aussi la variante do...while qui permet de boucler au moins une fois même si le nombre de tous est indéfini.

Et parce que cela ne suffit pas, nous verrons deux mots-clés utiles dans le contexte d'utilisation des boucles : break et continue.

Enfin, j'espère vous fournir des exemples plus pragmatiques, cette fois!

13.1 La boucle for : nombre de tours finis

La boucle for permet de répéter un traitement un nombre fini de fois. Sa syntaxe est la suivante :

```
for(initial_statement; looping_condition; step) { printf("Instruction\n");
}
```

Où :

— initial_statement représente un "état de départ". C'est ici que nous allons, par exemple, initialiser une variable qui nous permettra de compter le nombre de tours de boucle for.

— looping_condition représente la condition pour laquelle on continue, ou pas, de boucler sur for. Rappelez-vous des conditions, nous les avons étudiées au chapitre précédent.

— step représente l'instruction qui sera exécutée à chaque fin de tour de boucle, par exemple pour incrémenter notre variable compteur.

Ici, l'instruction printf("Instruction\n"); sera exécuté un certain nombre de fois. À vrai dire, elle sera exécutée jusqu'à ce que "looping_condition" renvoie quelque chose de vrai.

Par exemple : imaginons que nous voulons afficher les 10 premiers entiers naturels (c'est-à-dire de 0 à 9) sur une ligne. Sans les boucles, vous pourriez faire :

printf("0\n"); printf("1\n"); printf("2\n"); printf("3\n"); printf("4\n");
printf("5\n"); printf("6\n"); printf("7\n"); printf("8\n"); printf("9\n");

Cela affichera, naturellement :

0

1

2

3

4

5

6

7

8

9

Pas besoin d'un exemple complet, je suppose !

C'est tout de même assez laborieux ! Nous allons écrire la même chose avec une boucle for.

Pour un initial_statement, nous allons déclarer une variable et lui affecter une valeur de départ.

Pour rappel, comme on veut afficher les dix premiers nombres naturels, de 0 à 9, alors notre variable commencera avec la valeur 0.

Nous appellerons cette variable i. C'est un nom communément choisi en programmation, pour itérer sur des boucles for. Il peut représenter notamment un *index*. Par conséquent, notre état initial sera int i = 0.

Pour looping_condition, nous allons établir la condition pour laquelle la boucle for doit continuer de tourner. Ici, il faut que i soit strictement inférieur à 10. On aurait pu dire inférieure ou égale à 9, mais il est communément admis de faire de comparer à la valeur exclue avec un opérateur inférieur/supérieur strict (< ou >) que comparer à la borne incluse avec un opérateur inférieur/supérieur ou égal (<= ou >=). Ainsi, notre condition de validité sera i < 10.

Finalement, à chaque tour de boucle, on veut aller au nombre suivant. Donc il suffit d'ajouter 1 à i. Vous vous rappelez du chapitre sur l'arithmétique et la logique? On y a étudié des opérateurs mathématiques, notamment l'opérateur d'incrémentation! Ainsi, notre step correspondra à i++ (ou ++i, comme vous le sentez!). Cette instruction sera exécutée, je le répète, à chaque fin de boucle.

Au final, tout cela nous donne :

```
for (int i = 0; i < 10; i++) {

printf("Instruction.\n");

}
```

Dans l'état initial, il est possible de déclarer une variable "à la volée". Cette variable sera "détruite" à la fin de la boucle for. C'est-à-dire qu'il sera impossible de s'en servir après la boucle for. Même si cela n'est pas réellement l'objet de ce chapitre (plutôt l'objet d'un chapitre ultérieur), il convient, je pense, de le préciser.

Ici, on va boucler dix fois, et à chaque tour de boucle, i vaudra 0, puis 1, puis 2... puis 9.

Au passage, notez qu'il est possible de faire :

for(int i = 0; i < 10; i++)

printf("One instruction.\n");

Comme pour les **blocs conditionnels** si vous n'avez **qu'une seule instruction** à exécuter dans la boucle. Mais rappelez-vous : personnellement, je préfère mettre des accolades dans tous les cas, au cas où il me faut modifier mon code source plus tard. C'est purement une question de style qui m'est propre. Libre à vous d'utiliser les accolades ou non!

Et comme on veut afficher les nombres entiers naturels de 0 à 9, il suffit en fait d'afficher i, comme ceci :

for (int i = 0; i < 10; i++) {

printf("%d\n", i);

}

Comme on ne va pas déroger à la règle, voici un exemple complet à recopier et à compiler soi-même, puisque répétition est mère de l'éducation, et que vous commencez à devenir des programmeurs C en herbe ! for.c :

#include <stdio.h> #include <stdlib.h>

int main(void) { for(int i = 0; i < 10; i++) {

printf("%d\n", i);

} return EXIT_SUCCESS;

}

Un code minimaliste, qui va pourtant en afficher, des choses !

Compilation et exécution :

~/cbook/chap13$ gcc -c for.c -o for.o

~/cbook/chap13$ gcc -o for for.o

~/cbook/chap13$ ./for

252

```
0
1
2
3
4
5
6
7
8
9
~/cbook/chap13$
```

Partant de ce constat, il est assez aisé de faire des choses amusantes en jouant avec les boucles for. On peut afficher aussi les 10 premiers entiers naturels pairs en partant de la fin, donc :

18, 16, 14, 12, 10, 8, 6, 4, 2, 0.

On devine que notre variable partira de 18 et, tant qu'elle sera supérieure ou égale à 0, on la décrémentera de 2. Ce qui donne :

```c
for (int i = 18; i >= 0; i -= 2)
```

Exemple complet pour nous en assurer :

for2.c :

```c
#include <stdio.h> #include <stdlib.h>

int main(void) {

for (int i = 18; i >= 0; i -= 2) {

printf("%d\n", i);

}

return EXIT_SUCCESS;
```

```
}
```

Compilation, exécution :

```
~/cbook/chap13$ gcc -c for2.c -o for2.o
~/cbook/chap13$ gcc -o for2 for2.o
~/cbook/chap13$ ./for2
18
16
14
12
10
8
6
4
2
0
~/cbook/chap13$
```

Maintenant, vous vous rappelez de la partie sur les opérateurs logiques dans le chapitre précédent ? Je parlais de faire un programme qui vérifiait qu'un nombre était divisible par 5 ou par 7. J'en ai parlé brièvement.

Il s'agit d'un exercice courant en entretien d'embauche (un peu plus facile que les subtilités sur les opérateurs && et || qu'on a étudié aussi au chapitre précédent). Cet exercice, très connu, s'appelle le "FizzBuzz". On va l'étudier et l'écrire ensemble.

Par ailleurs, anecdote assez amusante (et terrifiante à la fois) : juste à l'instant où je rédige ces lignes, je suis allé me renseigner sur l'énoncé **exact** du Fizz Buzz, et je vois rédigé, sur la première source que je trouve, quelque chose comme (traduit de l'anglais) :

Le test "Fizz-Buzz" est une question d'entretien destinée à filtrer 99.5% des candidats à un poste de programmeur qui semblent ne pas pouvoir programmer ne serait-ce que sur un morceau de papier.

C'est donc une question simple qui va écarter les menteurs sur CV des gens ayant le strict minimum vital.

L'énoncé est le suivant :

Ecrire un programme qui affiche les nombres de 1 à 100. Mais pour les multiples de 3, afficher "Fizz" au lieu du nombre; pour les multiples de 5, afficher "Buzz"; pour les multiples de 3 et de 5, afficher FizzBuzz au lieu du nombre.

Découpons le problème en sous-problèmes et attardons-nous sur ce qu'il faut afficher pour un nombre donné. En pseudo-code, nous pourrions écrire ceci :

Si nombre est un multiple de 3 alors Afficher "Fizz"

Sinon si nombre est un multiple de 5 alors Afficher "Buzz"

Sinon si nombre est un multiple de 3 et de 5 alors Afficher "FizzBuzz"

Sinon

Afficher nombre

Fin Si

La question que les lecteurs fâchés avec les mathématiques pourraient se poser, c'est la suivante : **Comment déterminer si un nombre est un multiple d'un autre nombre ?**

Vous vous souvenez du chapitre 10 sur les opérations arithmétiques et logiques ? Nous y avons étudié l'opérateur **modulo** (%) qui permet d'extraire le reste d'une division.

Ainsi, considérons un nombre supérieur ou égal à 3. si notre nombre est divisible par 3, alors le reste de la division de ce nombre par 3 vaut 0. De même, considérons un nombre supérieur ou égal à 5. S'il est divisible par 5, alors le reste de la division de ce même nombre par 5 vaut 0. Exemples :

— 3 est divisible par 3 (3 est aussi un multiple de 3).

— 5 est divisible par 5 (5 est aussi un multiple de 5).

— 5 n'est pas divisible par 3 (3 n'est pas un multiple de 5).

— 6 est divisible par 3 (3 est un multiple de 6).

— 15 est divisible par 3 et par 5 (3 et 5 sont des multiples de 15).

Etc.

De manière générale, considérons deux nombres a et b. Si b est un multiple de a alors on dit que a est divisible par b et le reste de la division de a par b vaut 0. En langage C, cela revient à vérifier : a % b == 0

Ecrivons donc le *snippet* qui, pour un nombre i, affiche Fizz si i est divisible par 3, sinon, affiche Buzz si i est divisible par 5, sinon, affiche FizzBuzz si i est divisible par 3 et par 5, sinon, affiche le nombre si aucune des conditions dictées précédemment n'est vraie.

```c
if (number % 3 == 0 && number % 5 == 0) {

printf("FizzBuzz\n");

if (number % 3 == 0) {

printf("Fizz\n");

} else if (number % 5 == 0) {

printf("Buzz\n");

} else {

printf("%d\n", number);

}
```

Vous pouvez voir que j'ai vérifié dès le début que le nombre était divisible par 3 **ET** par 5. Même si l'énoncé nous parle en premier d'afficher "Fizz" si le nombre est divisible par 3, si nous avions vérifié en premier lieu que le nombre était seulement divisible par 3, rien n'indiquait qu'il n'était pas divisible par 5.

Ainsi, si nous vérifions en premier lieu si le nombre est divisible par 3 et par 5, on est fixé rapidement. Le fait qu'un nombre ne soit pas divisible "par 3 et par 5" n'indique en rien qu'il n'est pas divisible par 3 seulement ou par 5 seulement.

Mais l'inverse n'est pas vrai : affirmer qu'un nombre est divisible par 3 ne revient pas à affirmer qu'il n'est pas divisible par un autre nombre.

Bref, cela fait beaucoup de texte et cette parenthèse aurait été, pour ainsi dire, plus utile dans le chapitre précédent sur les conditions. Mais dans le contexte de l'exercice, c'est intéressant à étudier.

Maintenant qu'on a notre bloc conditionnel, on peut l'intégrer dans un autre boucle for afin de réaliser le teste pour les nombres de 1 à 100.

Autant passer au code complet !

fizzbuzz.c :

```c
/*

* fizzbuzz.c: one of the simplest job interview exercices.

*/

#include <stdio.h> #include <stdlib.h>

int main(void) { for (int number = 1; number <= 100; number++) { if (number % 3 == 0 && number % 5 == 0) {

printf("FizzBuzz\n");

} else if (number % 3 == 0) { printf("Fizz\n");

} else if (number % 5 == 0) {

printf("Buzz\n");

} else {

printf("%d", number);
```

```
    }
  }
  return EXIT_SUCCESS;
}
```

Comme on a étudié le sous-problème lié aux conditions à exécuter dans un ordre précis, le programme complet parle de lui-même.

Compilation et exécution :

```
~/cbook/chap13$ gcc -c fizzbuzz.c -o fizzbuzz.o
~/cbook/chap13$ gcc -o fizzbuzz fizzbuzz.o
~/cbook/chap13$ ./fizzbuzz
1
2
Fizz
4
Buzz
Fizz
7
8
Fizz
Buzz
11
Fizz
13
14
FizzBuzz
```

[...]

86

Fizz

88

89

FizzBuzz

91

92

Fizz

94

Buzz

Fizz

97

98

Fizz

Buzz

~/cbook/chap13$

J'ai tronqué l'affichage parce que, eh, oh, imaginez qu'un jour on aboutisse à l'impression de cet ouvrage... Si on pouvait économiser du papier, cela serait plus pratique, non?

Je ne sais pas si vous vous rendez compte, mais si vous savez réaliser un *FizzBuzz*, vous commencez à avoir des bases intéressantes.

Il est tant de continuer sur d'autres boucles et de voir des exemples tout aussi académiques et intéressants.

13.2 La boucle while : nombre de tours indéfinis

Si avec une boucle for on sait combien de fois on va boucler (par exemple : 100 fois avec notre *FizzBuzz*), il arrive parfois qu'on ne sache pas combien de fois nous allons boucler.

La syntaxe de la boucle while ressemble beaucoup à celle de la condition if :

```
while (condition) { printf("Instruction.\n");

}
```

Ici, tant que condition est vraie, alors l'instruction printf("Instruction"); sera exécutée.

Comme un exemple vaut mieux qu'un long discours, je vous propose d'écrire un programme qui satisfait l'énoncé suivant :

Écrire un programme qui demande à l'utilisateur de saisir un à plusieurs nombres positifs ou nuls. À chaque fois qu'il saisit un nombre, on lui demande s'il veut continuer à saisir un autre nombre, et ainsi de suite, jusqu'à ce qu'il ne le souhaite plus.

À la fin, le programme doit afficher **le plus grand nombre** parmi ceux que l'utilisateur aura saisis.

On peut identifier ici qu'on aura besoin d'utiliser une boucle. Seulement, on ne sait combien de fois on va répéter le traitement "saisir un nombre". On aura quelque chose comme :

```
while (keep_going) {

}
```

Où keep_going est une variable qui, par exemple, pourrait contenir 1 si on souhaite continuer à saisir des nombres, 0 sinon.

En terme de variables, on en aurait trois :

— La variable qui indique si on continue à saisir des nombres ou non (à savoir, keep_going ci-dessus).

— La variable mémorisant le nombre maximum qui a été saisi.

— La variable mémorisant le nombre courant saisi par l'utilisateur.

Comment faire en sorte qu'on puisse mémoriser le nombre maximal parmi tous ceux saisis par l'utilisateur ? C'est simple. Considérons que nos variables qui représentent le nombre saisi et le nombre maximum mémoriser s'apellent, respectivement, number et max_number. Avec le snippet suivant, on s'assure de mémoriser le nombre maximum parmi ceux saisis :

if (number > max_number) { max_number = number;

}

Simplement. "Si le nombre saisi par l'utilisateur est plus grand que le nombre maximum mémorisé, alors on affecte au nombre maximum mémoriser la valeur du nombre courant". Bon, textuellement, c'est un peu plus compliqué à comprendre, mais si vous relisez mes propos, c'est assez simple à appréhender.

Concernant la boucle, on aura quelque chose en pseudo-code comme :

keep_going = 1

Tant que keep_going faire

(saisir nombre et comparer)

Afficher "Voulez-vous continuer ? (1 = Oui / 0 = Non)" Saisir keep_going

Fin Tant Que

En effet, à la fin de la boucle, si l'utilisateur saisit 0 et qu'on affecte cette valeur à notre variable keep_going, la condition de la boucle while ne sera plus vérifiée et on sortira de la boucle pour afficher le nombre maximal mémorisé.

Dernier détail. On a parlé de nombres positifs ou nuls. On peut donc déduire deux choses par rapport à cela :

— Nos nombres ne seront pas signés (pas négatifs, donc).

— On peut affecter notre nombre maximum à la valeur minimum qu'un nombre positif ou nul puisse avoir... C'est-à-dire 0!

On essaie de faire un code complet?

max_number.c :

```c
#include <stdio.h> #include <stdlib.h>

int main(void) { int keep_going = 1; unsigned int max_number = 0; // The maximum number among the user's unsigned int number; // The number that the user inputs

while (keep_going) { printf("Enter a number: "); scanf("%u", &number);

printf("You have typed: %u\n", number);

// Compare the actual number with the maximum number if (number > max_number) {

// If the actual number is above the maximum number,

// update the maximum number max_number = number;

}

printf("Do you want to input another number ? (1=Yes/0=No) "); scanf("%d", &keep_going);

}

printf("The maximum number is: %u\n", max_number);

return EXIT_SUCCESS;

}
```

Comme on peut le voir, à l'intérieur de la boucle, on saisit un nombre, on le met à jour s'il dépasse notre nombre maximum en l'état, puis on demande à l'utilisateur s'il veut continuer. **Parce qu'on ne peut pas déterminer combien de fois l'utilisateur voudra saisir un nombre, et donc combien de fois il faudra itérer dans la boucle.**

Une fois sorti de la boucle, on peut afficher le nombre maximum saisi.

Compilons et exécutons.

~/cbook/chap13$ gcc -c max_number.c -o max_number.o

~/cbook/chap13$ gcc -o max_number max_number.o

~/cbook/chap13$ ./max_number

Enter a number: 4

You have typed: 4

Do you want to input another number ? (1=Yes/0=No) 1

Enter a number: 32

You have typed: 32

Do you want to input another number ? (1=Yes/0=No) 1

Enter a number: 9

You have typed: 9

Do you want to input another number ? (1=Yes/0=No) 1

Enter a number: 23

You have typed: 23

Do you want to input another number ? (1=Yes/0=No) 0

The maximum number is: 32

Déroulons le programme. En premier, on a pour nombre maximum 0 (logique). On saisit 4. Donc notre nombre maximum sera 4 (on le met à jour). Et on indique qu'on souhaite continuer à saisir des nombres.

Deuxième tour de boucle, l'utilisateur saisi 32. Comme à ce stade-là le nombre maximum vaut 4 et que 32 est supérieur à 4, on met à jour le nombre maximum à 32.

Troisième tour de boucle, l'utilisateur saisit 9. 9 est inférieur à 32, donc on ne met pas à jour le nombre maximum qui reste à 32. On indique qu'on souhaite saisir un autre nombre.

Quatrième tour de boucle, l'utilisateur saisit 23. 23 est inférieur à 32, donc on ne met pas à jour le nombre maximum qui reste à 32. On indique qu'on ne souhaite pas saisir d'autre nombre. C'est la fin de la boucle.

À la fin, le nombre maximum saisi est 32. On l'affiche et on quitte le programme.

Pour vous convaincre de l'utilité de la boucle while, on peut exécuter à nouveau le programme en saisissant deux nombres : la boucle aura itéré deux fois.

~/cbook/chap13$ ./max_number

Enter a number: 86

You have typed: 86

Do you want to input another number ? (1=Yes/0=No) 1

Enter a number: 43

You have typed: 43

Do you want to input another number ? (1=Yes/0=No) 0

The maximum number is: 86

Il existe une variante de la boucle while où le nombre de tours n'est pas déterminable, mais où l'on sait que nous allons itérer **au moins une fois** : il s'agit de la boucle do... while.

13.3 do. . . while : au moins un tour

La boucle do...while est similaire à la boucle while à l'exception près qu'on itère au moins une fois.

Sa syntaxe est la suivante :

do {

printf("Instruction.\n");

} **while** (condition);

Tant que condition est vérifiée, on boucle. Et comme la syntaxe veut qu'on vérifie condition après avoir exécuté printf("Instruction.\n");, cette dernière instruction ne sera exécutée qu'une fois.

Faisons d'une pierre deux coups : illustrons un exemple intéressant avec la boucle do...while.

Écrire un programme qui demande à l'utilisateur de saisir un à plusieurs nombres entiers (positifs ou négatifs). À chaque fois qu'il saisit un nombre, on lui demande s'il veut continuer à saisir un autre nombre, et ainsi de suite, jusqu'à ce qu'il ne le souhaite plus.

À la fin, le programme doit afficher **le plus petit nombre** parmi ceux que l'utilisateur aura saisis.

La différence avec l'exercice précédent? On souhaite supporter les nombres négatifs.

Ensuite, on souhaite mémoriser **le plus petit nombre saisi**. Il faudrait donc que notre nombre minimum ait, pour valeur initiale, la plus grande valeur possible.

Vous rappelez-vous du chapitre 8 sur les variables? L'on y a vu les différents types ainsi que les différents intervalles de valeurs possibles.

Pour un int, ses valeurs peuvent aller de -2147483648 à 2147483647. Il faudra donc **initialiser** notre nombre minimum à 2147483647.

Et comme la taille d'un int peut varier d'une architecture à une autre, ses intervalles de valeurs peuvent varier aussi. Ce qui a abouti à l'utilisation de valeurs constantes; vous savez, exactement comme EXIT_SUCCESS (qui vaut en fait 0, mais qui peut avoir une autre valeur dans un autre contexte).

Il s'agit de la constante INT_MAX qui vaut 2147483647 sur système d'exploitation 64-bit. Vous conviendrez qu'il est plus aisé, pour un être humain, de retenir INT_MAX plutôt que 2147483647. D'autant plus que cette valeur différerait peut-être sur une autre architecture.

Enfin, la constante INT_MAX est définie dans le fichier d'en-tête <limits.h>. Son nom est assez parlant. Ainsi, pensez à l'inclure avant d'utiliser INT_MAX.

On essaie?

min_number.c :

```c
#include <limits.h> // For INT_MAX

#include <stdio.h> #include <stdlib.h>

int main(void) { int keep_going = 1, min_number = INT_MAX, number; do { printf("Enter a number: "); scanf("%d", &number);

if (number < min_number) { min_number = number;

}

printf("You have typed: %d\n", number); printf("Do you want to continue? (1=Yes/0=No) ");

scanf("%d", &keep_going);

} while (keep_going);

printf("The minimum number is: %d\n", min_number);

return EXIT_SUCCESS;

}
```

Je pense que le code se passe de commentaire. N'oubliez pas qu'il est possible de déclarer plusieurs variables sur une même ligne. Seule number n'est pas initialisée; c'est en effet le nombre qui va servir à stocker le nombre saisi par l'utilisateur. Il est *a priori* inutile de l'initialiser.

Compilation, exécution :

```
~/cbook/chap13$ gcc -c min_number.c -o min_number.o

~/cbook/chap13$ gcc -o min_number min_number.o

~/cbook/chap13$ ./min_number

Enter a number: 643

You have typed: 643

Do you want to continue? (1=Yes/0=No) 1

Enter a number: -134
```

You have typed: -134

Do you want to continue? (1=Yes/0=No) 1

Enter a number: -2

You have typed: -2

Do you want to continue? (1=Yes/0=No) 1

Enter a number: 876

You have typed: 876

Do you want to continue? (1=Yes/0=No) 0

The minimum number is: -134

Ce programme supporte non seulement les nombres entiers positifs **ET** négatifs, mais introduit correctement l'utilisation de la boucle do...while.

13.4 break et continue : contrôles à l'intérieur de boucles

Saviez-vous qu'il était possible de sortir d'une boucle indépendamment de sa condition initiale ou de "revenir" à sa première condition?

C'est chose possible avec les mots-clés break et continue.

Par exemple, dans le snippet suivant :

```c
for (int i = 0; i < 10; i++) { if (i == 5) {
break;
}
printf("%d\n", i);
}
```

Nous verrions à l'écran :

```
0
```

1

2

3

4

Et lorsque i vaudra 5, l'instruction break; sortira de la boucle. Donc la boucle for ne bouclera pas sur les nombres restants (de 5 à 9, donc).

Vérifions-le. break.c :

```
#include <stdio.h> #include <stdlib.h>

int main(void) { for(int i = 0; i < 10; i++) { if (i == 5) {

break;

}

printf("%d\n", i);

}

return EXIT_SUCCESS;

}
```

Compilation et exécution.

```
~/cbook/chap13$ gcc -c break.c -o break.o

~/cbook/chap13$ gcc -o break break.o

~/cbook/chap13$ ./break

0

1

2

3

4
```

Ce mot-clé est utile pour interrompre une boucle inopinément, dans le cas où on recherche une valeur dans un ensemble, par exemple. Nous le verrons ultérieurement.

À l'instar du mot-clé break, le mot-clé continue a du sens à l'intérieur d'une boucle, et permet de revenir au début de celle-ci.

Reprenons notre boucle précédente et substituons break par continue : **for** (int i = 0; i < 10; i++) { **if** (i == 5) { **continue**;

}

printf("%d\n", i);

}

Ici, nous verrons à l'écran tous les nombres de 0 à 9 **sauf** 5 :

0

1

2

3

4

6

7

8

9

Et comme on n'en a jamais assez, on va écrire un programme pour le vérifier.

#include <stdio.h> #include <stdlib.h>

int **main**(void) { **for** (int i = 0; i < 10; i++) { **if** (i == 5) {

continue;

}

```
printf("%d\n", i);
}
return EXIT_SUCCESS;
}
```

Compilation, exécution :

```
~/cbook/chap13$ gcc -c continue.c -o continue.o
~/cbook/chap13$ gcc -o continue continue.o
~/cbook/chap13$ ./continue
0
1
2
3
4
6
7
8
9
```

C'est tout pour ce chapitre !

13.5 En résumé

— Nous avons appris à écrire des boucles avec un nombre d'itérations déterminé grâce au mot-clé *for*.

— Nous avons appris à écrire des boucles avec un nombre d'itérations indéterminé grâce au mot-clé *while*.

— Nous avons appris à écrire des boucles avec un nombre d'itérations indéterminé, **MAIS** avec **AU MOINS** une itération avec les mots-clés do...while.

— Nous avons appris à "sortir" inopinément des boucles avec le mot-clé break aussi bien qu'à revenir au début de celles-ci à l'aide du mot-clé continue.

Vous vous êtes aperçus que nos programmes commençaient à prendre forme et à devenir de moins en moins "linéaires" grâce aux conditions et aux boucles. Vous commencez à avoir un bagage minimal pour écrire des programmes qui pourraient devenir complexes.

En plus, nous avons étudié un cas d'école qui est parfois demandé aux entretiens d'embauche pour un poste de **développeur** ; le fameux *FizzBuzz*.

Bien sûr, comme à mon habitude, je vous incite et vous inciterai toujours à **recopier** les exemples de ce livre plutôt que de les copier/coller. C'est de cette manière que vous assimilerez mieux comment programmer en C., Car vous avez vu des concepts et de nouveaux mots-clés en peu de temps, et s'il est difficile de tout se rappeler en peu de temps, c'est d'autant plus une raison pour faire des efforts.

Écrire des boucles, c'est super. Cela permet de ne pas nous répéter inutilement.

Mais il existe un autre outil très puissant qui va nous permettre d'éviter de nous répéter, de factoriser notre code et de le maintenir "plat" pour éviter d'avoir des blocs qui s'imbriquent les uns les autres jusqu'à avoir des choses comme :

while (...) { if (...) { for (...) { if (...) {

} else {

while(...) {

}

}

```
    }

    }

}
```

Car cela peut vite devenir complexe et horrible à relire.

Bref ! Le chapitre suivant sera consacré à un concept qu'on retrouve dans beaucoup d'autres langages de programmation. J'ai nommé... **Les fonctions!**

14 Les fonctions (première partie)

Les livres peuvent se diviser en deux groupes : les livres du moment et les livres de toujours.

- John Ruskin

John Ruskin, (1819-1900), est un écrivain, poète, peintre et critique d'art britannique.

Nous abordons un chapitre très important dans votre apprentissage, au même titre que les précédents. Car ce que vous apprenez va vous **resservir** dans l'apprentissage d'autres langages de programmation modernes.

En programmation, on définit par fonction une série d'instructions que nous pouvons réutiliser, à souhait, avec la possibilité de fournir à cette fonction des arguments donnés pour contextualiser son fonctionnement.

Mais comme on ne fait pas d'omelettes sans casser d'œufs, nous commencerons par étudier des fonctions simples que nous appellerons dans notre fonction principale main. Puis nous verrons ensuite des fonctions plus élaborées, avec un à plusieurs arguments, qui retournent des valeurs que nous pourrons utiliser dans notre programme.

14.1 Problématique : du code répétitif

Prenons un cas simple. J'ai deux personnes à gérer dans un programme informatique. Pour ces personnes, je souhaite afficher leur âge et si elles sont vaccinées ou non.

Par personne, on utilisera donc deux variables : une pour mémoriser l'âge, une autre pour mémoriser son statut si elle est vaccinée ou non.

Comme on a deux personnes, cela nous fera deux fois deux variables = quatre variables.

```c
int age1, is_vaccinated1, age2, is_vaccinated2;
```

Pour chacune de ces deux personnes, je veux afficher leurs informations :

```c
printf("First person:\n"); printf("You are %u years old.\n", age1);
```

```c
if (is_vaccinated1) { printf("You are vaccinated.\n");
```

```c
} else {
```

```c
printf("You are not vaccinated.\n");
```

```
}

printf("Second person:\n"); printf("You are %u years old.\n", age2);
if (is_vaccinated2) {

printf("You are vaccinated.\n");

} else {

printf("You are not vaccinated.\n");

}
```

Ce *snippet* fonctionne et répond au problème demandé. Toutefois, imaginez que, demain, on n'ait pas deux, mais **trois** personnes à gérer. Il faudrait recopier une partie du code. C'est **laborieux**!

C'est là que les fonctions entrent en jeu : elles permettent d'encapsuler un traitement récurrent; ici, à savoir : afficher les informations d'une personne.

On remarque que le traitement récurrent est celui-ci :

```
printf("You are %d years old.\n", age);

if (is_vaccinated) { printf("You are vaccinated.\n");

} else {

printf("You are not vaccinated.\n");

}
```

Il est donc possible de l'encapsuler dans une fonction.

14.2 Les fonctions pour factoriser du code

Si vous vous rappelez du chapitre 7, où nous avons écrit, entre autres, notre tout premier programme, je disais qu'une fonction avait un nom, zéro ou plusieurs arguments, et une valeur de retour, comme ceci :

```
return_type function_name(type argument1, type argument2);
```

ici, function_name est une fonction qui attend deux arguments :

— argument1 de type type.

— argument2 de type type.

On parle alors de **prototype** de fonction.

Vous avez déjà utilisé deux fonctions dans vos programmes, printf et scanf. Ces fonctions ont aussi des arguments et une valeur de retour.

Ces fonctions sont très complexes et, paradoxalement, ce sont les premières fonctions qu'on utilise pour apprendre à écrire des programmes qui sont *a priori* simples pour interagir avec l'utilisateur. Nous allons donc étudier une autre fonction pour la beauté de l'exemple. J'ai nommé : toupper.

Si vous tapez man toupper dans un terminal, vous devriez avoir le **manuel** de la fonction toupper (lire "tou euppère", qui signifie "vers la casse supérieure" en ce qui concerne une lettre).

(Note : une fois que vous êtes dans le man d'une fonction, appuyez sur q pour quitter.)

Comme on peut le lire dans le man, pour utiliser cette fonction, il faut inclure le fichier d'en-tête

<ctype.h>. Le **prototype** de la fonction est le suivant :

int toupper(int c);

La fonction attend en argument un entier nommé c et renvoie... Un entier!

Le manuel nous indique ensuite que cette fonction convertit un caractère - une lettre, notamment minuscule - en majuscule. Ainsi, la valeur renvoyée par cette fonction est le caractère converti en majuscule, ou c si la valeur n'a pu être convertie.

Utilisons-la pour nous rendre compte! toupper.c :

```c
#include <ctype.h> // for toupper

#include <stdio.h> #include <stdlib.h>
```

int **main**(void) { printf("a to upper is %c\n", toupper('a')) printf("3 to upper is %c\n", toupper('3')); **return** EXIT_SUCCESS;

}

Compilation, exécution :

~/cbook/chap14$ gcc -c toupper.c -o toupper.o

~/cbook/chap14$ gcc -o toupper toupper.o

~/cbook/chap14$ ./toupper a to upper is A 3 to upper is 3

Assez simple! Mais revenons à nous moutons et écrivons-la, cette fonction qui affiche un âge et si une personne est vaccinée ou non.

14.3 Fonctions sans retour de valeur

Première question à se poser : est-ce que cette fonction renvoie une valeur? La réponse est non (*a priori*). La valeur de retour sera donc void (de l'anglais "vide").

Il nous faut donner un nom à notre fonction. Nous l'appellerons print_info, parce que c'est ce qu'elle fait : afficher des informations.

Qu'en est-il des arguments? Elle en aura deux : l'âge de la personne et son indicateur de vaccination ou non.

Voici le prototype de notre fonction :

void print_info(unsigned int **age**, int is_vaccinated);

Le prototype sera utile aux programmeurs souhaitant utiliser notre fonction. Il sert simplement à **déclarer** que cette fonction existe et qu'elle est prête à l'emploi. Il faut la déclarer **avant** utilisation. Une fois que la déclaration sera faite, les programmeurs pourront l'appeler comme ceci :

print_info(28, 1); print_info(13, 0); Mais il faut encore écrire le **corps** de la fonction, comme nous écrivons le corps de la fonction **main** à **chaque fois** qu'on écrit un nouveau programme!

Écrivons donc notre fonction :

```c
void print_info(unsigned int age, int is_vaccinated) { printf("You are
%u years old.\n", age);

if (is_vaccinated) { printf("You are vaccinated.\n");

} else {

printf("You are not vaccinated.\n");

}

putchar('\n');

}
```

Il ne reste plus qu'à l'utiliser dans un programme complet!

print_info.c :

```c
#include <stdio.h>

#include <stdlib.h>

// Here: declare the function prototype void print_info(unsigned int
age, int is_vaccinated);

int main(void) { unsigned int age1 = 28; int is_vaccinated1 = 1;

unsigned int age2 = 13; int is_vaccinated2 = 0;

print_info(age1, is_vaccinated1); print_info(age2, is_vaccinated2);

return EXIT_SUCCESS;

}

// Then: write the fonction body

void print_info(unsigned int age, int is_vaccinated) { printf("You are
%u years old.\", age);

if (is_vaccinated) { printf("You are vaccinated.\n");

} else {

printf("You are not vaccinated.\n");

}
```

```
putchar('\n');

}
```

Il y a plusieurs choses à mettre en évidence ici. D'abord, comme vous pouvez le voir, la bonne pratique veut que nous déclarions la fonction et que nous la définissions de manière séparée. Généralement, s'il est question d'écrire un programme dans un seul fichier (nous verrons qu'il est possible de faire plusieurs fichiers pour écrire un programme), on déclare les fonctions avant la fonction main et on écrit leur corps après la fonction main.

Ensuite, il convient de parler de ce qu'on appelle **paramètres effectifs** et **paramètres formels**.

Les paramètres effectifs sont, dans notre cas, les paramètres que la fonction main va fournir à la fonction print_info. Ici, il s'agit de age1 et is_vaccinated1 ainsi que de age2 et is_vaccinated2.

Les paramètres formels sont les paramètres **demandés** par une fonction pour qu'elle puisse s'exécuter. Il s'agit donc ici de age et is_vaccinated.

Ainsi, à chaque appel d'une fonction, les paramètres formels prennent la valeur des paramètres effectifs. Ces valeurs sont copiées puis transmises à la fonction.

Donc le paramètre formel age recevra la valeur du paramètre effectif age1 (c'est-à-dire 28) au premier appel, puis la valeur du paramètre effectif age2 lors du second appel (c'est-à-dire 13). Aussi, le paramètre formel is_vaccinated recevra tantôt la valeur du paramètre effectif is_vaccinated1 (donc 1) puis de is_vaccinated2 (donc 0).

Compilons et exécutons ce programme pour voir de quoi il en retourne.

```
~/cbook/chap14$ gcc -c print_info.c -o print_info.o
```

```
~/cbook/chap14$ gcc -o print_info print_info.o
```

~/cbook/chap14$ ./print_info You are 28 years old. You are vaccinated.

You are 13 years old.

You are not vaccinated.

C'est assez ressemblant avec ce que nous voulions. et si nous voulons afficher les infos d'une troisième personne, au lieu de réécrire toutes les instructions pour le faire, il suffit juste d'ajouter print_info(32, 0); par exemple (pour une troisième personne de 32 ans qui n'est pas vaccinée, bien entendu).

14.4 Fonctions avec retour de valeur

Nous avons étudié le cas de toupper qui renvoyait une valeur. De même que main renvoie une valeur au système d'exploitation - vous savez, ce fameux EXIT_SUCCESS pour indiquer que tout s'est bien passé.

Comme on a l'habitude de traiter avec des exemples type "majeur et vacciné" (votre humble serviteur peut manquer d'imagination parfois), nous allons nous servir de cet exemple pour écrire une fonction qui permet de déterminer si une personne est "autorisée" par le système. Ça devient un exercice assez intéressant dans la mesure où, comme je l'ai énoncé, lorsqu'un programmeur utilise une fonction, il a seulement besoin de son prototype pour savoir comment l'appeler.

Après tout, on se fiche pas mal de savoir la complexité qui se cache sous printf ou encore scanf. Pour les autres fonctions, c'est pareil! On veut juste réutiliser un outil complexe qui a déjà été écrit et réutilisable à souhait. Les programmeurs sont fainéants et ne vont pas réécrire la Terre entière à chaque fois. Ce serait inutilement laborieux! (Même si, en vérité, dans cet ouvrage, on réécrit une partie du monde à des fins didactiques...)

Commençons par décrire le **prototype de notre fonction**. Cela revient à répondre aux questions suivantes :

— Quel est son nom?

— Quels sont ses arguments (noms et types)? — Quel est le type de sa valeur de retour?

Nous voulons une fonction qui indique si une personne est "autorisée" par un système. Appelons-la is_authorized.

Pour savoir si une personne est autorisée par notre système, nous devons vérifier :

— Son âge.

— Si elle est vaccinée ou non.

Ce qui nous fait deux arguments. L'âge sera un **entier non signé**, et l'indicateur de vaccination sera un entier traité comme un **booléen**.

Enfin, cette fonction renverra un **booléen** : *vrai* si la personne est autorisée, *faux* sinon. Techniquement, il s'agit là aussi d'un entier.

Au final, cela nous donne :

```c
int is_authorized(unsigned int age, int is_vaccinated);
```

Il reste maintenant à écrire le contenu de cette fonction. Il est très simple : il faut vérifier que la personne soit majeure (âge supérieur ou égal à 18 ans) **ET** vaccinée. En résumé, il faut retourner cette valeur :

```c
age >= 18 && is_vaccinated
```

Voici donc le corps complet de la fonction :

```c
int is_authorizes(unsigned int age, int is_vaccinated) { return age >= 18 && is_vaccinated;

}
```

Vous êtes familier au mot-clé return que vous utilisez tout le temps à la fin de la fonction main pour renvoyer un code de retour au système d'exploitation. Ici, c'est pareil : on va renvoyer un booléen à la fonction main pour savoir quoi faire :

— Si le booléen renvoyé est *vrai*, afficher : "Access granted.". — Si le booléen renvoyé est *faux* afficher : "Access denied.".

C'est assez simple comme exercice, mais il y a un début à tout. Voici donc le code complet :

is_authorized.c :

```c
#include <stdio.h>

#include <stdlib.h>

// Declare the function prototype before using it:

int is_authorized(unsigned int age, int is_vaccinated);

int main(void) { unsigned int my_age; int am_i_vaccinated;

printf("How old are you ?"); scanf("%d", &my_age);

printf("Are you vaccinated? (1=Yes/0=No) "); scanf("%d", &am_i_vaccinated);

if (is_authorized(my_age, am_i_vaccinated)) { printf("Access granted.\n");

} else {

printf("Access denied.\n");

}

return EXIT_SUCCESS;

}

int is_authorized(unsigned int age, int is_vaccinated) { return age >= 18 && is_vaccinated;

}
```

Ici, comme vous pouvez le constater, j'ai déclaré deux variables locales dans la fonction main : il s'agit de my_age et am_i_vaccinated. Je leur ai donné ce nom pour que vous fassiez bien la distinction à cette ligne :

if (is_authorized(my_age, am_i_vaccinated)) {

Entre ce que sont les paramètres effectifs (my_age et am_i_vaccinated) et les paramètres formels (age et is_vaccinated qui reçoivent les valeurs respectives de my_age et am_i_vaccinated).

Compilons et exécutons ce programme avec des valeurs différentes à chaque exécution :

~/cbook/chap14$ gcc -c is_authorized.c -o is_authorized.o

~/cbook/chap14$ gcc -o is_authorized is_authorized.o

~/cbook/chap14$ ./is_authorized

How old are you? 28

Are you vaccinated? (1=Yes/0=No) 1 Access granted.

~/cbook/chap14$ ./is_authorized

How old are you? 15

Are you vaccinated? (1=Yes/0=No) 0 Access denied.

Comme cela, à chaque fois que nous aurons besoin, à un moment donné ou à un autre, de vérifier si une personne est autorisée par le système, nous n'aurons qu'à appeler is_authorized plutôt que de taper à la main age >= 18 && is_vaccinated.

Car imaginez que demain la limite passe à 21 ans? Eh bien, il suffira de **mettre à jour le code de la fonction is_authorized**. Cela nous évite de repasser partout sur notre code pour remplacer age >= 18 par age >= 21.

Cela sert aussi à cela de faire des fonctions!

14.5 Les variables sont détruites à la fin des fonctions !

Je vous ai beaucoup parlé des variables au chapitre 8. Nous écrivions des programmes avec une seule et unique fonction main. Je disais qu'il fallait déclarer ces variables pour que le système leur alloue l'espace mémoire nécessaire, et que **ces variables étaient détruites à la fin de la fonction main**.

Ce raisonnement s'appliquer aux autres fonctions. Imaginons la fonction suivante :

```c
void get_and_print_age(void) { unsigned int age; printf("How old are you? "); scanf("%u", &age);

printf("You are %u years old.\n");

}
```

Nous avons déclaré la variable age qui contient l'âge de l'utilisateur à saisir et afficher.

Lorsque cette fonction sera exécutée, la variable age sera **détruite**.

Dans l'exemple complet suivant, vous verrez qu'il est impossible de compiler le code source puisque nous voulons accéder à une variable "qui n'existe pas" dans la fonction main.

destroyed_var.c :

```c
#include <stdio.h> #include <stdlib.h> void get_and_print_age(void);

int main(void) { get_and_print_age(); printf("You are %u years old!\n", age); // Error: age does not exist.

return EXIT_SUCCESS;

}

void get_and_print_age(void) { unsigned int age; printf("How old are you? "); scanf("%u", &age);

printf("You are %u years old.\n");

}
```

Essayons de compiler ce programme.

~/cbook/chap14$ gcc -c destroyed_var.c -o destroyed_var.o destroyed_var.c: In function 'main':

destroyed_var.c:8:36: error: 'age' undeclared (first use in this function) printf("You are %u years old!\n", age); // Error: age does not exist.

^~~

destroyed_var.c:8:36: note: each undeclared identifier is reported only once for each function it appears in

La variable age, qui a été déclarée **dans le contexte de la fonction get_and_print_age**, est détruite lorsque cette dernière fonction est exécutée, et est inconnue de la fonction main.

14.6 En résumé

— Vous avez appris que l'intérêt d'une fonction est de factoriser du code pour éviter de nous répéter.

— Vous avez appris à utiliser une fonction standard autre que printf ou encore scanf : toupper qui permet de convertir une lettre en majuscule.

— Vous avez appris qu'une fonction possédait un prototype et un corps.

— Vous avez appris qu'un prototype de fonction nécessitait un nom, zéro à plusieurs arguments et un type de retour.

— Vous avez écrit une fonction simple qui ne retournait pas de valeur *via* l'utilisation du mot-clé void.

— Vous avez écrit une fonction simple qui retournait une valeur.

— Vous avez vu que des variables déclarées dans le contexte d'une fonction finissent détruites à la fin de l'exécution de ladite fonction.

Ce chapitre était succinct et gentillet, car il représente la première partie de ce que je veux vous expliquer dans les fonctions. Il faudra donc prévoir une deuxième partie où j'expliquerai davantage de choses en profondeur, et où je ferai mon possible pour rester didactique!

Nous avons vu peu de fonctions et il est encore difficile pour nous d'en apercevoir l'utilité réelle. Eh bien, j'ai une bonne nouvelle pour vous : nous allons utiliser tout ce que nous avons appris au cours de cet ouvrage dans le chapitre suivant : il s'agit d'une application pratique; d'un jeu où l'utilisateur doit répondre correctement à ses tables de multiplication. C'est assez enfantin, je vous le concède, mais si vous avez des enfants en bas âge qui ont la nécessité de connaître leurs tables, pourquoi ne pas faire d'une pierre deux coups?!

15 Application pratique : jeu des tables de multiplication

Choisissez un travail que vous aimez et vous n'aurez pas à travailler un seul jour de votre vie.

Confucius

On arrive au dernier chapitre de cette première partie. Celui-ci va vous permettre de mettre en œuvre tout ce que vous avez pu apprendre au cours de cet ouvrage.

Nous développerons pas à pas à un petit jeu où l'utilisateur doit simplement rentrer la bonne réponse à chaque fois que le programme lui demandera le résultat d'une multiplication.

15.1 Spécifications de notre jeu

A chaque début de partie, une table aléatoire de 2 à 9 et, sur cette table, cinq multiplications seront posées et l'utilisateur devra répondre correctement.

Par exemple, le programme aura aléatoirement choisi la table 6. Il choisira 5 opérations au hasard. Il peut choisir les mêmes.

6 x 3 = 18 (l'utilisateur a tapé 18, il gagne un point)

6 x 5 = 30 (idem)

6 x 2 = 12 (idem)

6 x 8 = 46 (erreur, il s'agit de 48. Pas de point pour l'utilisateur) 6 x 3 = 18 (même question que la première (au hasard), et il gagne un point)

À la fin, on affiche le score et on demande si l'utilisateur veut recommencer.

You got 4/5. Do you want to play again? (1=Yes/0=No)

On devine qu'on aura besoin de boucles à tout va, et éventuellement de fonctions pour factoriser un peu tout notre code.

En soi, cela reste un jeu assez simple à réaliser.

Commençons à programmer ! Mais d'abord, vous pourriez vous poser la question suivante : **comment tirer un nombre aléatoire ?**

15.2 Etape 1 : tirer un nombre aléatoire

En informatique, générer un nombre aléatoire était un véritable problème. Si un être humain peut aisément choisir un nombre au hasard entre 1 et 20, quel est l'algorithme pour le faire au moyen d'un ordinateur ?

Un algorithme connu est de générer, à chaque exécution d'un programme nécessitant l'utilisation de nombres aléatoire, d'une *graine*, qu'on appelle communément seed dans le jargon. De cette graine seront produits des nombres aléatoires.

Maintenant, comment générer cette graine? Le problème est que si nous utilisons toujours la même graine, alors nous aurons à chaque fois les mêmes nombres aléatoires. Il faut une graine différente à chaque exécution.

Une solution parmi d'autres : utiliser l'horodatage de la machine comme graine. A chaque exécution, l'horodatage variera et donc les nombres ne seront plus les mêmes (en plus d'être *a priori* imprédictibles).

En langage C, on a des outils standards pour le faire. Le fichier d'en-tête <time.h> exporte plusieurs fonctions qui vont nous intéresser. Je ne vais pas vous montrer leur prototype, car il est encore trop complexe pour le niveau de compréhension que vous avez. Je vais juste vous montrer des *snippets*.

Par exemple, le snippet suivant :

```
srand(time(NULL));
```

Va initialiser notre seed de nombre aléatoire. La fonction time récupère le nombre de secondes écoulées depuis le 1er Janvier 1970, et la fonction srand initialise la graine des nombres aléatoires.

En ce qui concerne NULL, sachez juste qu'il s'agit d'une constante qui vaut 0. Nous verrons plus tard à quoi elle sert. Sachez juste qu'elle est définie dans le fichier d'en-tête <stdio.h>.

Lorsque notre graine sera initialisée, nous pourrons tirer un nombre aléatoire au moyen de la fonction rand. Comme son prototype est simple, je vais vous le donner : int rand(void);

Cette fonction renvoie donc un entier allant de 0 à une constante appelée RAND_MAX. Mais cela n'a pas d'importance. On sait que la valeur renvoyée est un entier (signé). En termes de valeurs positives, on a donc une valeur de 0 à 2147483647.

Et nous, on veut pouvoir récupérer une valeur de 2 à 9. Comment faire ? Je concède que cela nécessite un peu de gymnastique mathématique alors, dans ma grande mansuétude, je vais vous donner une fonction à incorporer dans votre programme pour tirer un nombre aléatoire entre une valeur minimum et une valeur maximum données (min et max) : int randint(int min, int max) { **return** (rand() % (max-min+1)) + min;

}

Cela pique les yeux ? C'est normal ! Sachez juste que cette fonction fera **exactement ce que vous lui demanderez** : tirer un nombre aléatoire entre min et max.

Et puis, comme on le disait dans le principe précédent, l'idée, pour un programmeur utilisant une fonction, c'est de ne pas avoir à se soucier de comment elle fonctionne, afin qu'il s'attarde entièrement sur des problèmes différents.

Retenez donc que vous devrez déclarer et écrire le corps de randint quelque part dans votre programme. Et vous aurez deviné que pour tirer un nombre aléatoire entre 2 et 9, vous n'aurez qu'à écrire :

randint(2, 9);

Simple comme bonjour.

... Je suis sûr que vous mourrez d'envie de l'essayer pour être convaincu!

randint.c :

```c
#include <stdio.h>

#include <stdlib.h> #include <time.h>

// Declare randint int randint(int min, int max); int main(void) {
srand(time(NULL)); // Don't forget to initialize the seed.

// Pick a random multiplication table for our incoming game:

printf("Multiplication table: %d\n", randint(2, 9)); return
EXIT_SUCCESS;

}

// Define randint int randint(int min, int max) { return (rand() %
(max-min+1)) + min;

}
```

Ce programme ne fait encore rien d'autre que d'afficher un nombre aléatoire entre 2 et 9. Compilons et exécutons-le plusieurs fois. **Espacez correctement les exécutions. Vous verrez que le nombre aléatoire sélectionné est le même si vous faites plusieurs exécutions au cours de la même seconde à cause de l'horodatage de votre ordinateur!**

```
~/cbook/chap15$ gcc -c randint.c -o randint.o

~/cbook/chap15$ gcc -o randint randint.o

~/cbook/chap15$ ./randint

Multiplication table: 9

~/cbook/chap15$ ./randint

Multiplication table: 3

~/cbook/chap15$ ./randint

Multiplication table: 5

~/cbook/chap15$ ./randint

Multiplication table: 9
```

[...]

~/cbook/chap15$ ./randint

Multiplication table: 2

~/cbook/chap15$ ./randint Multiplication table: 8

Super! On arrive à tirer aléatoirement une table de multiplication.

Attardons-nous maintenant sur le coeur du problème : une partie qui tire des opérations aléatoirement et calcule un score en fin de partie.

15.3 Etape 2 : Déroulement d'une partie

Nous programmerons le déroulement d'une partie dans une fonction complète. Celle-ci prendra en argument la table qui aura été tirée aléatoirement par la fonction main.

Pourquoi ne pas tirer la table aléatoirement à l'intérieur de notre fonction? Nous pourrions le faire, évidemment, mais supposions que nous voulions, *a posteriori*, ajouter à notre programme une fonctionnalité de "triche" pour sélectionner la table de multiplication de notre choix. Il serait plus difficile (et plus laborieux) de le faire à l'intérieur de notre fonction qui déroule une partie.

Et si nous faisons en sorte que notre fonction ait un comportement du genre "donne-moi juste la table de multiplication sur laquelle je dois lancer une partie", sans qu'elle ne se soucie de comment la table a été choisie (aléatoirement ou par un utilisateur), c'est d'autant plus facile pour nous si jamais nous voudrons maintenir notre programme.

Transposez le même problème au score. Imaginez qu'aujourd'hui vous vouliez juste afficher le score et que, demain, vous vouliez faire un traitement particulier si le joueur obtient un score parfait. Il vous faudrait modifier votre programme. Encore une fois, ici, si nous pouvions éviter de modifier au possible notre fonction qui permet de dérouler une partie, cela serait chouette ! C'est pour cela que notre fonction retournera le score obtenu.

Avec ces contraintes, il devient facile de dégager le prototype de notre fonction game :

int game(int multiplication_table);

Notre fonction attend en argument une table de multiplication et retourne un entier qui sera le score (nombre de réponses correctes, donc) à notre partie.

Il ne reste maintenant plus qu'à écrire le code de notre fonction. Allons-y par étape et ayons une démarche algorithmique.

Je disais dans les spécifications fonctionnelles qu'il y aurait très exactement cinq questions posées. Vous vous souvenez du chapitre 13 sur les boucles? Vous devinerez que nous aurons recours à une boucle for, car nous savons que nous allons boucler très exactement cinq fois.

A chaque itération, on choisit un multiple **aléatoire entre 1 et 10** à multiplier par le multiple choisi pour notre table (entre 2 et 9). On affiche la multiplication complète et on demande à l'utilisateur de saisir le résultat.

Si le résultat saisi est correct, alors on ajoute 1 au score.

En pseudo-code, cela se traduit par :

Score = 0

Pour i allant de 1 à 5 Faire multiple = randint(1, 10)

Afficher "Combien vaut multiple x table_multiplication ? " reponse = saisir_entier()

Si multiple x table_multiplication == reponse Alors Score = Score + 1

Fin Si

Fin Pour

A l'aide du pseudo-code ci-dessus, on aperçoit qu'on aura besoin de trois variables locales à notre fonction game :

— score pour mémoriser le score;

— i pour nos tours de boucles;

— multiple pour mémoriser le multiple sélectionné aléatoirement; — answer pour mémoriser la réponse saisie par l'utilisateur.

C'est assez simple, finalement. On essaie de la programmer en C? Commencez par copier le fichier randint.c en game.c :

~/cbook/chap15$ cp randint.c game.c

Et éditez le fichier game.c de sorte à avoir le contenu qui suit.

game.c :

```c
#include <stdio.h>

#include <stdlib.h> #include <time.h>

// Declare randint int randint(int min, int max); int game(int multiplication_table); int main(void) { srand(time(NULL)); // Don't forget to initialize the seed.

// Pick a random multiplication table for our incoming game:

int table = randint(2, 9); game(table);

return EXIT_SUCCESS;

}

// Define randint int randint(int min, int max) { return (rand() % (max-min+1)) + min;

}

int game(int table) { int score = 0; int multiple; int answer;

for (int i = 0; i < 5; i++) {

multiple = randint(1, 10); printf("%d x %d = ", table, multiple); scanf("%d", &answer);

if (answer == table * multiple) { score++;

}

}
```

return score; }

On commence à en voir, du code! Comme vous pouvez le voir, la fonction main tire un nombre aléatoire pour notre table de multiplication qu'elle stocke dans table avant d'appeler la fonction game qui va dérouler une partie.

À la fin de cette partie, le score sera renvoyé à la fonction main, d'où le return score; à la fin de la fonction game. Mais rien n'est encore fait.

Compilons et exécutons ce programme :

~/cbook/chap15$ gcc -c game.c -o game.o

~/cbook/chap15$ gcc -o game game.o

~/cbook/chap15$ ./game

3 x 6 = 18

3 x 7 = 21

3 x 9 = 27

3 x 2 = 6

3 x 1 = 3

On devine que c'est la table de multiplication 3 qui a été tirée aléatoirement. Enfin, les nombres à droite des =, c'est moi qui les ai rentrés.

Il nous manque encore deux choses :

— afficher le score en fin de partie;

— relancer une partie si l'utilisateur le souhaite.

Pensez que vous aurez à resélectionner une nouvelle table de multiplication aléatoire à chaque fois que vous lancerez une nouvelle partie.

15.4 Etape 3 : Relancer une partie

Concrètement, dans la fonction main, nous aurons le pseudo-code suivant : Faire table = randint(2, 9)

score = game(table) (on lance le jeu)

Afficher "Votre score est de (score)/5"

Afficher "Voulez-vous continuer ? (1=Oui/0=Non)" Saisir continuer Tant que continuer

Copions le fichier game.c en game_final.c et modifions son contenu.

~/cbook/chap15$ cp game.c game_final.c game_final.c :

```
/**
game_final.c: Check how well you know your multiplications.
Author: x
Date: 2018-07-07*/
#include <stdio.h>
#include <stdlib.h> #include <time.h>
// Declare randint int randint(int min, int max); int game(int multiplication_table); int main(void) { srand(time(NULL)); // Don't forger to initialize the seed.
// Declare our variables.
int table; int score; int play_again; do {
// Pick a random multiplication table for our incoming game:
table = randint(2, 9);
// Launch the game score = game(table);
printf("Your score is %d/5!\n", score); printf("Do you want to play again? (1=Yes/0=No) ");
scanf("%d", &play_again); } while (play_again);
return EXIT_SUCCESS;
```

```c
}
// Define randint int randint(int min, int max) { return (rand() %
(max-min+1)) + min;

}

int game(int table) { int score = 0; int multiple;

int answer;

for (int i = 0; i < 5; i++) {

multiple = randint(1, 10); printf("%d x %d = ", table, multiple);
scanf("%d", &answer);

if (answer == table * multiple) { score++;

}

}

return score;

}
```

Compilons et exécutons ce programme.

~/cbook/chap15$ gcc -c game_final.c -o game_final.o

~/cbook/chap15$ gcc -o game_final game_final.o

~/cbook/chap15$ ./game_final

8 x 1 = 8

8 x 5 = 40

8 x 5 = 40

8 x 3 = 24

x 5 = 40

Your score is 5/5!

Do you want to play again? (1=Yes/0=No) 1

x 9 = 81

300

9 x 2 = 17

9 x 9 = 81

9 x 2 = 18 9 x 1 = 9

Your score is 4/5!

Do you want to play again? (1=Yes/0=No) 1

9 x 8 = 72

9 x 10 = 90

9 x 6 = 54

9 x 9 = 81

9 x 5 = 40

Your score is 4/5!

Do you want to play again? (1=Yes/0=No) 0

On s'aperçoit que plusieurs parties peuvent être jouées, et que le score est correctement calculé. $9{\times}2$ ne font pas 17 et 9×5 ne font pas 40, d'où le score pénalisé d'un point.

Félicitations! Vous venez de programmer votre (modeste) premier jeu!

15.5 Pistes d'amélioration

L'apprentissage est un processus sans fin. Si jamais vous souhaitez progresser, je peux vous suggérer quelques améliorations pour notre petit jeu :

— paramétrer le nombre d'opérations dans une partie;

— avertir l'utilisateur lorsqu'il se trompe;

— choisir plusieurs tables de multiplication **différentes** (cela nécessitera de modifier la fonction game notamment).

Les possibilités sont grandes et vos réalisations n'auront de limite que votre imagination.

Nous en avons parcouru, du chemin ! Pour le prochain chapitre, qui n'en sera pas vraiment un, je parlerai de manière un peu plus personnelle comme si je m'exprimais à votre attention. Il n'y aura rien de technique. Je veux juste marquer la différence entre cette première grande partie qui s'achève, et la seconde grande partie à venir dans cet ouvrage.

16 Quelques mots avant la seconde partie

Vous et moi avons parcouru du chemin. Chemin que je n'aurais pas imaginé parcourir alors que je rédigeais l'introduction de cet ouvrage au fil de la plume.

Je m'étais promis de rester à peu près humoristique et assez personnel dans mes propos. Je concède que c'est chose difficile et que lorsqu'on explique quelque chose à quelqu'un, on est tenté d'être détaché, professionnel, pédagogique. Mais comme je tiens à laisser une touche véritablement personnelle dans cet ouvrage, qui saurait le différencier parmi d'autres, alors je me fends de ce chapitre (qui n'en est pas vraiment un) pour vous fournir des astuces, des conseils, des trucs en tout genre qui relatent de mon expérience et qui sauraient vous servir.

J'ai dû faire allusion dans l'introduction au terme d'hacker. Si sa définition en 2018 se rapproche malheureusement du terme **pirate informatique** qui s'introduit - souvent à tort - dans des systèmes pour simplement démontrer ses faiblesses ou le compromettre à de fins personnels (vol d'informations personnelles, enrichissement...), c'était quelque chose qui m'excitait étant plus jeune, mais ce n'est pas cette définition à laquelle je pensais.

J'étais tombé par hasard, il y a une décennie, sur un texte sobrement intitulé *How to become a Hacker* d'Éric Steven Raymond, éminent personnage dans le domaine de l'informatique s'il n'en est pas un pionnier. Ces choses que j'avais lues avaient immédiatement résonné en moi.

Le Hacking, c'est une culture. Si dans la vie courante on vous vend des slogans pompeux style *Think out of the box !* ("Pensez en dehors de la boîte"), c'est plus ou moins ce à quoi on peut résumer l'esprit de l'Hacker : faire preuve de **souplesse intellectuelle**. Sa traduction littérale, en français, signifie en effet "bidouiller". En outre, il y a des points liés au partage de la **connaissance** ou de la **production intellectuelle** telle qu'un programme, en passant par un véritable **art de vivre**. Je vous laisse le grand soin d'aller lire le texte d'Éric Steven Raymond pour en apprendre plus.

Un *hacker* est une personne tellement passionnée par son domaine (pas seulement l'informatique !) qu'elle approfondira automatiquement ses connaissances dans celui-ci. C'est ce que j'ai décidé de faire avec la programmation. Si aujourd'hui j'en fais un métier viable qui me rapporte un salaire tous les moins, **c'est avant tout une passion** et c'est ce que j'essaie vraiment de vous montrer.

Cet ouvrage à lui seul ne vous montrera jamais toute la puissance du langage C. Langage de programmation qui, par ailleurs, est considéré comme un incontournable dans la culture *hacker*. J'estime que vous comprenez pourquoi après les chapitres que vous avez étudiés, notamment sur les bases et l'architecture matérielle d'un ordinateur.

Et c'est aussi pour cela que je n'insisterai jamais assez sur ce point : **recopiez** les programmes que vous voyiez dans le livre. Je ne parle pas de les recopier bêtement, non, mais simplement de ne pas les copier-coller pour les exécuter. En les recopiant, vous aurez des automatismes, vous ferez des erreurs que votre compilateur relèvera, etc.

Et bien sûr, si vous estimez que vous n'arrivez pas à tout comprendre ou à tout retenir de la première partie : **c'est normal** ! J'attends de vous que vous vous référiez à tout instant aux chapitres précédents pour réviser des notions en cours d'acquisition. L'apprentissage est un processus infini.

Par ailleurs, puisque vous possédez maintenant un système Linux, je ne peux que vous encourager à jouer avec. Si vous apprenez à utiliser le *shell*, cette fameuse ligne de commande qui vous permet de compiler vos programmes, alors vous n'en serez que plus dégourdi à l'avenir. Votre cerveau s'habituera à des environnements sobres et un peu rustres quand vous devrez résoudre quelque problème sans interface utilisateur.

La seconde partie de cet ouvrage sera un peu plus pentue. Beaucoup de concepts abordés concerneront particulièrement le langage C, contrairement à d'autres langages de programmation. Mais apprendre à les maîtriser, c'est comprendre toujours et encore le fonctionnement d'un programme, du matériel ou encore de votre système d'exploitation. Vous y gagnez de tous les côtés.

Aussi, il n'est pas impossible que, pour aborder certaines notions, je ne fournisse pas des exemples concrets comme "l'âge de l'utilisateur". Cela, c'était pour vous mettre en jambe gentiment. Certes, je ferai de mon mieux pour expliquer autant que possible certains points de détails assez difficiles à saisir du premier coup, mais comme le C a été fait pour **programmer des systèmes**, il n'est pas le plus adapté au monde pour faire des programmes qui interagissent beaucoup avec les utilisateurs finaux. Vous avez pu le voir avec le jeu que nous avons développé pour faire réviser des tables de multiplication ; on aura vu plus ergonomique !

Continuez cet apprentissage comme je continuerai la rédaction de cet ouvrage jusqu'à achèvement. Vous et moi sommes partis pour nous améliorer et apprendre, ensemble.

17 Annexes

17.1 Le tableau ASCII de base (entrées de 0 à 127)

Décimal	Hexadécimal	Binaire	Caractère	Description
0	00	00000000	NUL	null
1	01	00000001	SOH	start of header
2	02	00000010	STX	start of text
3	03	00000011	ETX	end of text
4	04	00000100	EOT	end of transmission
5	05	00000101	ENQ	enquiry
6	06	00000110	ACK	acknowledge
7	07	00000111	BEL	bell
8	08	00001000	BS	backspace
9	09	00001001	HT	horizontal tab
10	0A	00001010	LF	line feed
11	0B	00001011	VT	vertical tab

12	0C	00001100	FF	form feed
13	0D	00001101	CR	enter / carriage return
14	0E	00001110	SO	shift out
15	0F	00001111	SI	shift in
16	10	00010000	DLE	data link escape
17	11	00010001	DC1	device control 1
18	12	00010010	DC2	device control 2
19	13	00010011	DC3	device control 3
20	14	00010100	DC4	device control 4
21	15	00010101	NAK	negative acknowledge
22	16	00010110	SYN	synchronize
23	17	00010111	ETB	end of trans. block
24	18	00011000	CAN	cancel
25	19	00011001	EM	end of medium
26	1A	00011010	SUB	substitute
27	1B	00011011	ESC	escape
28	1C	00011100	FS	file separator

29	1D	00011101	GS	group separator
30	1E	00011110	RS	record separator
31	1F	00011111	US	unit separator
32	20	00100000	Space	space
33	21	00100001	!	exclamation mark
34	22	00100010	"	double quote
35	23	00100011	#	number

Décimal	Hexadécimal	Binaire	Caractère	Description
36	24	00100100	$	dollar
37	25	00100101	%	percent
38	26	00100110	&	ampersand
39	27	00100111	'	single quote
40	28	00101000	(	left parenthesis
41	29	00101001	)	right parenthesis
42	2A	00101010	*	asterisk
43	2B	00101011	+	plus
44	2C	00101100	,	comma
45	2D	00101101	-	minus
46	2E	00101110	.	period
47	2F	00101111	/	slash
48	30	00110000	0	zero
49	31	00110001	1	one
50	32	00110010	2	two
51	33	00110011	3	three
52	34	00110100	4	four

53	35	00110101	5	five
54	36	00110110	6	six
55	37	00110111	7	seven
56	38	00111000	8	eight
57	39	00111001	9	nine
58	3A	00111010	:	colon
59	3B	00111011	;	semi-colon
60	3C	00111100	<	less than
61	3D	00111101	=	equality sign
62	3E	00111110	>	greater than
63	3F	00111111	?	question mark
64	40	01000000	@	at sign
65	41	01000001	A	
66	42	01000010	B	
67	43	01000011	C	
68	44	01000100	D	
69	45	01000101	E	
70	46	01000110	F	
71	47	01000111	G	
72	48	01001000	H	

73	49	01001001	I
74	4A	01001010	J
75	4B	01001011	K
76	4C	01001100	L
77	4D	01001101	M
78	4E	01001110	N
79	4F	01001111	O
80	50	01010000	P
81	51	01010001	Q
82	52	01010010	R

Déci-mal	Hexadéci-mal	Binaire	Carac-tère	Description
83	53	01010011	S	
84	54	01010100	T	
85	55	01010101	U	
86	56	01010110	V	
87	57	01010111	W	
88	58	01011000	X	
89	59	01011001	Y	
90	5A	01011010	Z	
91	5B	01011011	[	left square bracket
92	5C	01011100	\	backslash
93	5D	01011101	]	right square bracket
94	5E	01011110	^	caret / circum-flex
95	5F	01011111	_	underscore
96	60	01100000	`	grave / accent
97	61	01100001	a	
98	62	01100010	b	
99	63	01100011	c	
100	64	01100100	d	
101	65	01100101	e	
102	66	01100110	f	

103	67	01100111	g	
104	68	01101000	h	
105	69	01101001	i	
106	6A	01101010	j	
107	6B	01101011	k	
108	6C	01101100	l	
109	6D	01101101	m	
110	6E	01101110	n	
111	6F	01101111	o	
112	70	01110000	p	
113	71	01110001	q	
114	72	01110010	r	
115	73	01110011	s	
116	74	01110100	t	
117	75	01110101	u	
118	76	01110110	v	
119	77	01110111	w	
120	78	01111000	x	
121	79	01111001	y	
122	7A	01111010	z	
123	7B	01111011	{	left curly bracket
124	7C	01111100	|	vertical bar
125	7D	01111101	}	right curly bracket
126	7E	01111110	~	tilde

| 127 | 7F | 01111111 | DEL | delete |

17.2 Installer un système d'exploitation Linux en machine virtuelle

Cette annexe s'adresse aux détenteurs d'un système d'exploitation **Windows**. J'y décris les démarches pour installer un système d'exploitation Linux dans une machine virtuelle à l'aide d'un logiciel intitulé **VirtualBox**, édité par la société **Oracle**.

Dans cette annexe, je parlerai brièvement de Linux, ses avantages par rapport à Windows (et aussi ses inconvénients, cela dit), un peu de son histoire et de son intérêt, avant de vous le faire installer dans une machine virtuelle, c'est-à-dire dans un "émulateur" que vous lancerez à l'aide de Windows, si vous êtes bien Windowsien comme je pourrais le pressentir.

Si vous êtes déjà "Linuxien", vous avez peu d'intérêt à suivre cette annexe. Vous saurez sans doute vous débrouiller par vous-même et faire le parallèle avec les exemples du livre lorsqu'il s'agirait de lancer certains programmes ou d'en installer.

17.2.1 Linux, un système d'exploitation gratuit et libre

Au même titre que Windows, Linux est un système d'exploitation. En fait, c'est un abus de langage ; plus précisément, il s'agit d'un **noyau** sur lequel sont basés des systèmes d'exploitation. À vrai dire, il convient de définir ce qu'est un noyau de ce qu'est un système d'exploitation, sans rentrer dans quelques détails abjects qui nécessiteraient sans doute un ouvrage à part.

Le noyau d'un système d'exploitation est une grosse partie logicielle complexe qui réalise de multiples opérations abjectes au service du système surjacent - comprendre, les logiciels de la vie courante que vous utilisez, comme Firefox, Microsoft Office, ... - et aussi de l'utilisateur lorsqu'il branche une clef USB sur son ordinateur, par exemple. En bref, le noyau :

— Communique avec le matériel de l'ordinateur, notamment les périphériques externes (comme votre carte graphique pour faire tourner vos jeux, vos clefs USB, ...) — Gère les processus de l'utilisateur (firefox, office, ...). — Et bien plus encore.

Pour les Windowsiens, vous avez peut-être déjà rencontré un problème type écran bleu. Dans le jargon, ce problème a un acronyme : BSOD, ou **B**lue **S**creen **O**f **D**eath. Cela arrive lorsque votre noyau a exécuté une instruction de travers ou effectué une opération illégale sur la mémoire. Si vous ne comprenez pas ce que je viens de dire, je vous renvoie au chapitre sur les ordinateurs, où j'y explique le fonctionnement de la mémoire.

Pour en revenir au noyau, il faut voir ce concept comme un gros programme avec lequel les programmes de l'utilisateur communiquent via une interface pour, par exemple, lister les fichiers d'un répertoire. Oui, un fichier est une représentation abstraite de données stockées sur un support, fût-il mécanique (disque dur?) ou encore électronique (disque SSD? Clef USB?). Tout ce que les programmes utilisateur veulent, c'est avoir une liste de fichier. Le noyau, lui, va faire des opérations sous-jacentes plus complexes : aller lire des blocs de données éparpillées sur le support de stockage, les analyser, et restituer un **système de fichiers** pour ensuite pouvoir restituer une liste de **fichiers** et de **dossiers**.

Pareillement, quand votre programme a besoin d'afficher une image, il va demander au système de dessiner sur la surface de l'écran ladite image. On passe par le noyau pour ce genre de chose plutôt que de le contourner et faire ce genre de chose nous-mêmes, ainsi toutes les requêtes sont centralisées pour le noyau, et ce dernier peut les traiter à sa manière, sans que nous ayons notre mot à dire.

Figure 17.1 – Communication entre les programmes utilisateurs et le noyau Dans le cadre de cet ouvrage, les programmes que nous serons amenés à réaliser seront modestes et présents dans l'espace utilisateur. Programmer un noyau est une tâche **très complexe** (comme programmer un jeu conséquent). Il faut de solides notions en systèmes d'exploitation et possiblement en informatique matérielle.

En résumé, Windows possède son noyau propre, dont le code source est bien évidemment gardé par une entreprise intitulée Microsoft, non accessible au public. Il est vendu avec le système d'exploitation, tout-en-un. On parle accessoirement de logiciel propriétaire. De surcroît, l'utilisation d'un système d'exploitation type Windows est régie par un contrat de licence utilisateur. Vous savez, ce long texte chiant que personne (ou presque?) ne lit avant l'installation du logiciel? Ce contrat limite vos droits. Par exemple, il vous est interdit d'utiliser votre système d'exploitation à des fins professionnelles si vous êtes en possession d'une licence "familiale".

Linux est tout le contraire. Il s'agit d'un noyau dont le code source est disponible publiquement, sur Internet. Si vous ne voyez pas ce dont je parle lorsque je dis "code source", je vous renvoie au chapitre sur la programmation.

Ainsi, n'importe qui peut télécharger le code source du noyau Linux, le modifier pour ses propres besoins, mais aussi à ses propres fins. L'utilisation d'un système d'exploitation basé sur un noyau Linux n'est régie par aucun contrat de licence utilisateur. Vous avez tout à fait le droit de vous en servir à des fins personnelles, mais aussi professionnelles, et ce en toute gratuité.

Linux est un incontournable pour tout informaticien en devenir. C'est pour cela que j'aimerais vous amener à l'étudier brièvement au travers de cet ouvrage sur la programmation en C.

Pour la petite histoire, Linux est un terme qui vient du prénom d'un très célèbre informaticien d'origine finlandaise, **Linus Torvalds**, qui avait envoyé un mail sur le réseau de son université, type "Eh, tout le monde, je me suis mis à écrire un noyau de système d'exploitation, n'hésitez pas à relire le code et à proposer des modifications pour l'améliorer!".

Ce fonctionnement a continué et, aujourd'hui, le développement du noyau Linux se fait par l'intermédiaire de mails sur des *mailing list*, le truc que les dinosaures utilisent encore à l'heure où on dispose maintenant de forges logicielles comme *Github*, *Gitlab* pour ne citer que les plus populaires à mon sens. Le noyau continue d'être développé très sérieusement, par des développeurs bénévoles (aucune entreprise ne chapeaute le développement du noyau Linux, mais bien une *Foundation*) ou financés par leur entreprise respective pour travailler sur le noyau Linux (un bon plan, quand même!). Et bien sûr, il y a encore et toujours Linus Torvalds pour faire office de rempart ultime sur l'acceptation ou le rejet d'une modification au code source du noyau.

Le caractère libre et gratuit du noyau Linux a permis l'essor de nombreuses belles choses dans le monde de l'informatique moderne. Lorsque vous naviguez sur Internet et que vous consultez un site web, il y a de très fortes chances que le serveur, c'est-à-dire la machine physique qui va vous distribuer le contenu de ce site web, utilise un système d'exploitation basé sur Linux.

Vous avez un *smartphone* ou une *tablette* qui fonctionne sous le système d'exploitation Androïd? Bonne nouvelle, vous utilisez un système d'exploitation basé sur un noyau Linux.

Les communautés de bénévoles ont commencé à produire également ce qu'on appelle des **distributions Linux**, c'est-à-dire une suite logicielle qui comprend un noyau Linux, mais aussi un gestionnaire de bureau, de fenêtres, des logiciels tiers tels qu'un navigateur web, un client mail, un explorateur de fichiers... Tout cela pour former un système d'exploitation complet. Ces distributions sont, au même titre que le noyau Linux, gratuites et téléchargeables sur Internet.

La distribution Linux que je vous propose d'utiliser n'est autre que **Debian**. Celle-ci est réputée pour être stable, et s'accorde parfaitement avec un utilisateur qui fait de la bureautique ou surfe sur internet. Accessoirement, nous allons programmer, et installer les outils dont nous avons besoin sera très aisé. La figure X montre le logo officiel de Debian.

Figure 17.2 – Logo de Debian, une distribution Linux.

Ne perdons pas de temps! Rendez-vous sur la page d'accueil du site web de Debian sur https://www. debian.org/. Sur la droite, vous pourrez y voir un encart intitulé "Télécharger Debian 9.4" comme sur la figure X. Évidemment, si votre système d'exploitation est dans une autre langue, celle du site web s'adaptera possiblement. De plus, il est possible que le numéro de version qui vous est proposé soit supérieur à celui qui est annoncé sur la figure X. Téléchargez la dernière version à jour, et gardez en tête que les résultats que vous pourrez obtenir seront sensiblement différents de ceux que j'aurai moi; il ne faut pas se formaliser pour autant!

Cliquez donc sur cet encart verdâtre. Votre navigateur vous proposera le téléchargement d'un fichier "iso", c'est-à-dire de l'image d'un CD-ROM que vous pourrez soit graver sur un CD, soit monter virtuellement pour simuler la présence physique d'un CD-ROM (nous verrons juste après comment, avec VirtualBox). Enregistrez l'image sur votre disque. Le téléchargement ne devrait pas être trop long selon votre connectivité; chez moi, l'image fait 291 *Mo* (on a parlé d'abréviations et d'ordres de grandeur aux chapitres 2 et 3, vous vous rappelez?).

Maintenant que nous avons l'image d'un CD sur lequel nous pouvons démarrer pour installer Debian, nous avons au moins deux solutions qui se présentent à nous :

— Installer Debian sur votre **machine physique**. Il vous sera possible de garder Windows à côté et de bénéficier du *multi-boot*, c'est-à-dire la possibilité, au démarrage, de continuer sur Debian/Linux ou sur Windows. Je ne vais pas m'attarder sur cette alternative, puisque le but de l'ouvrage n'est pas de vous apprendre à vous servir d'un système d'exploitation Linux dans son entièreté, mais juste de l'utiliser le plus simplement possible.

— Installer Debian sur une **machine virtuelle**. Votre système d'exploitation Debian/Linux sera *virtualisé* à l'intérieur de votre système d'exploitation Windows, au moyen d'un logiciel intitulé *VirtualBox*. C'est de cette alternative dont je vais parler par la suite, comme cela vous gardera la configuration de votre système et la partition de vos disques de stockage intacts. Et lorsque vous en aurez marre - ce que je n'espère pas, bien évidemment - vous pourrez supprimer la machine virtuelle dans laquelle vous avez installé Debian.

La figure X montre la différence entre l'installation d'un système Linux sur une machine physique en *dual boot* et l'installation d'un système Linux en machine virtuelle.

Figure 17.3 – Page de téléchargement de Debian, une distribution Linux.

17.2.2 Configurer correctement la virtualisation.

Il y a de grandes chances pour que votre ordinateur soit suffisamment performant pour virtualiser un système d'exploitation. Avant de procéder à l'installation de VirtualBox, il faut s'assurer de deux choses :

— La technologie de virtualisation de votre processeur doit être activée. — Hyper-V doit être désactivé sous Windows.

17.2.2.1 Activer la technologie de virtualisation de votre processeur dans le BIOS

Pour la première démarche, je ne peux pas vraiment vous décrire un mode opératoire précis, puisqu'il va falloir aller fouiller dans le BIOS. Cet acronyme, qui signifie **B**asic **I**nput **O**utput **S**ystem, est le logiciel de votre carte mère. Vous pouvez y configurer, par exemple, la séquence de démarrage des disques (si vous en avez plusieurs), mettre un mot de passe administrateur, activer/désactiver les contrôleurs

USB... Et aussi activer/désactiver la technologie de virtualisation de votre processeur.

Je vais vous montrer chez moi comment cela se représente.

Redémarrez votre ordinateur et appuyez à répétition sur la touche F2. Pour ma part, j'obtiens un résultat similaire à la figure X, mais **notez bien que le vôtre peut largement différer.**

Je passe donc en "mode avancé" comme indiqué, et j'obtiens un résultat sur la figure X où on m'affiche une liste de différents composants à virtualiser. Ici, c'est configurer le processeur qui m'intéresse, donc je sélectionne "CPU Configuration". Pour la petite histoire, CPU signifie **C**entral **P**rocessing **U**nit. Littéralement, "unité centrale de calcul". Votre processeur, quoi!

Une fois sélectionnée la configuration de mon processeur, j'obtiens un menu comme sur la figure X. Mon processeur étant de la marque Intel, j'ai une option sobrement intitulée **Intel Virtualization Technology**. Vous devriez sans doute pouvoir trouver quelque chose qui y ressemble de votre côté. Assurez-vous de l'activer.

Ensuite, quittez le BIOS en sauvegardant les changements, comme indiqué sur la figure X.

17.2.2.2 Désactiver Hyper-V sous Windows

Démarrez votre ordinateur, et trouvez le Panneau de Configuration. Pour cela, sur votre clavier, appuyez sur la touche "Windows", celle entre Ctrl et Alt, puis tapez "Fonctionnalités". Sous Windows 10, vous devriez avoir un résultat similaire à la figure X. Cliquez sur "Activer ou désactiver des fonctionnalités Windows".

Une nouvelle fenêtre devrait apparaître, avec une liste de fonctionnalités à activer ou désactiver, semblable à la figure X. Cherchez la ligne correspondant à "Hyper-V" et assurez-vous de la décocher, puis cliquez sur "OK".

17.2.3 Téléchargement et installation de VirtualBox.

Commencez par vous rendre sur la page de téléchargement de VirtualBox à l'adresse suivante, au moyen de votre navigateur internet favori : https://www.virtualbox.org/wiki/Downloads. A l'heure où j'écris ces lignes, la page ressemble à ce que vous pourriez avoir sur la figure X. La version la plus

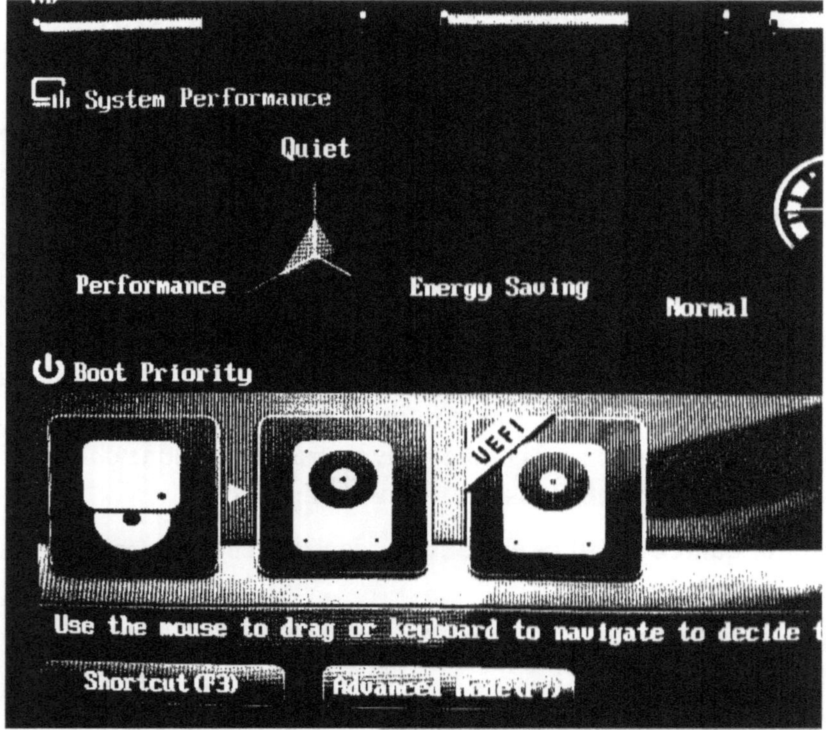

Figure 17.4 – Aperçu du BIOS de votre humble serviteur.

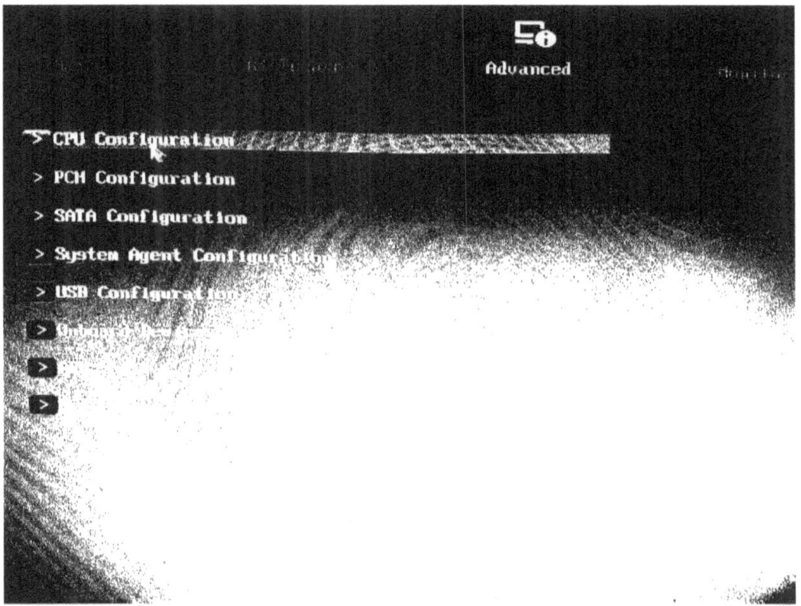

Figure 17.5 – Mode avancé du BIOS.

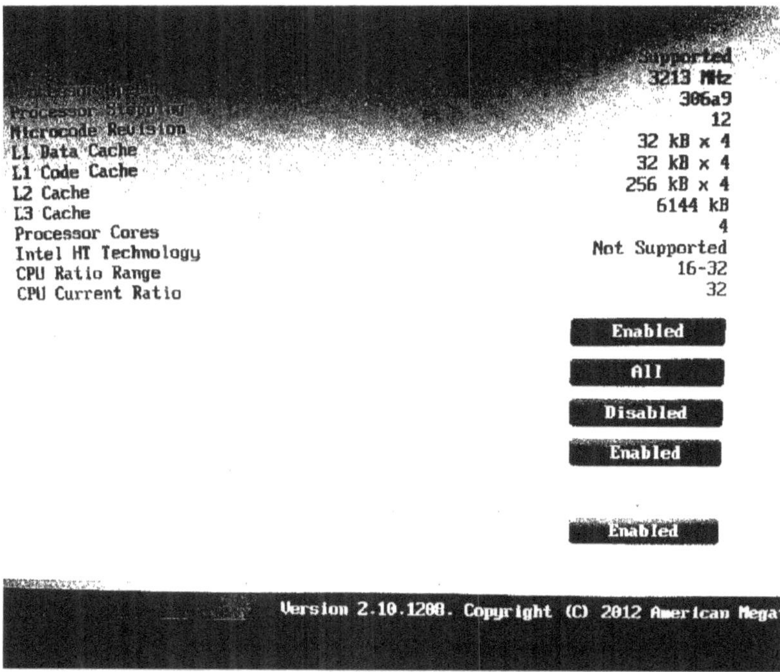

Figure 17.6 – Configuration du CPU dans le BIOS.

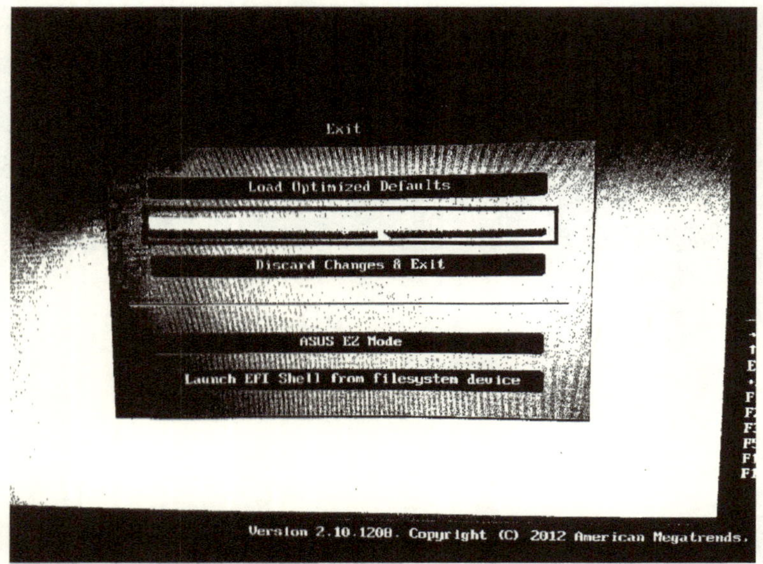

Figure 17.7 – Confirmation des changements dans le BIOS.

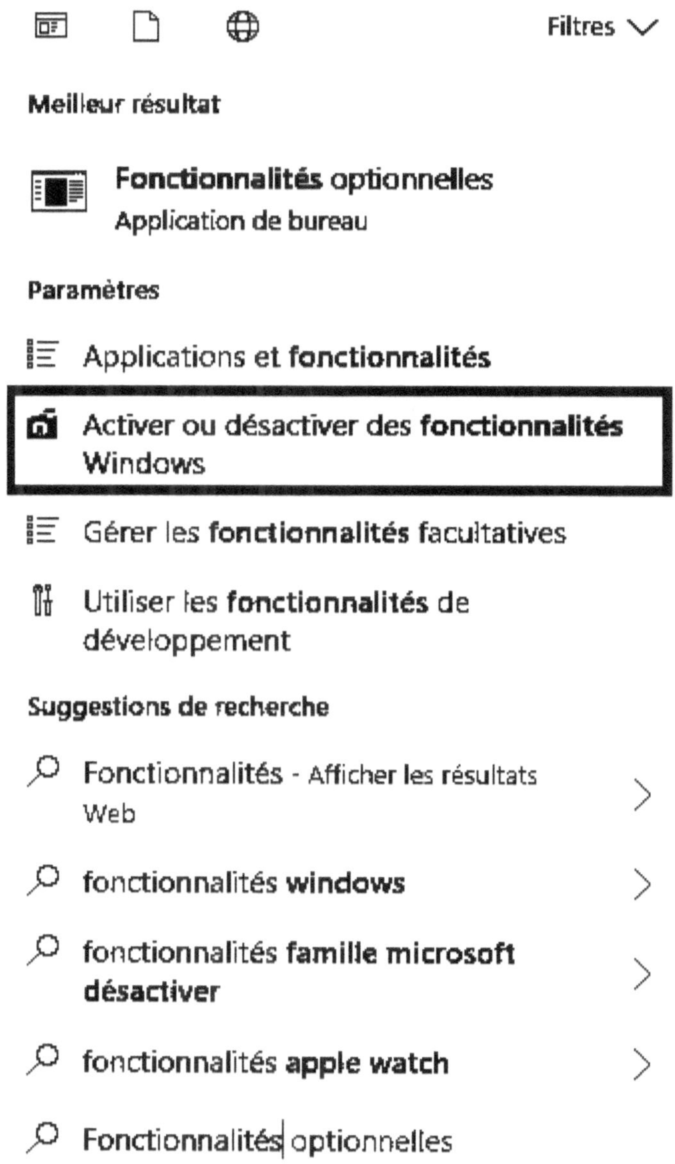

Figure 17.8 – Activer ou désactiver des fonctionnalités Windows.

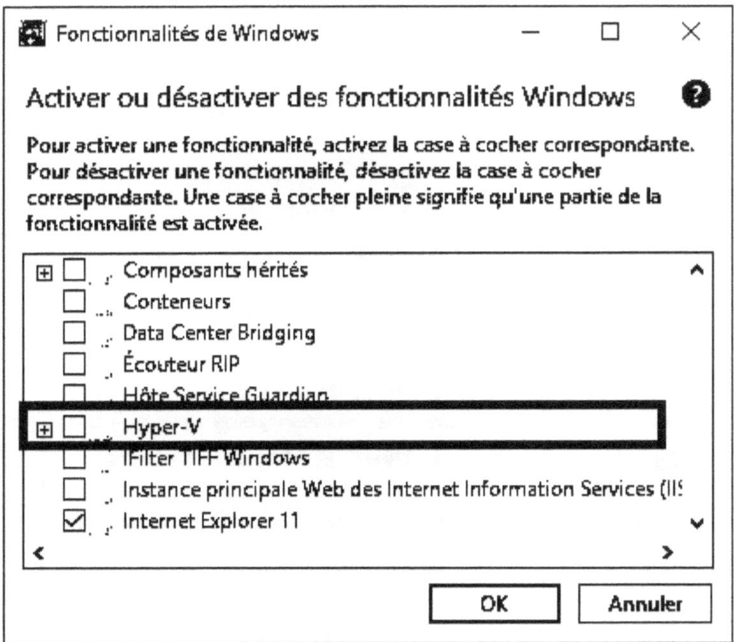

Figure 17.9 – Désactiver Hyper-V.

actuelle est la 5.2.12 comme vous pouvez le voir sur la capture d'écran. En dessous de l'intitulé en gras **VirtualBox platform packages**, cliquez sur "Windows Hosts". En effet, vous avez besoin de VirtualBox pour le faire fonctionner sur Windows. Lorsque vous cliquez sur le lien, votre navigateur devrait lancer le téléchargement, comme sur la figure X (résultat qui peut différer selon le navigateur internet que vous utilisez).

Selon votre connectivité à Internet, le logiciel devrait pouvoir arriver plus ou moins rapidement. En vérité, le logiciel VirtualBox est deux fois moins gros que l'image CD de Debian que nous avons téléchargé. Toujours pas le temps d'un café.

Lancez à présent l'installateur de VirtualBox. Vous devriez obtenir une fenêtre semblable, à peu de choses près, à la figure X.

Cliquez sur "Next >" (*Suivant* en français). Sur la fenêtre suivante, semblable à la figure X, il vous sera demandé de sélectionner manuellement les fonctionnalités de VirtualBox désirées lors de l'installation, ainsi que le chemin d'installation qui, par défaut, devrait être C:\Program Files\Oracle\VirtualBox. Qu'importe qu'il diffère chez vous ou non : sur cette fenêtre, il n'y a aucune raison de modifier quoi que ce soit. Cliquez à nouveau sur "Next >".

La fenêtre suivante, telle que présentée sur la figure X,comporte quatre options cochées. Elles permettent d'accéder à VirtualBox facilement depuis votre système d'exploitation Windows, et il n'y a *a priori* aucune raison de les décocher.

Par la suite, l'installateur vous met en garde sur une chose : l'installation va déconnecter votre ordinateur d'internet l'espace d'un court instant. C'est parce que le logiciel va créer des interfaces réseaux virtuelles. Comme si vous aviez une carte réseau en plus de celle dont vous disposez déjà sur votre ordinateur, mais totalement virtuelle, pour permettre à votre machine virtuelle d'accéder à Internet

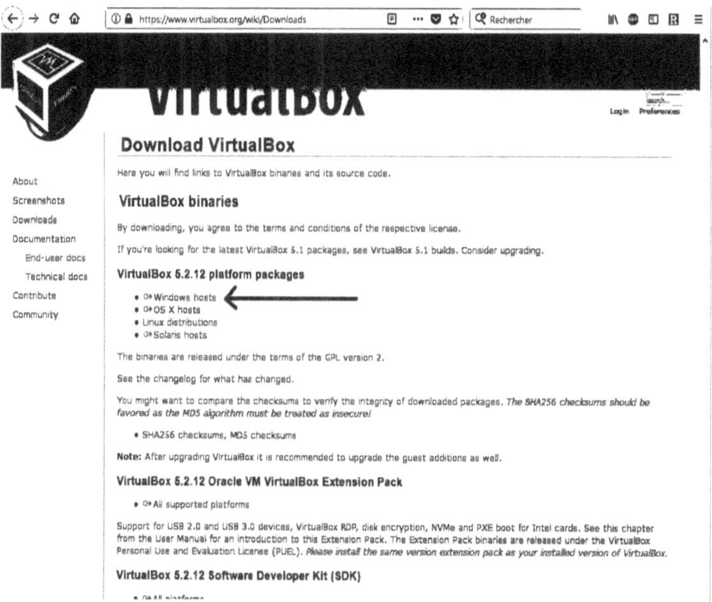

Figure 78.10 – Page de téléchargement du logiciel VirtualBox.

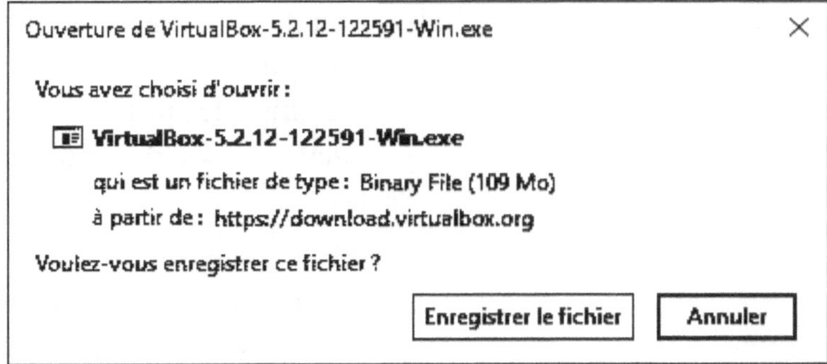

Figure 17.11 – Enregistrement de l'installateur de VirtualBox.

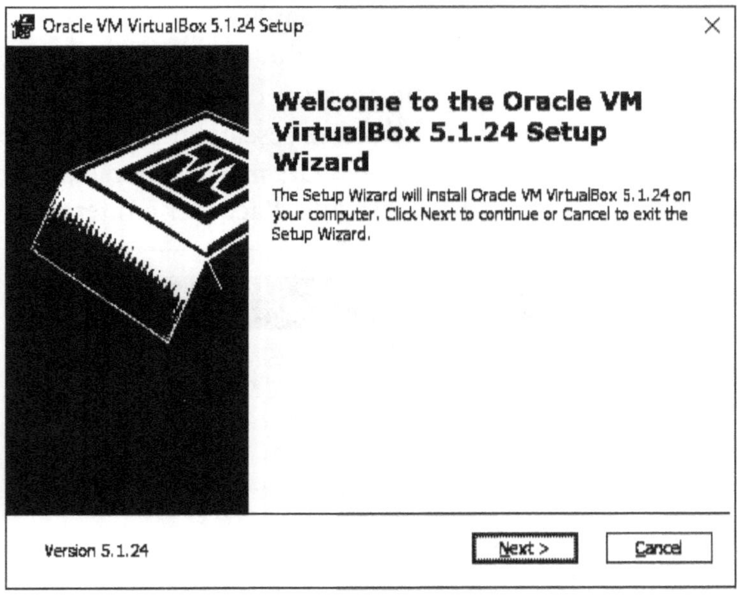

Figure 17.12 – Assistant d'installation de VirtualBox.

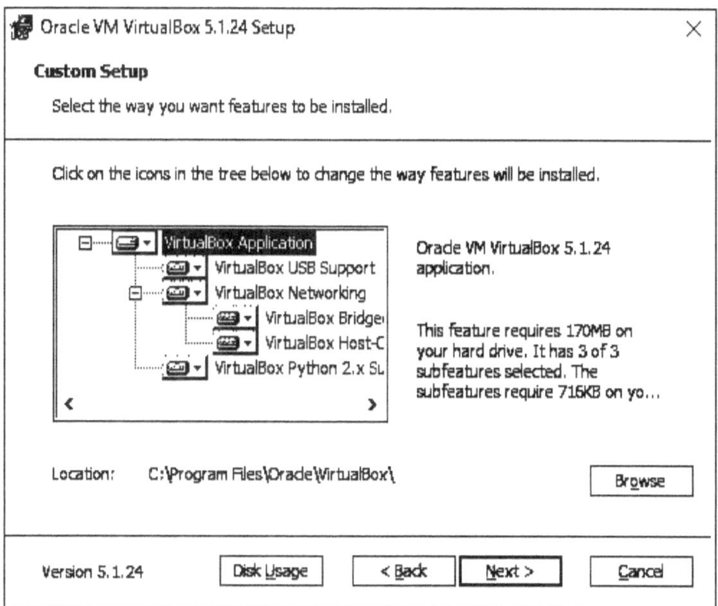

Figure 17.13 – Paramétrage de l'installation de VirtualBox.

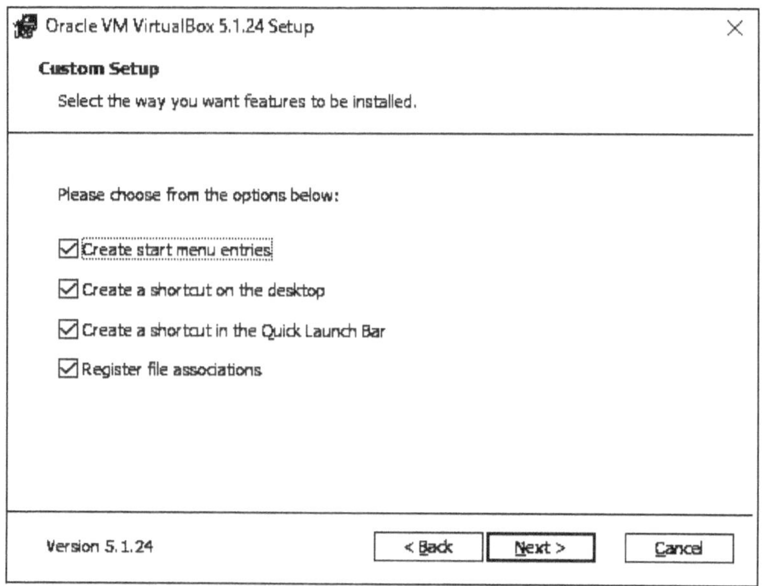

Figure 17.14 – Paramétrage de l'installation de VirtualBox.

en passant par le système d'exploitation hôte. Sur la figure X, vous pouvez voir le message d'avertissement. Cliquez sur "Yes".

Finalement, comme montré sur la figure X, l'installateur nous informe que VirtualBox est prêt à être installé. Cliquez sur "Install" et laissez faire. Vous devriez avoir un résultat semblable à la figure X, montrant VirtualBox en cours d'installation. Pas très passionnant, j'en conviens, mais j'essaie d'expliquer au mieux les démarches pour que vous ne soyez pas dépaysés!

Si l'installateur vous demande la permission d'installer un pilote de périphérique, c'est justement celui de la carte réseau virtuelle. Acceptez.

17.2.4 Configurer votre machine virtuelle Linux sur VirtualBox

Rendus à la fin de l'installation, vous avez le message de confirmation qui indique que VirtualBox a été correctement installé sur votre ordinateur, comme sur la figure X. Félicitations. Laissez cochée la case intitulée "Start Oracle VM VirtualBox [...] after installation", et cliquez sur "Finish".

Vous aurez peut-être une fenêtre vous indiquant de redémarrer comme sur la figure X. Si tel est le cas, cliquez sur "Yes" pour redémarrer votre ordinateur (après avoir sauvegardé vos travaux, bien entendu!). Après tout, d'après le dicton Windowsien : *dans le doute, reboot!* ("Dans le doute, redémarre!").

Une fois que vous avez redémarré VirtualBox, lancez le. Vous devriez obtenir une fenêtre semblable à la figure X. Dans le menu du haut, vous pouvez voir une grosse icône bleu en forme d'oursin (bon,

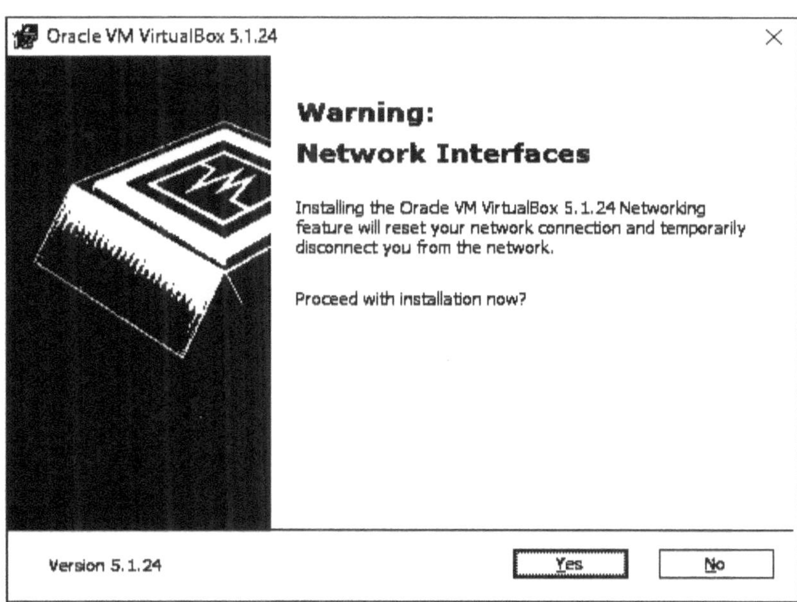

Figure 17.15 – Mise en garde sur une probable déconnexion d'internet.

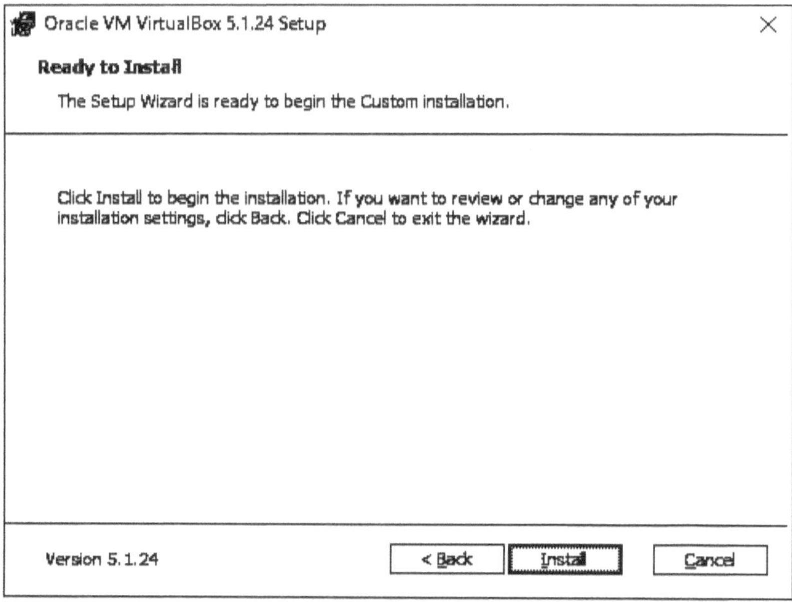

Figure 17.16 – L'installeur est prêt à installer VirtualBox.

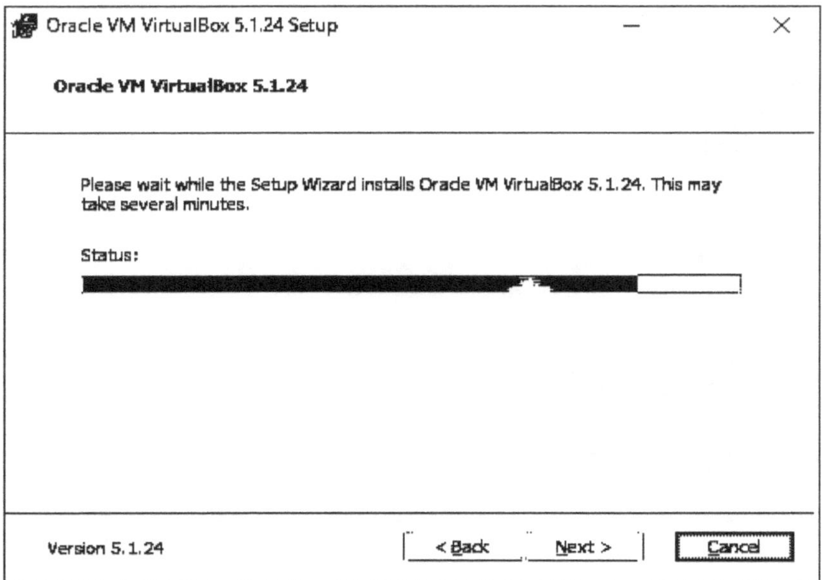

Figure 17.17 – Installation en cours de VirtualBox.

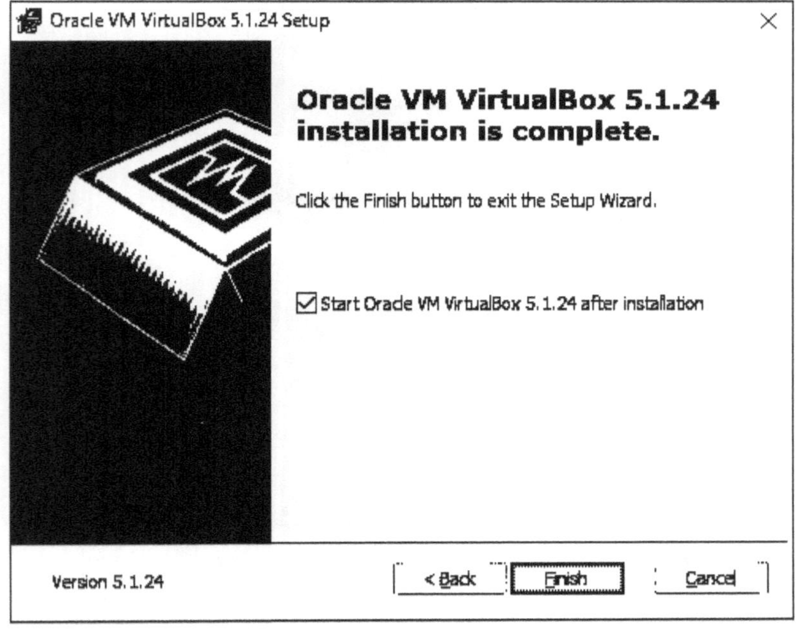

Figure 17.18 – Installation de VirtualBox terminée.

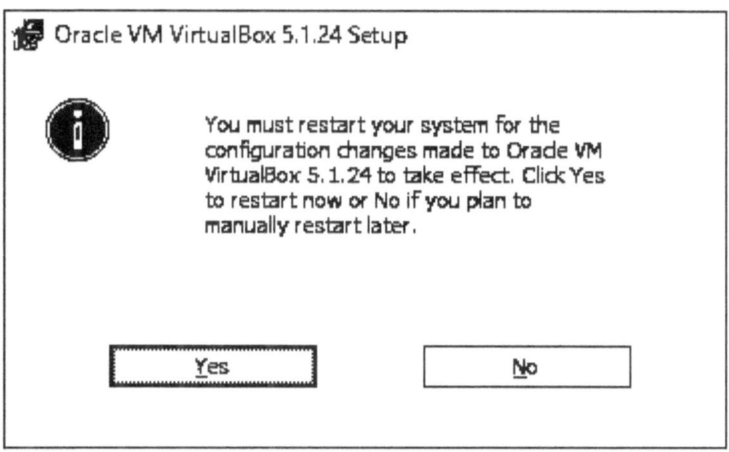

Figure 17.19 – Fenêtre d'avertissement suite à l'installation de VirtualBox.

j'exagère un peu... Une étoile à quarante extrémités, quoi). Il s'agit de l'icône pour créer une nouvelle machine virtuelle dans laquelle vous allez pouvoir installer Linux. Cliquez dessus.

L'assistant de création de nouvelles machines vous demande un nom de machine, un type et une version. Comme sur la figure X, j'ai rentré "Debian" dans le nom et VirtualBox m'a automatiquement proposé une machine de type Linux et une version Debian (64-bit).

Si vous n'avez que des choix en "(32-bit)", c'est que vous n'avez pas correctement configuré la virtualisation. Assurez-vous d'avoir correctement suivi la partie suivante sur l'activation de la technologie de virtualisation de votre processeur ET de la désactivation d'Hyper-V.

Cliquez sur "Suivant". L'invite suivante, comme sur la figure X, vous demande quelle quantité de mémoire vive vous voulez allouer à votre machine virtuelle. Il est indiqué que la quantité recommandée est de 1024 Mo. Personnellement, afin d'être serein, j'opterais pour 2048 Mo. Si votre machine est suffisamment robuste pour le supporter, choisissez 2048 Mo, sinon, choisissez 1024 Mo, puis cliquez sur "Suivant".

Sur la figure X, il vous est demandé de créer un disque virtuel pour votre machine non moins virtuelle. Cochez "Créer un disque dur virtuel maintenant" (s'il n'est pas déjà coché, bien sûr), puis cliquez sur "Créer".

Sur la figure X, la fenêtre suivante vous demande le type de fichier de disque dur que vous souhaitez pour votre disque virtuel. Laissez l'option par défaut "VDI (Image Disque VirtualBox)" cochée, puis cliquez sur "Suivant".

Le dialogue de la figure X vous demande si vous voulez que votre disque soit dynamiquement alloué (sa taille peut donc être modifiée) ou de taille fixe. Cochez "dynamiquement alloué". Cliquez sur "Suivant".

On vous demande ensuite un nom pour votre disque ainsi que sa taille, comme montré sur la figure X. Gardez le nom par défaut ("Debian" chez moi). Pour la taille, mettez **80,00 Gio**, pour être sûr. Cliquez sur "Créer".

Félicitations, votre machine virtuelle est créée! Vous êtes normalement de retour sur l'écran d'accueil de VirtualBox, comme montré sur la figure X. Sélectionnez ensuite votre machine virtuelle dans la liste de gauche en cliquant dessus; elle doit être surlignée de bleu (normalement, en vérité, elle est déjà

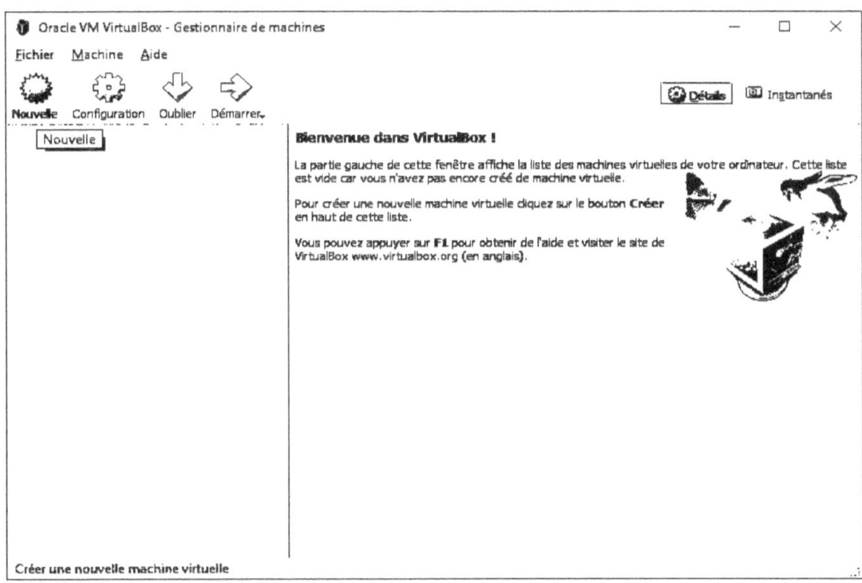

Figure 17.20 – Fenêtre d'avertissement suite à l'installation de VirtualBox.

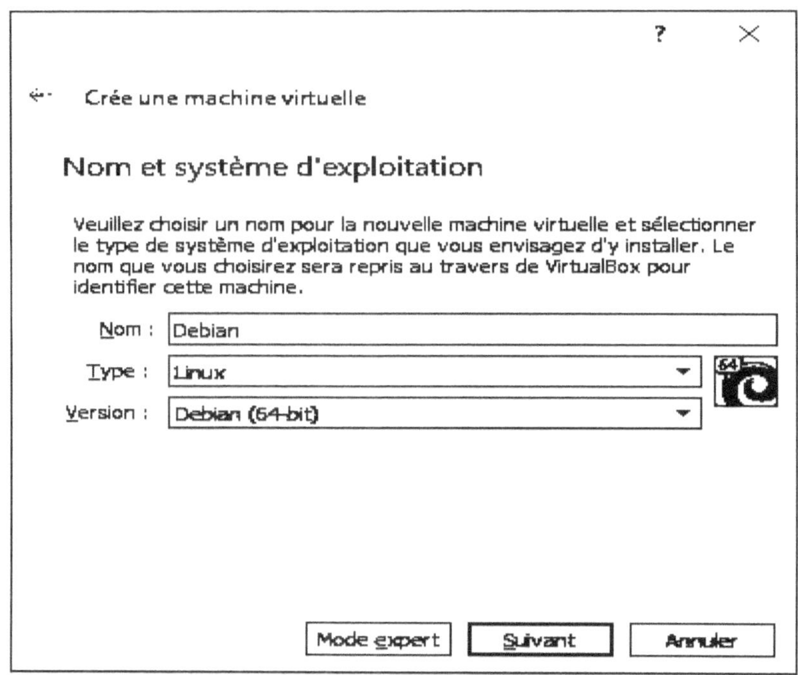

Figure 17.21 – Fenêtre d'avertissement suite à l'installation de VirtualBox.

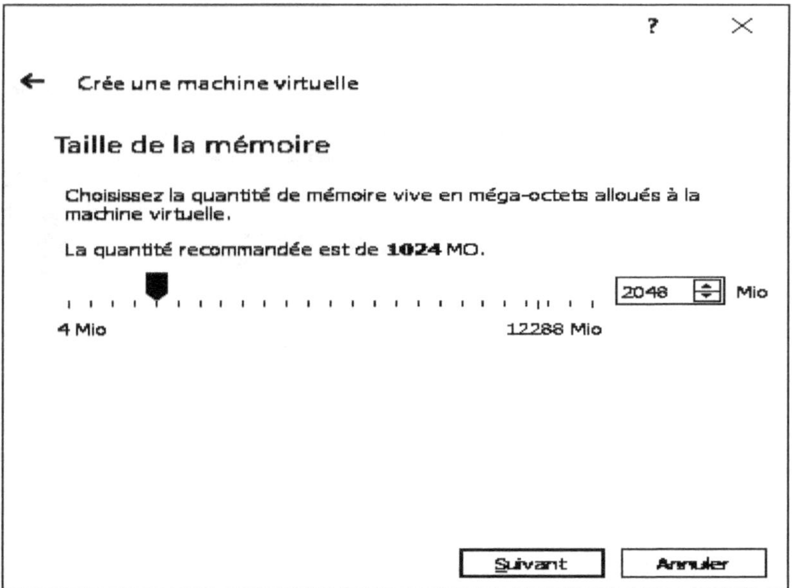

Figure 17.22 – Création d'une machine virtuelle - mémoire allouée.

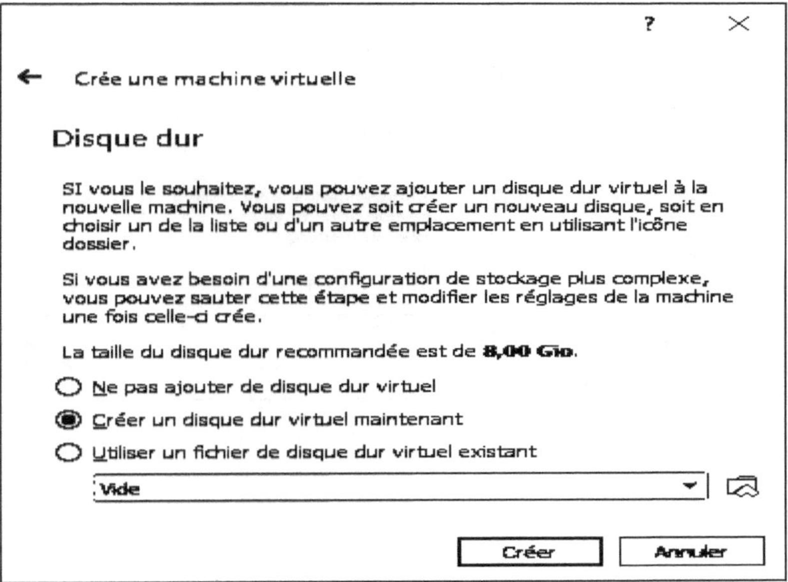

Figure 17.23 – Création d'une machine virtuelle - Créer un disque.

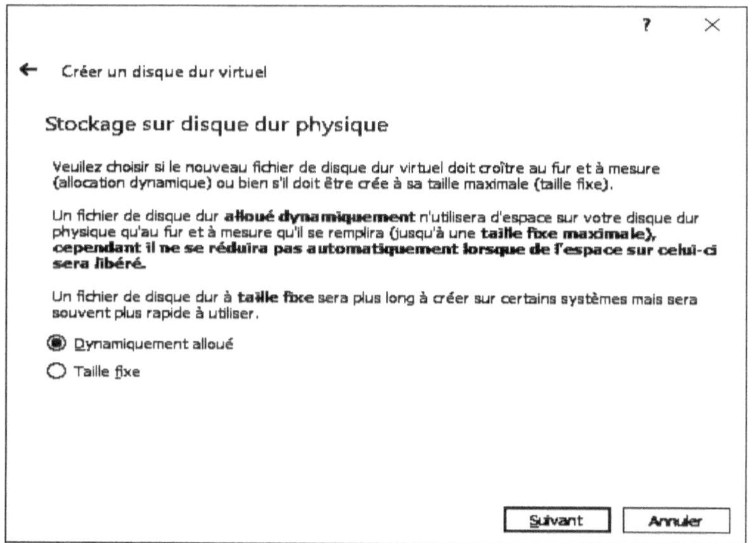

Figure 17.24 – *Création d'une machine virtuelle - Créer un disque.*

Figure 17.25 – *Création d'une machine virtuelle - Créer un disque.*

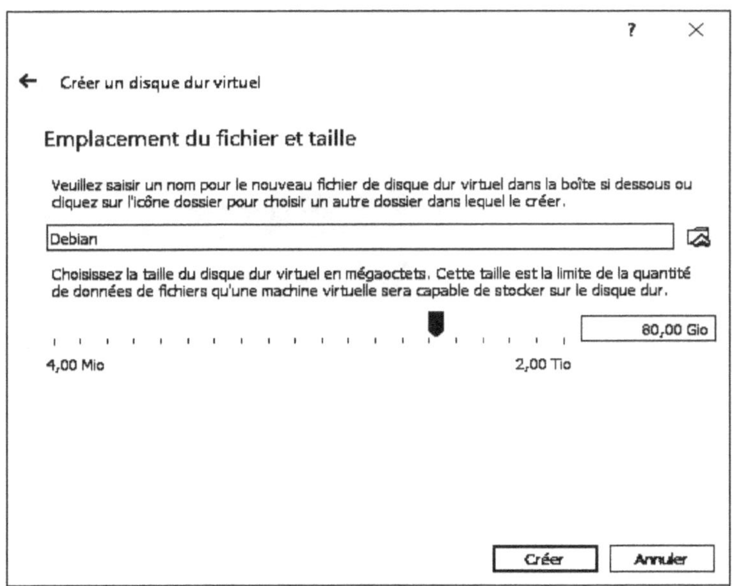

Figure 17.26 – Création d'une machine virtuelle - Nom et taille du disque. pré-sélectionnée). Puis cliquez sur l'icône de poulie orange intitulé "Configuration", comme indiqué sur la figure X.

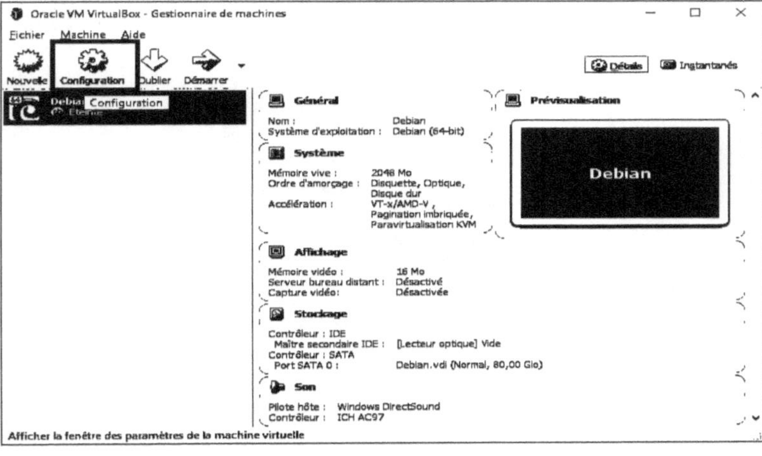

Figure 17.27 – VirtualBox - Ecran d'accueil.

Vous arrivez ensuite dans une fenêtre où vous pouvez configurer votre machine virtuelle. A gauche, vous avez une liste, avec des icônes et des intitulés. Sélectionnez "Affichage", et réglez la mémoire vidéo à 128 Mo (au maximal que vous pouvez, en fait), comme sur la figure X.

Sélectionnez ensuite "Stockage" dans la liste de gauche. Vous devriez avoir un résultat semblable à la figure X. Dans l'arborescence stockage, cliquez sur l'icône de disque intitulé "Vide", en dessous de "Contrôleur IDE". Ensuite, sur les attributs sur la droite, cliquez sur l'icône de CD-ROM puis sélectionnez "Choisissez un fichier de disque optique virtuel".

Allez ensuite chercher l'image CD de Debian que vous avez téléchargée, comme indiqué sur la figure X, puis cliquez sur "Ouvrir". En faisant cela, nous mettons un CD-ROM virtuel (notre image CD de Debian) dans un lecteur de disque tout aussi... virtuel! C'est fou, tout ce qu'on peut faire avec l'informatique d'aujourd'hui!

Pourquoi fait-on cela? Pour que notre machine virtuelle démarre sur ce CD-ROM afin d'installer Debian, toujours dans notre machine virtuelle!

Dorénavant, comme sur la figure X, vous devriez voir sous "Contrôleur IDE" le fichier image CD de

Debian à côté de l'icône de CD-ROM. Cela veut dire que lorsque votre machine virtuelle démarrera,

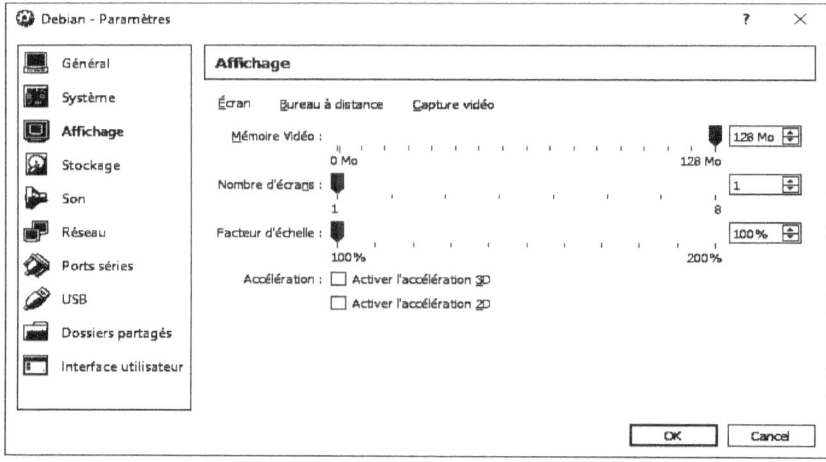

Figure 17.28 – VirtualBox - Paramètres de votre machine virtuelle.

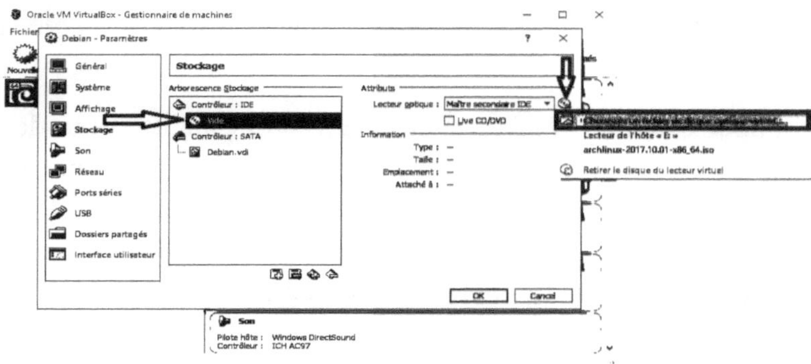

Figure 17.29 – VirtualBox - Paramètres de votre machine virtuelle.

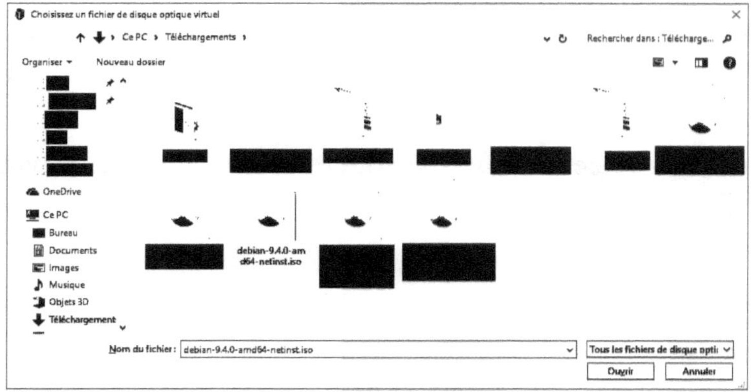

Figure 17.30 – VirtualBox - Sélection de l'image CD de Debian.

C'est comme s'il y avait un CD de Debian dans le lecteur de CD-ROM. Cliquez sur "OK" pour valider les changements.

Validez à nouveau les changements une fois pour toutes en cliquant sur "OK". Vous revenez à l'écran d'accueil; assurez-vous que votre machine virtuelle "Debian" soit sélectionnée et cliquez sur l'icône de la flèche verte, intitulée "Démarrer", pointant sur la droite dans la barre de menu du haut. Votre machine virtuelle se lance.

17.2.5 Installation de Debian

Sur la figure X, vous pouvez apercevoir le menu de démarrage de Debian. Sélectionnez "Graphical Install" à l'aide des flèches directionnelles - bien qu'en vérité, il y a de très fortes chances que ce choix soit sélectionné par défaut. Pour valider le choix, appuyez sur la touche "Entrée". Cela va lancer l'assistant d'installation en mode graphique.

Vous arrivez ainsi sur l'installation graphique. Sur la Figure X, l'assistant vous demande dans quelle langue vous voulez configurer votre système d'exploitation.

Personnellement, je suis à l'aise avec l'Anglais, donc je vais sélectionner "English". **Je vous encourage personnellement à faire de même, et ce même si vous n'êtes pas à l'aise avec.** Je veux vous encourager à aller vers la difficulté, et ce même si je fais des annexes super détaillées pour que vous vous en sortiez. Toutefois, je ne suis bien évidemment pas maître de vos choix, et si vous voulez choisir la langue française, alors choisissez le français! Aucun jugement de ma part. Gardez juste en tête que votre niveau en anglais progressera inévitablement au fur et à mesure que vous embrasserez le monde de la programmation. Cliquez ensuite sur "Continue".

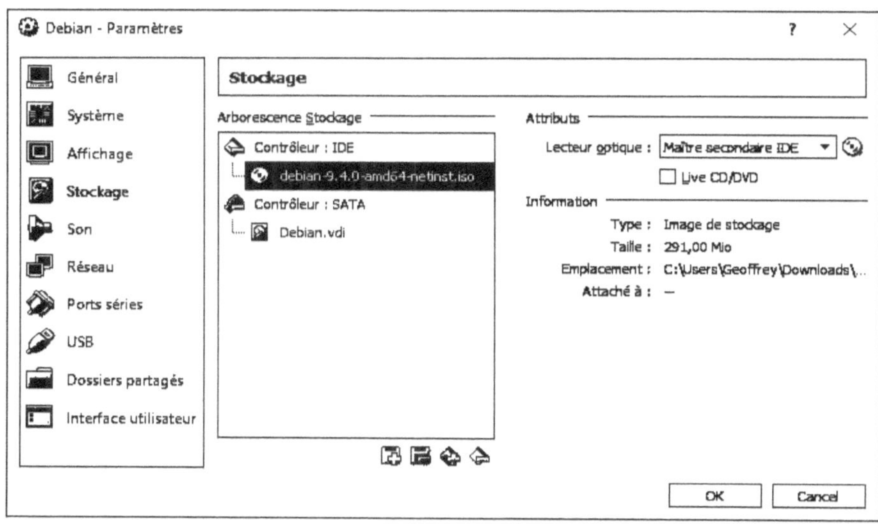

Figure 17.31 – VirtualBox - L'image CD de Debian se trouve dans le lecteur virtuel.

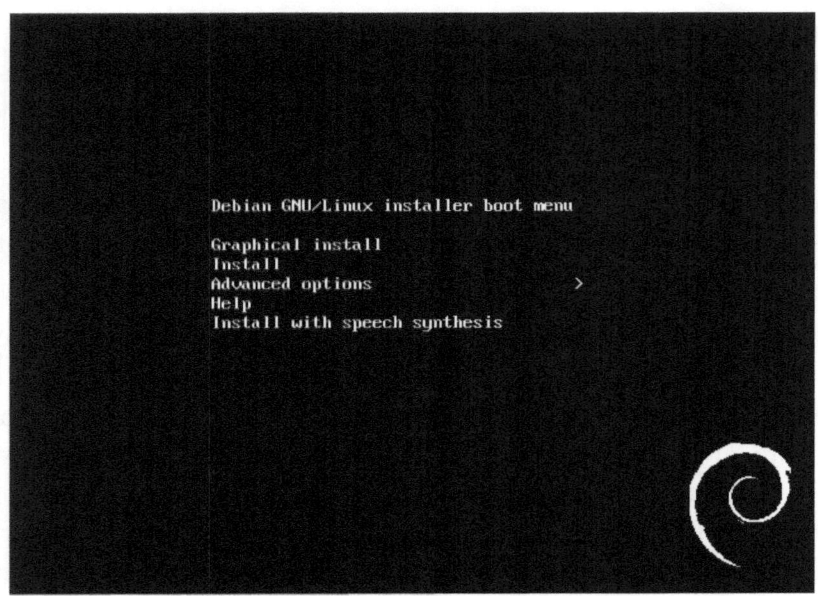

Figure 17.32 – Installation de Debian - Choix de l'installation graphique.

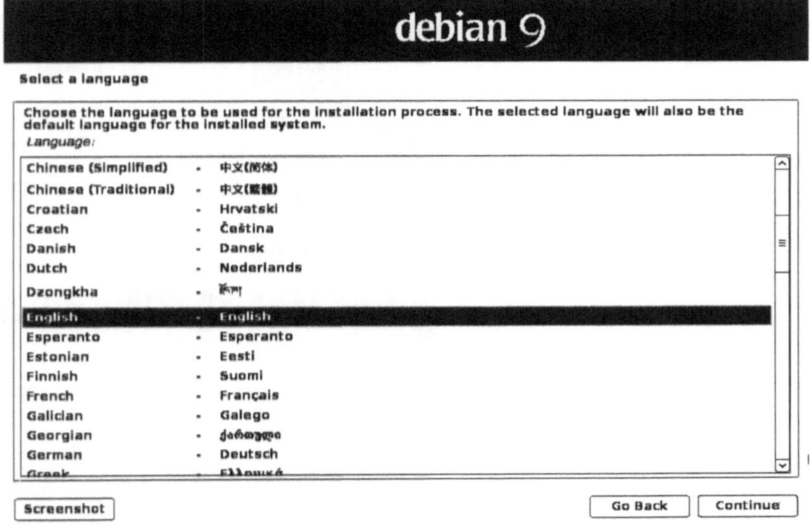

Figure 17.33 – Installation de Debian - Choix de la langue du système.

Dans le dialogue suivant, comme sur la figure X, il vous est demandé votre géolocalisation. Personnellement, je suis à Paris, et comme mon continent (Europe) ne se trouve pas dans la liste, je vais sélectionner "other" avant de cliquer sur "Continue", puis "Europe" comme sur la figure X, avant de cliquer à nouveau sur "Continue. Sur la figure X, enfin, il nous est demandé notre pays. Pour ma part, étant domicilié à Paris, donc en France... Je sélectionne"France"! Ensuite, on clique **encore** sur Continuer.

Choisir votre géolocalisation va permettre à votre système d'exploitation de contacter les serveurs les plus proches pour télécharger des logiciels à installer, en plus de configurer le fuseau horaire correct dans lequel vous vous trouvez.

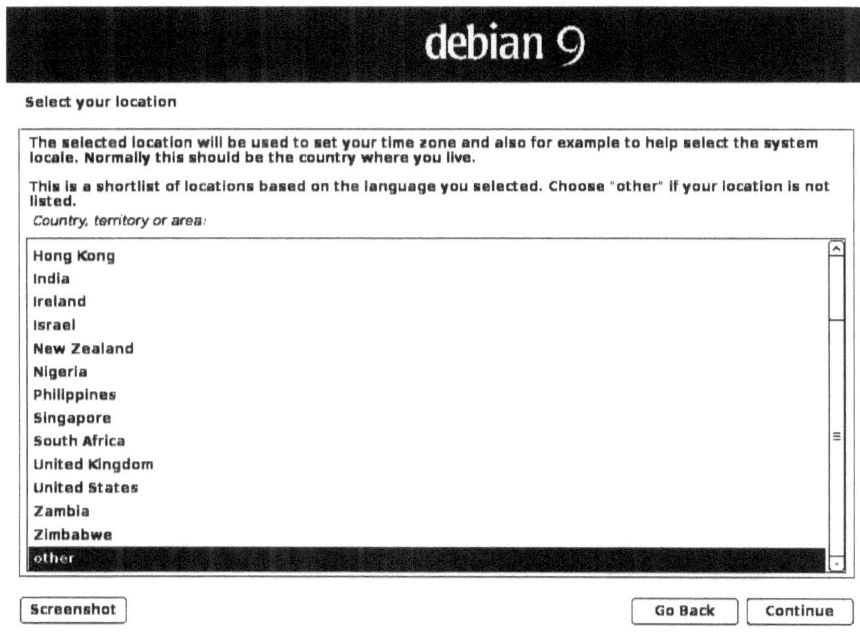

Figure 17.34 – Installation de Debian - Choix de votre géolocalisation.

Sur la figure X, vous pouvez apercevoir le dialogue suivant qui va vous demander de configurer votre **locale**. Il s'agit véritablement du paramètre qui va indiquer aux applications multilingues dans quelle langue elles devront se traduire. Comme je souhaite un système d'exploitation en Anglais, je sélectionne en_US.UTF-8 (de l'anglais américain, donc) et je clique sur "Continue".

Sur la figure X, on voit l'invite suivant qui demande la configuration du clavier. Comme j'ai choisi un système d'exploitation traduit en anglais, on va me proposer un clavier "American English", ce que je n'ai pas. J'ai un clavier français (vous savez, le fameux "clavier azerty"!). Donc je vais pour sélectionner "French" avant de cliquer sur "Continue".

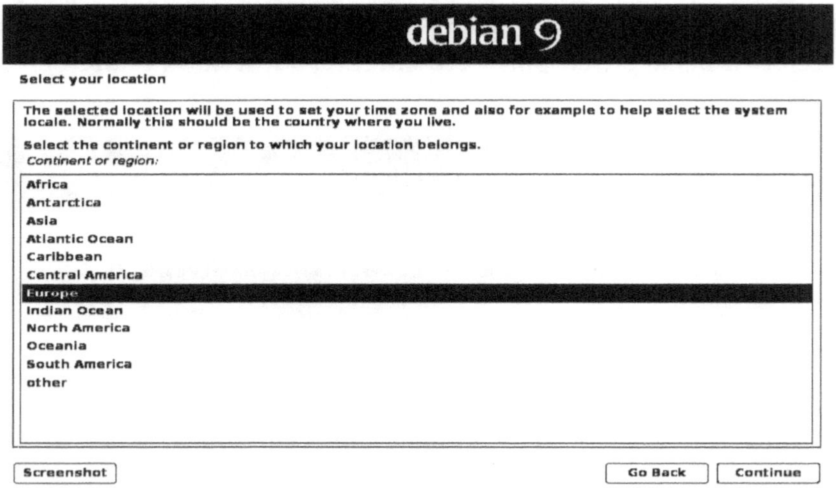

Figure 17.35 – Installation de Debian - Choix de votre géolocalisation.

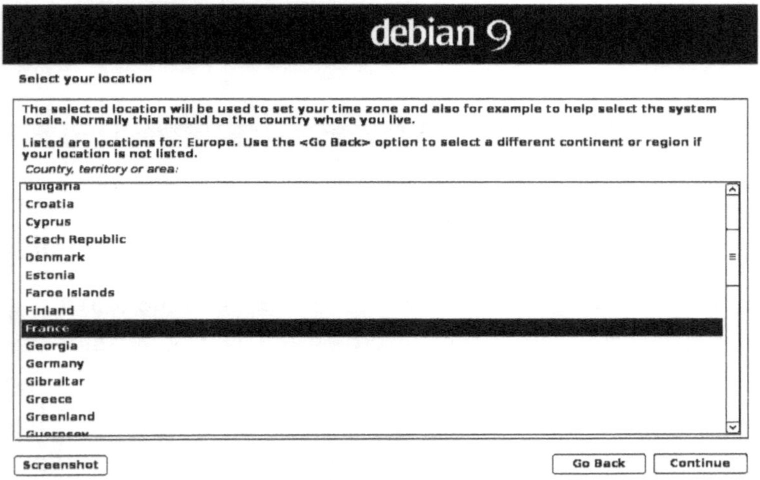

Figure 17.36 – Installation de Debian - Choix de votre géolocalisation.

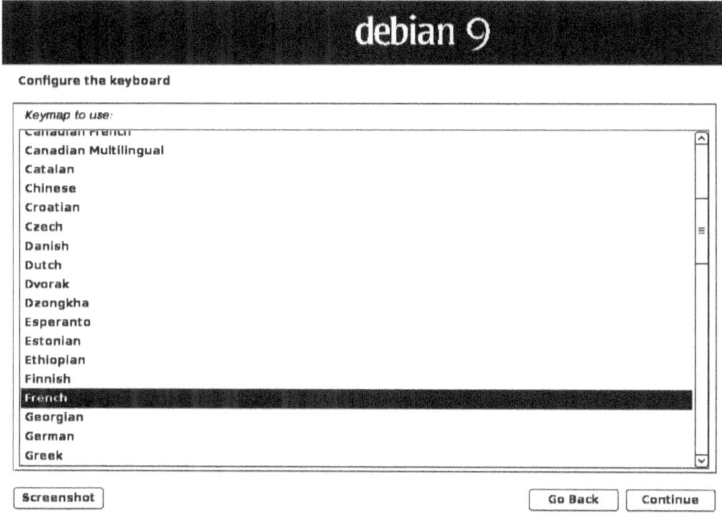

Figure 17.37 – *Installation de Debian - Choix de la locale.*

Figure 17.38 – *Installation de Debian - Choix de la disposition clavier.*

Le système d'exploitation va ensuite configurer le matériel et ajuster certains paramètres tout en affichant une barre de chargement. Patientez jusqu'à arriver jusqu'à une nouvelle invite semblable à la figure X, où il vous est demandé de rentrer un nom pour votre machine.

Choisissez celui que vous voulez. Personnellement, je reste sur *debian*. Cliquez ensuite sur "Continue".

debian 9

Configure the network

Please enter the hostname for this system.

The hostname is a single word that identifies your system to the network. If you don't know what your hostname should be, consult your network administrator. If you are setting up your own home network, you can make something up here.

Hostname:

debian

Screenshot   Go Back   Continue

Figure 17.39 – Installation de Debian - Choix du nom de la machine.

L'invite suivant, semblable à la figure X, vous demande si votre machine appartient à un nom de domaine (réseau) en particulier. Laissez le champ vide et cliquez sur "Continue".

Vous arrivez ensuite à un invite ressemblant à la figure X, où il vous est demandé de choisir un mot de passe pour le compte utilisateur **root**.

Sous les systèmes d'exploitation de type Linux (et d'autres...), le compte **root**, que l'on traduit de l'anglais en *racine* vers le français, est le compte qui a tous les droits sur la machine!

Pourquoi faire un compte **root** distinct? La réponse est que vous aurez le compte root **et** votre propre compte séparé, aux droits limités. C'est une certaine mesure de sécurité. Et vous pourrez *emprunter* les droits de **root** juste le temps d'installer des logiciels ou d'effectuer des opérations nécessitant un certain privilège.

Ainsi, la théorie veut qu'on choisisse un mot de passe robuste pour le compte utilisateur **root**. Ici, c'est une machine virtuelle, mais on n'est jamais trop prudent. Si vraiment vous n'avez pas d'idée,

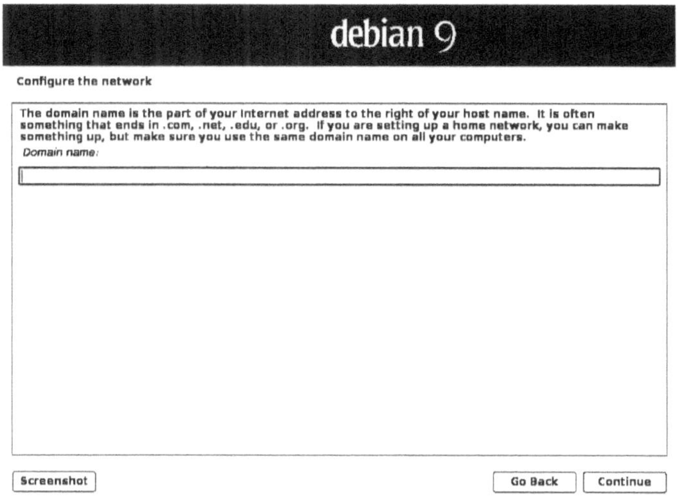

Figure 17.40 – Installation de Debian - Choix du domaine réseau de la machine.

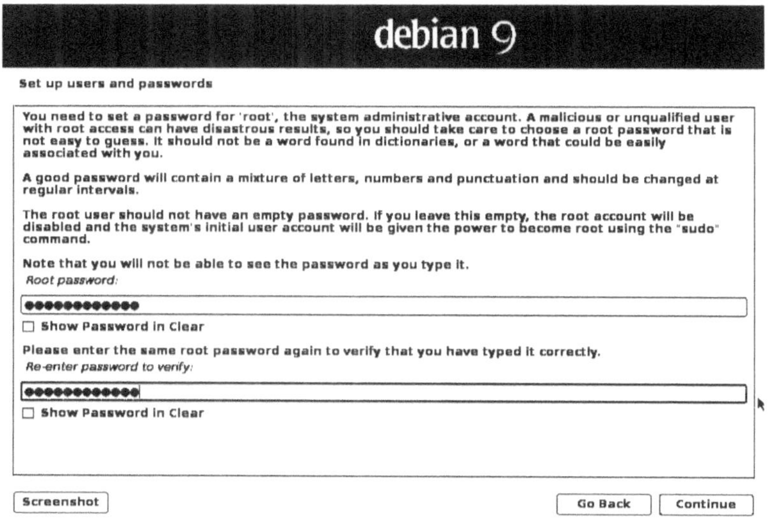

Figure 17.41 – Installation de Debian - Choix du mot de passe de root. Choisissez quelque chose comme toor ("root" à l'envers). Ici, c'est une machine virtuelle, donc les risques sont amoindris, mais on n'est jamais trop prudent!

Après avoir choisi un mot de passe que vous avez confirmé, cliquez sur "Continue". Vous arrivez ensuite sur une fenêtre où il vous est demandé de rentrer votre nom complet, comme sur la figure X. Que je vous rassure! Votre nom ne servira qu'à vous identifier **sur l'ordinateur,** et non pas sur Internet! C'est un peu comme si vous aviez un ordinateur familial avec un compte pour chaque membre de la famille avec son prénom.

debian 9

Set up users and passwords

A user account will be created for you to use instead of the root account for non-administrative activities.

Please enter the real name of this user. This information will be used for instance as default origin for emails sent by this user as well as any program which displays or uses the user's real name. Your full name is a reasonable choice.

Full name for the new user:

Geoffrey ROYER

Screenshot   Go Back   Continue

Figure 17.42 – Installation de Debian - Choix du nom complet de l'utilisateur.

Sur l'invite suivant, semblable à la figure X, il vous est demandé, cette fois, de rentrer votre **nom de compte utilisateur**. Celui-ci doit être en minuscule, avec uniquement des lettres latines, sans accents, ou des chiffres de 0 à 9. Par exemple, compte12345 est un nom de compte utilisateur valide. Je vais laisser le nom de compte x proposé par défaut.

Sur la figure X, exactement comme sur la figure Y, vous devez choisir un mot de passe, mais, cette fois, pour votre propre compte utilisateur - donc, dans mon cas, pour le compte x. Sélectionnez donc un mot de passe quelconque (et retenez-le, surtout, hein!), puis cliquez sur "Continue".

La machine va ensuite procéder à quelques calculs avant d'afficher un menu de sélection semblable à la figure X, où vous pourrez choisir la manière dont votre disque sera partitionné avec votre nouveau

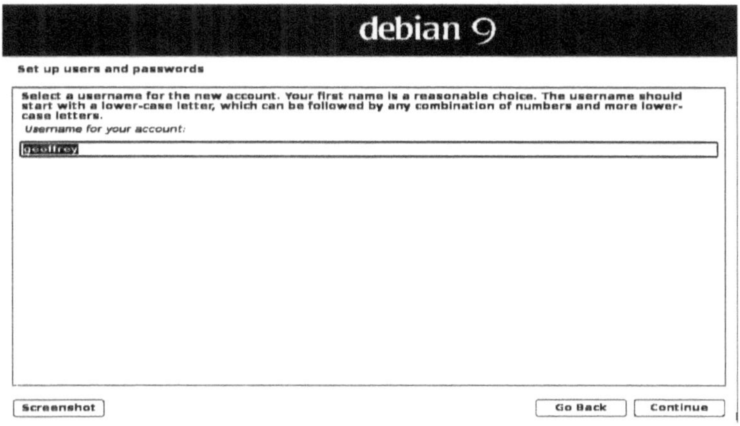

Figure 17.43 – Installation de Debian - Choix du nom de compte utilisateur.

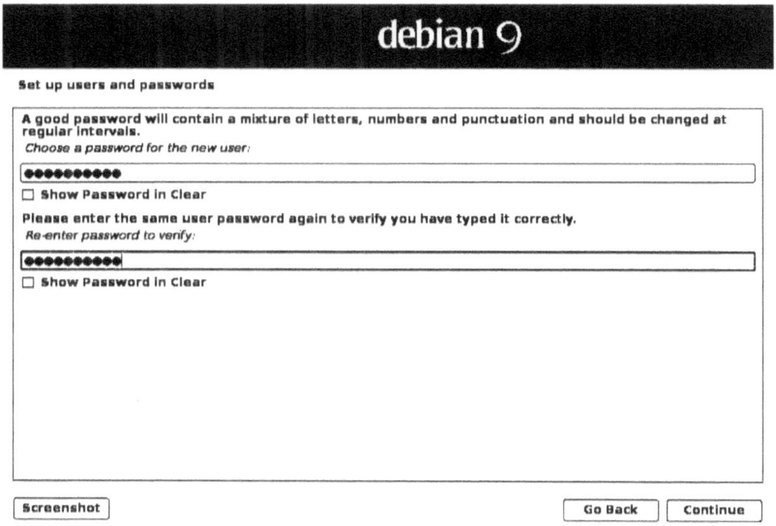

*Figure 17.44 – Installation de Debian - Choix d'un mot de passe pour le compte utilisateur. système d'exploitation. Comme ici nous avons un disque virtuel vierge, on ne va pas s'embêter et on va garder la première option sélectionnée par défaut : **Guided - use entire disk** dans mon cas ("Guidé - utiliser un disque entier" en français). Cliquez ensuite sur "Continue". Encore et toujours!*

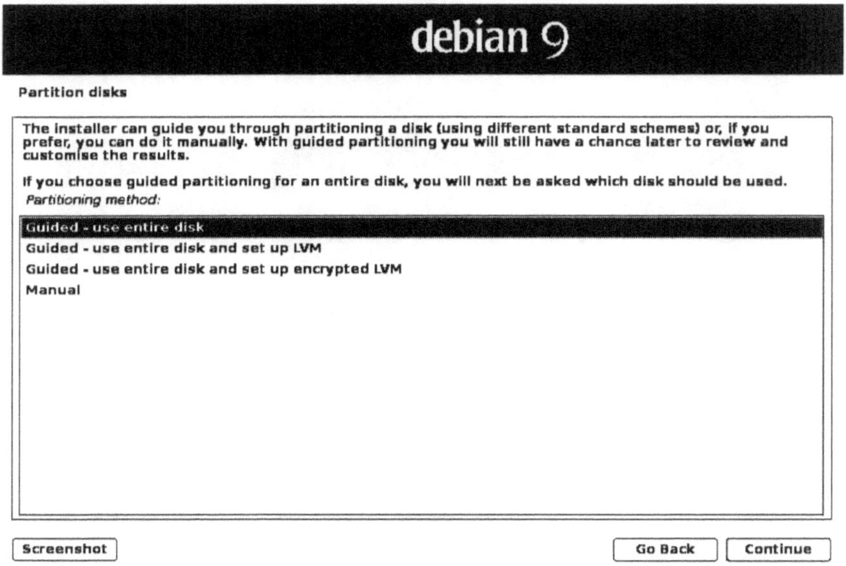

Figure 17.45 – Installation de Debian - Utiliser un disque complet pour installer
Debian.

Sur la figure X, vous pouvez voir une nouvelle liste où, cette fois, vous pourrez apercevoir l'intégralité des disques disponibles. Comme sur notre machine virtuelle, il n'existe qu'un disque virtuel (que nous avons crée plus tôt), le système d'exploitation virtualisé ne détecte que ce disque. Il est *de facto* sélectionné par défaut. Cliquez à nouveau sur "Continue".

la figure X montre l'invite suivant, où l'assistant vous laisse le choix entre stocker tous les fichiers sur la même partition (premier choix), avoir une partition /home (pour vos fichiers personnels) séparée du reste des fichiers systèmes ou, en dernier choix, de séparer /home, /var et /tmp. Ne nous attardons pas sur trop de détails et choisissons le premier choix, "**All files in one partition (recommended for new users)**". Cliquez sur "Continue".

Vous atterrissez ensuite sur un écran récapitulatif semblable à la figure X, détaillant la liste des choix que vous avez effectués vis-à-vis de la gestion des disques pour l'installation de Debian. Comme cet ouvrage n'est pas un ouvrage sur Linux, mais sur la programmation en C, je vais me passer d'explications pour cette fois. Normalement, si vous avez tout fait comme moi, vous devriez avoir le choix "**Finish partitioning and write changes to disk**" pré-sélectionné, ce qui veut dire "Terminer le

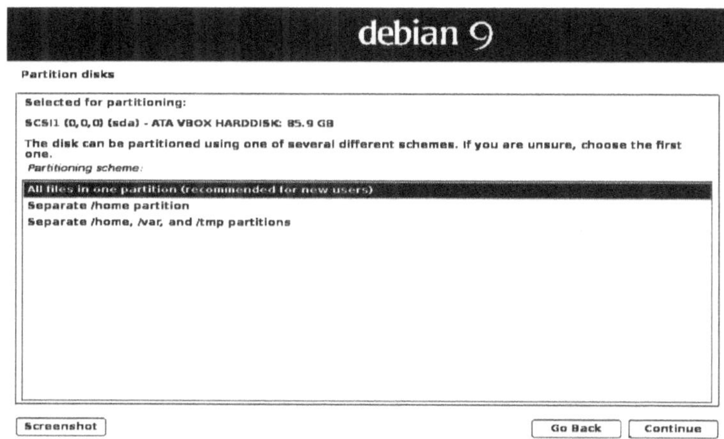

Figure 17.46 – Installation de Debian - Sélection du disque cible pour l'installation de Debian.

Figure 17.47 – Installation de Debian - Partitionnement du disque. partitionnement et écrire les changements sur le disque" en français. Cliquez sur "Continue"...

debian 9

Partition disks

This is an overview of your currently configured partitions and mount points. Select a partition to modify its settings (file system, mount point, etc.), a free space to create partitions, or a device to initialize its partition table.

    Guided partitioning
    Configure software RAID
    Configure the Logical Volume Manager
    Configure encrypted volumes
    Configure iSCSI volumes

    SCSI1 (0,0,0) (sda) - 85.9 GB ATA VBOX HARDDISK
        #1   primary   83.8 GB   f   ext4   /
        #5   logical   2.1 GB   f   swap   swap

    Undo changes to partitions
    Finish partitioning and write changes to disk

    Screenshot   Help   Go Back   Continue

Figure 17.48 – Installation de Debian - Récapitulatif du partitionnement.

Mais comme l'erreur est humaine et qu'une erreur est si vite arrivée, il vous reste encore un écran, comme sur la figure X, où on vous demande si vous voulez **VRAIMENT** appliquer les changements sur le disque - l'opération étant irréversible. Cochez "Yes" ("Oui", donc) et cliquez sur "Continue".

Ouf ! L'installation démarre. Ça en fait, des écrans pour configurer votre système. Et dites-vous que c'était bien plus archaïque avant !

L'Assistant va ensuite vous demander si vous voulez ajouter d'autres CD-ROM comme source de dépôts logiciels à installer, comme présenté sur la figure X. Laissez l'option "No" cochée et cliquez sur "Continue".

La fenêtre suivante, comme sur la figure X, vous demande quel "miroir" utiliser pour télécharger les logiciels supplémentaires pour votre installation. Vous vous rappelez pourquoi je vous expliquais l'intérêt de précisiez une géolocalisation valide ? C'est pour choisir le serveur de Debian **le plus proche** pour télécharger les paquets logiciels plus rapidement. Si vous êtes en France, le téléchargement ira plus vite si vous le faites à partir d'un serveur localisé dans le même pays que depuis un serveur présent aux Etats-Unis. Cliquez sur "Continue".

Sur la figure X, vous apercevez la fenêtre suivante où il vous est demandé de sélectionner l'adresse du

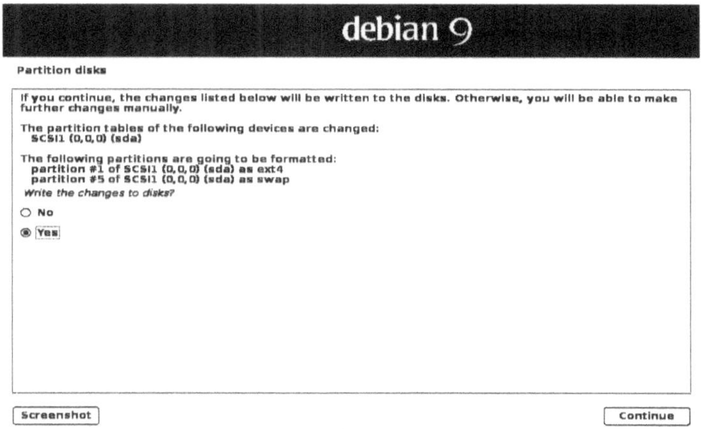

Figure 17.49 – Installation de Debian - Confirmation finale du partitionnement des disques.

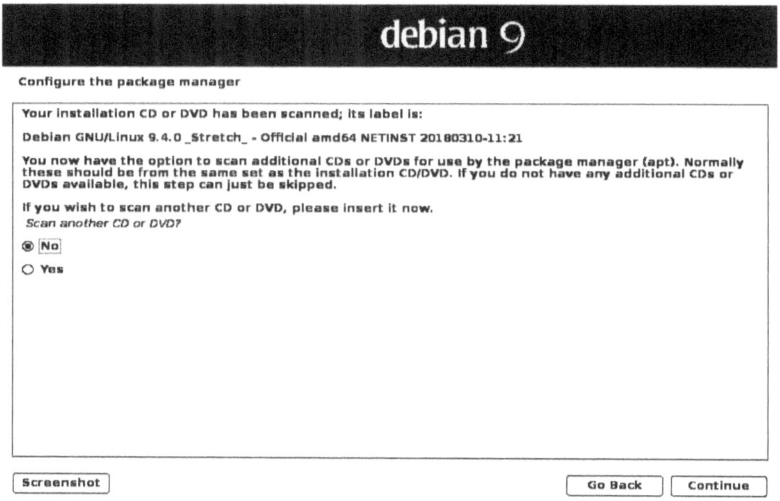

Figure 17.50 – Installation de Debian - Sélection de CD-ROM supplémentaires.

Figure 17.51 – Installation de Debian - Sélection de la localisation du miroir de dépôts logiciels. mirroir. Chez moi, et chez vous aussi normalement, l'adresse ftp.fr.debian.org est pré-sélectionnez.

Cliquez alors sur "Continue".

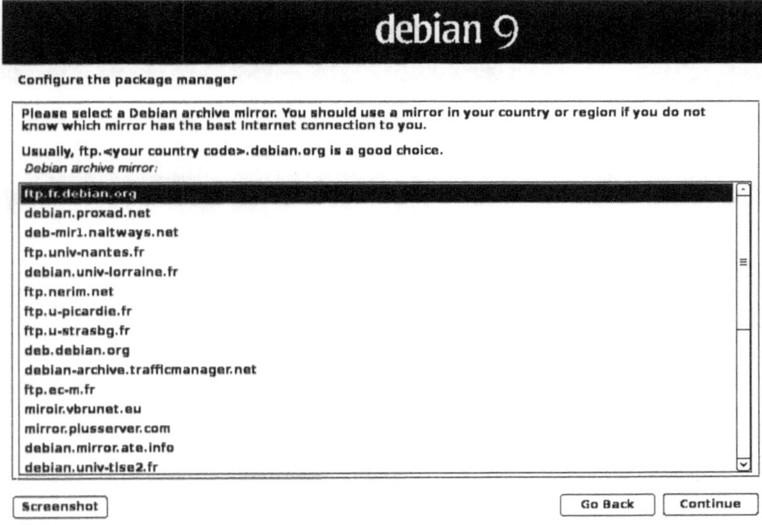

Figure 17.52 – Installation de Debian - Sélection de l'adresse du miroir de dépôts logiciels.

Par la suite, il vous est demandé, comme sur la figure X, de saisir l'adresse d'un possible *serveur proxy*, notamment si vous vous trouvez dans un réseau d'université ou d'école. Chez moi, il n'y en a pas. Si vous en avez un, saisissez son adresse et cliquez sur "Continue".

L'installeur va ensuite rapatrier les paquets nécessaires à l'installation, installer lesdits paquets et afficher une barre de chargement. Entre temps, on vous redemande **encore** une information, cette fois-ci, à propos d'un sondage d'utilisation de Debian, comme présenté sur la figure X. Sélectionnez l'option que vous souhaitez. Dans mon cas, je garde l'option "No" décochée, car je ne souhaite pas spécialement participer à la collecte de statistiques sur mon système d'exploitation. Une fois que vous avez fait votre choix, cliquez, encore et toujours, sur "Continue".

Sur la figure X, vous pouvez voir l'aperçu d'un autre dialogue, vous demandant les logiciels par défaut à activer. Chez moi, il y a "Debian desktop environment", "print server" et "standard system utilities" de coché. Cela devrait être la même chose pour vous. Laissez tel quel et cliquez sur "Continue".

L'installation continue. Elle va commencer par rapatrier des paquets logiciels à installer. Selon la qualité de votre connexion à internet, cela devrait aller plus ou moins vite. Par la suite, l'assistant les installera de manière transparente, pour nous, tout simplement.

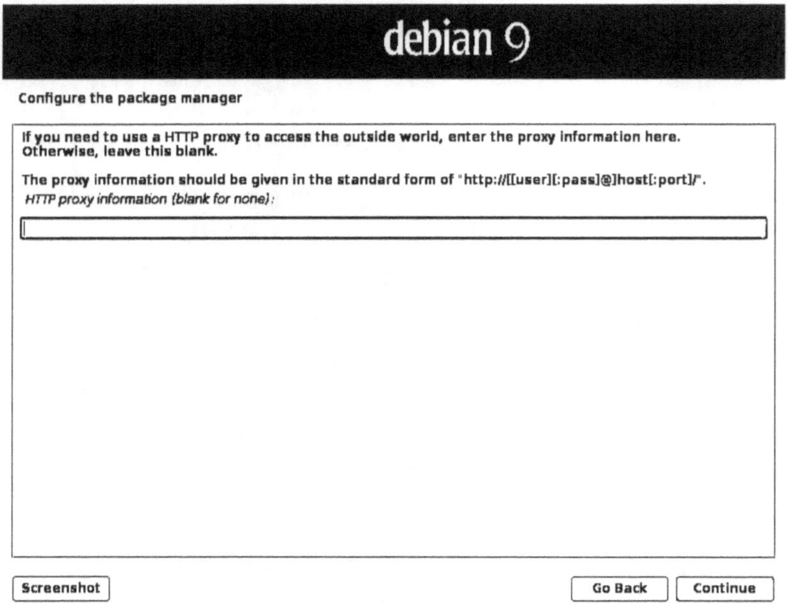

Figure 17.53 – Installation de Debian - Saisie d'un serveur proxy pour télécharger les paquets logiciels.

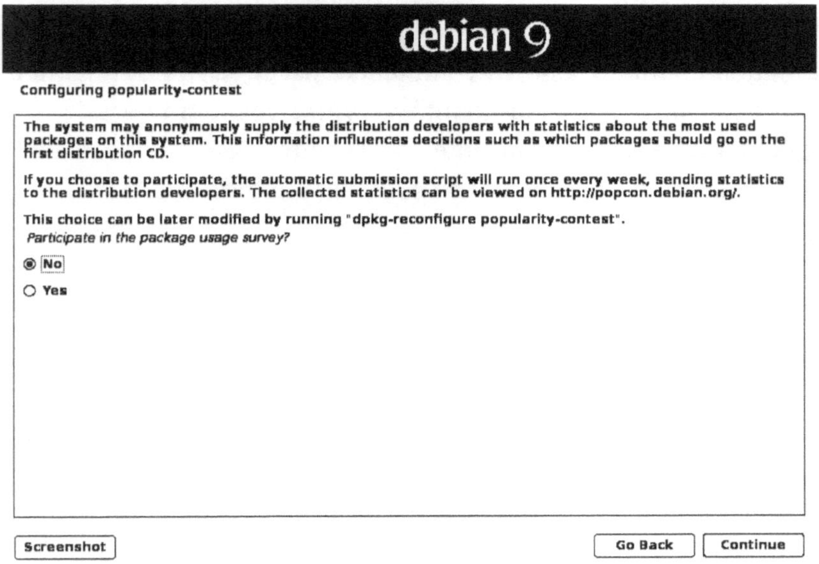

Figure 17.54 – Installation de Debian - Pariticipation à la collecte de statistiques anonymes.

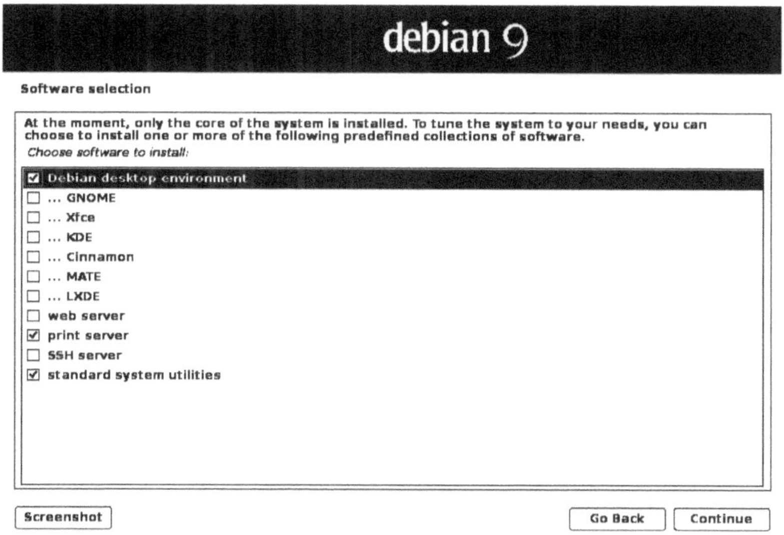

Figure 17.55 – Installation de Debian - Configuration des logiciels à utiliser.

Vers la fin de l'installation, l'assistant nous demande si nous voulons installer le *boot loader* GRUB. Il s'agit d'un logiciel qui, au démarrage, permet de sélectionner Windows ou Linux (ou d'autres systèmes d'exploitation) si vous avez choisi d'installer Linux à côté de vos systèmes existants. GRUB permet aussi de sélectionner des options de diagnostic lorsque vous démarrez votre système d'exploitation. Ici, que nous installations GRUB ou non, cela ne change strictement rien, puisque nous n'aurons *a priori* que Debian sur notre machine virtuelle. Gardez l'option par défaut cochée ("Yes" chez moi) et cliquez sur "Continue".

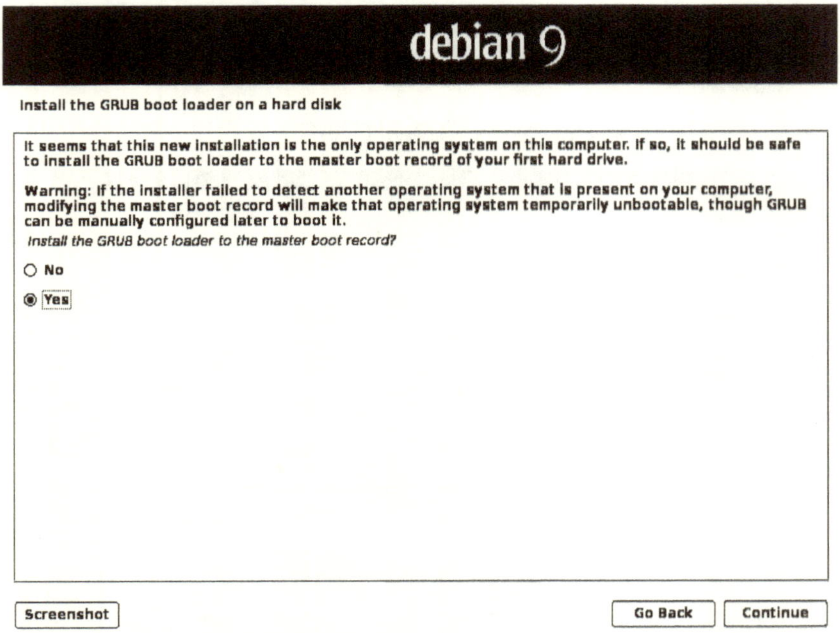

Figure 17.56 – Installation de Debian - Installation de GRUB.

La fenêtre suivante, semblable à la figure X, vous demande de sélectionner le disque sur lequel il faudra installer GRUB. Dans notre cas, c'est facile, nous n'en avons qu'un : notre fameux disque virtuel. Chez moi, il s'appelle /dev/sda et il y a de très fortes chances que ce soit le cas aussi pour vous. Sélectionnez donc le disque qu'on vous propose (ne sélectionnez pas l'option "Enter device manually" comme sur la figure), puis cliquez sur "Continue".

Ça y est! CA Y EST! Vous avez installé un système d'exploitation Linux ! Certes, dans une machine virtuelle, mais si vous ne l'aviez jamais fait avant, **voyez cela comme un accomplissement** ! Surtout à travers la tonne de figures que je vous ai présentées pour y parvenir. Normalement, vous devriez avoir un résultat similaire à la figure X, où on vous informe que l'installation a abouti.

L'installeur vous suggère également d'enlever le média d'installation, à savoir l'image disque de Debian

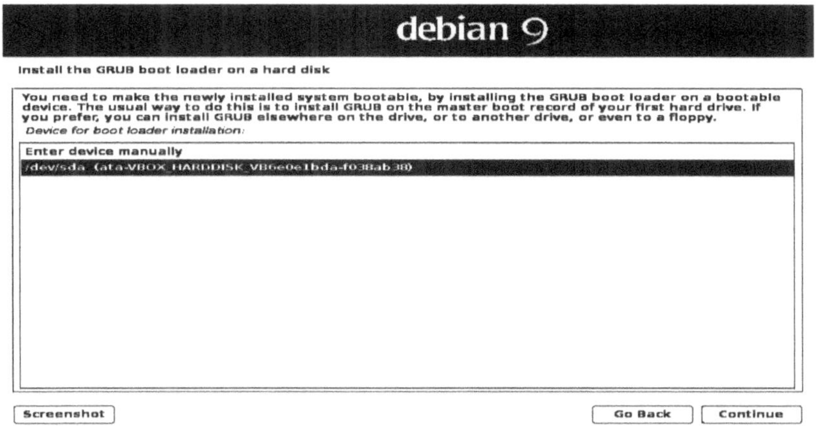

Figure 17.57 – Installation de Debian - Installation de GRUB.

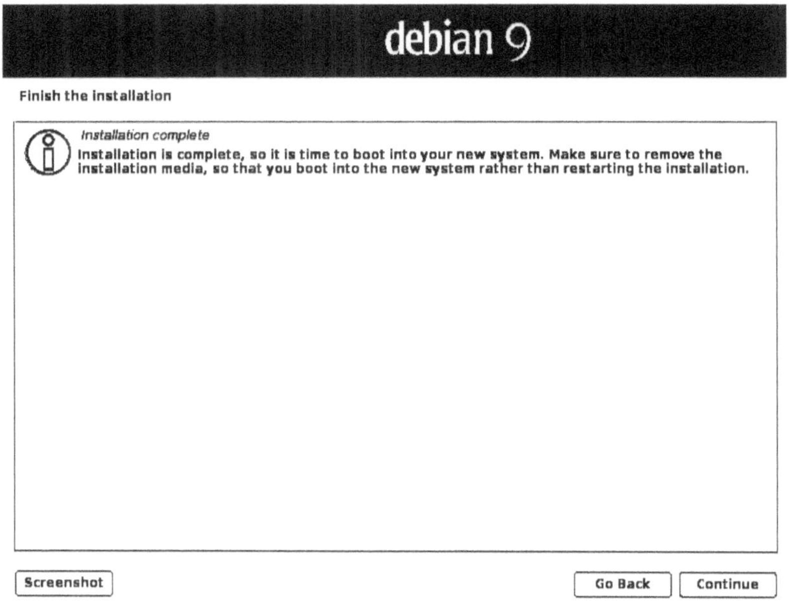

Figure 17.58 – Installation de Debian - Installation complète. du lecteur CD virtuel. Cette option n'est pas obligatoire, car VirtualBox a sa propre séquence de démarrage. Le logiciel va d'abord chercher à démarrer sur le disque virtuel que nous avons créé et sur lequel nous avons installé Debian.

Cliquez sur "Continue". Votre machine virtuelle va ainsi redémarrer sur votre système d'exploitation fraîchement installé. Vous pourrez ensuite vous connecter en sélectionnant votre compte utilisateur et en saisissant le mot de passe associé, que vous avez renseigné lors de l'installation.

17.2.6 Configuration de base de Debian

Notre système Debian est fraîchement installé, c'est beau, c'est cool, c'est génial, mais il manque deux trois petites choses à faire afin que vous puissiez travailler dans les meilleures conditions. Je vais décrire des démarches sans trop m'étaler dessus parce que, encore une fois, cet ouvrage n'est pas un ouvrage sur Linux.

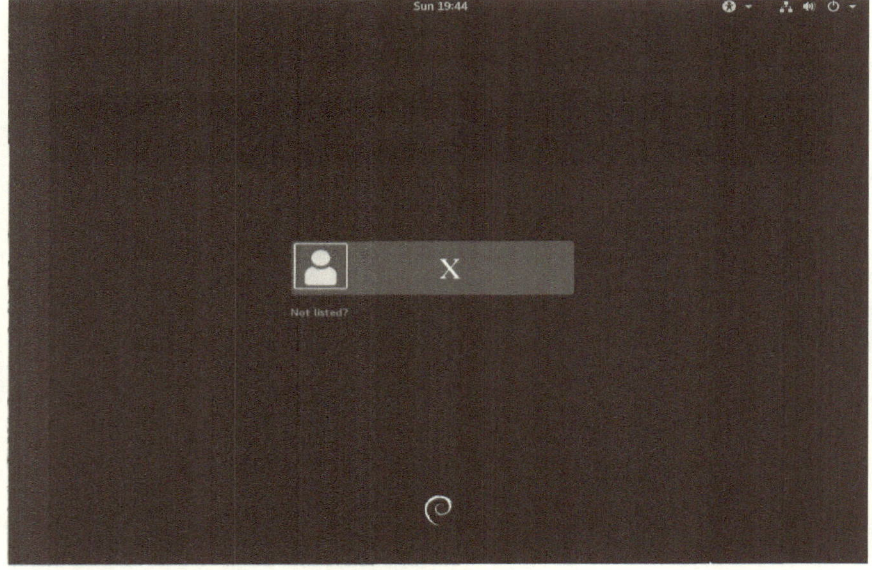

Figure 17.59 – Configuration de Debian - Choix d'un utilisateur.

Démarrer donc votre machine virtuelle Debian toute fraîche. Vous arrivez sur un écran similaire à la figure X où vous devez sélectionner un compte utilisateur pour vous connecter. Chez moi, il y a "x". Logique, c'est mon prénom suivi de mon nom de famille. Chez vous, c'est donc différent. Cliquez sur votre nom, vous voyez ensuite apparaître une zone de saisie où vous devez entrer votre mot de passe, comme le montre la figure X. Cliquez sur "Sign in" ou tapez sur "Entrée" pour valider. Vous atterrissez sur votre bureau.

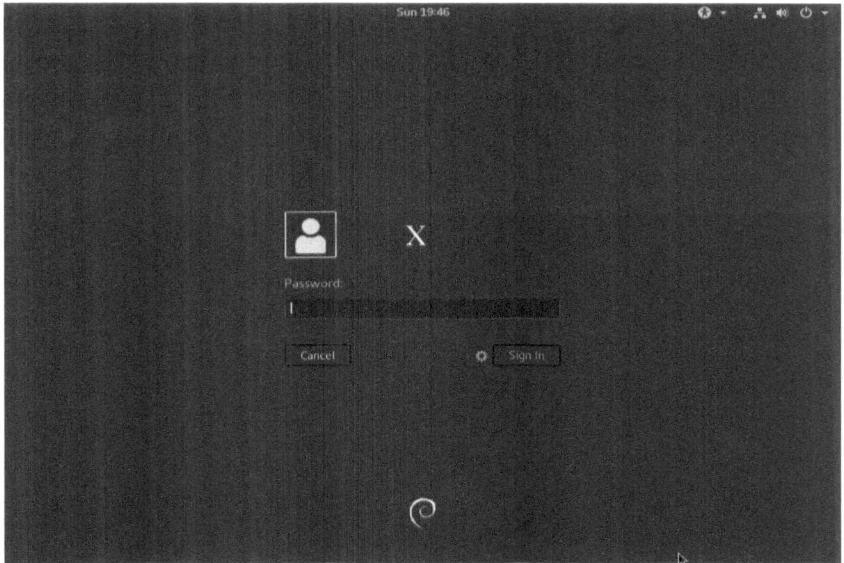

Figure 17.60 – Configuration de Debian - Saisie du mot de passe utilisateur

En haut à gauche, vous avez un intitulé "Activities". Cliquez dessus. Vous devriez voir apparaître une barre de recherche sur le haut de l'écran. Saisissez-y *"Synaptic"*, exactement comme sur la figure X. Vous devriez voir une icône avec un paquet, un CD-ROM et une disquette, intitulé "Synaptic ..." (le nom est tronqué pour manque de place, évidemment). Cliquez dessus, cela va lancer *Synaptic Package Manager*, une base de données de dépôts logiciels à installer.

Si sous Windows vous deviez aller chercher vos logiciels sur Internet, furent-ils gratuits ou payants pour la grande majorité d'entre eux... Sous Linux, vous avez pléthore de logiciels gratuits et libres (au sens liberté d'utilisation), mais aussi dont le code source est ouvert au monde.

Enfin, je m'égare. Cliquez sur l'icône de Synaptic. Il vous est demandé de vous **authentifier**. Ici, vous devez saisir non pas le mot de passe associé à votre compte utilisateur, mais **le mot de passe root** que vous avez saisi lors de l'installation de votre système.

L'interface graphique de Synaptic devrait être lancée. Vous devriez obtenir un résultat similaire à la figure X, où j'y ai mis des annotations. Cliquez sur le bouton intitulé "Search" avec une icône de loupe, annoté du chiffre rouge "1". Un dialogue devrait apparaître. Saisissez "sudo" dans la zone de

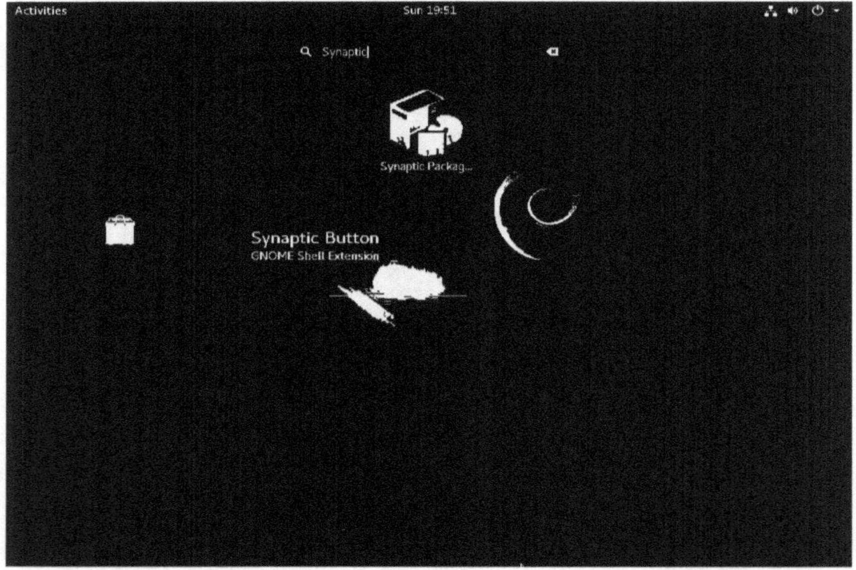

Figure 17.61 – Configuration de Debian - Lancer le gestionnaire de paquets Synaptic.

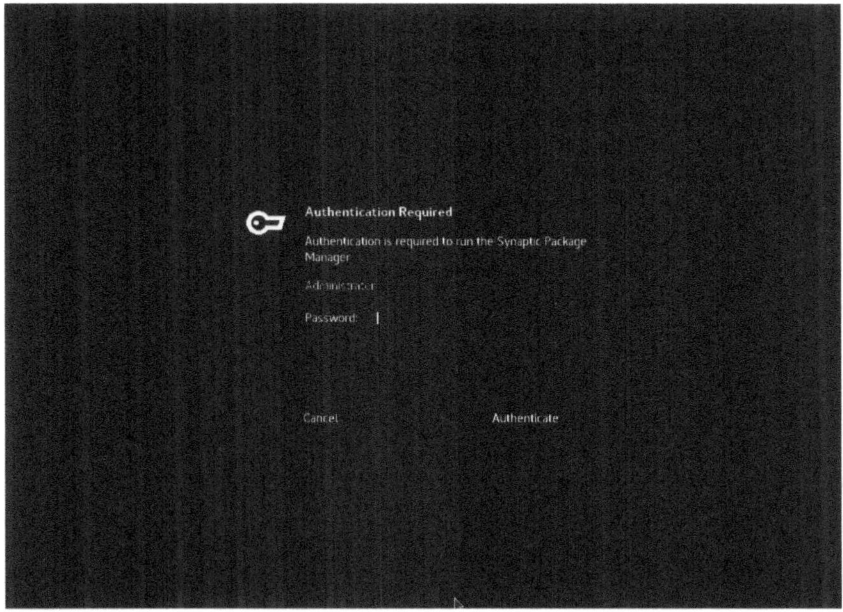

Figure 17.62 – Configuration de Debian - Authentification "root" pour lancer Synaptic.
saisie précédée de l'intitulé "Search :", toujours sur la même figure. Puis cliquez sur le
bouton "Search" du dialogue, cette fois; celui annoté du chiffre 2.

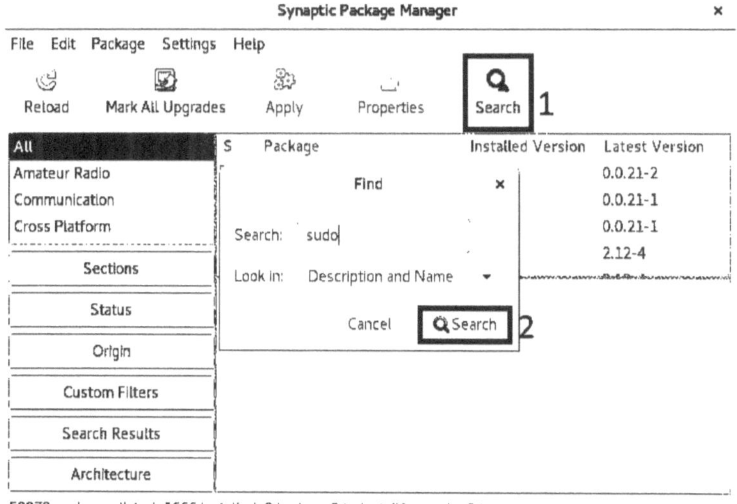

Figure 17.63 – Configuration de Debian - Recherche du paquet "sudo".

Dans la liste des paquets, déroulez vers le bas jusqu'à trouver "sudo", comme sur la figure X.

Sur la figure X, vous pouvez voir un menu contextuel apparaître dans la liste des paquets. Celui-ci apparaît lorsque vous cliquez sur la case à cocher tout à gauche de la ligne. Comme indiqué sur la figure, cliquez sur "Mark for installation" en premier lieu puis, sur la barre de menus du haut, comme présenté cliquez sur la figure X, cliquez sur "Apply". Cela aura pour effet d'installer les paquets marqués pour installation - en l'occurrence, "sudo".

Une fenêtre de confirmation apparaîtra, comme sur la figure X. Dans la liste, vous pouvez cliquer sur l'intitulé "To be installed" pour confirmer que vous avez bien sélectionnez "sudo". Cliquez alors sur "Apply" pour confirmer.

Vous avez réussi à installer sudo! Vous pouvez maintenant fermer toutes les fenêtres.

Je vous ai fait installer le paquet sudo sans vous en parler. Ce n'est pas très franc-jeu de ma part, alors je vais vous expliquer brièvement ce à quoi il sert.

Sur Linux, on distingue bien les comptes utilisateurs et ceux-ci ont des droits bien spécifiques. En tant qu'utilisateur x, j'ai le droit d'accéder à mes fichiers personnels, lancer certains logiciels...

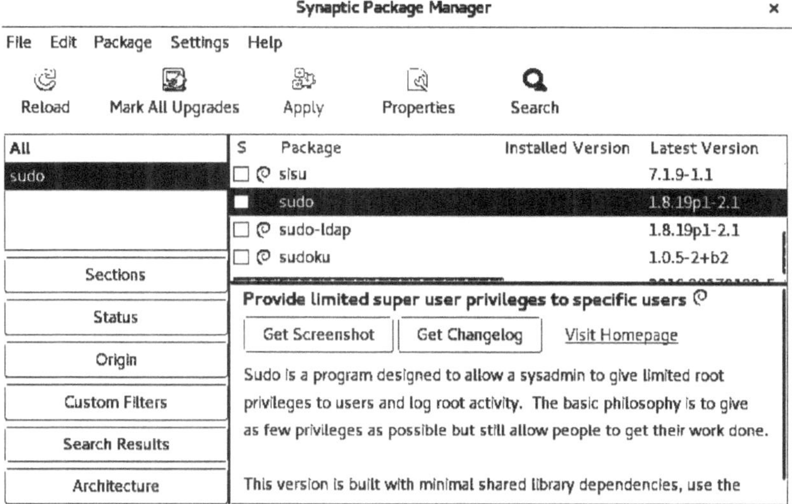

Figure 17.64 – Configuration de Debian - Sélection du paquet sudo.

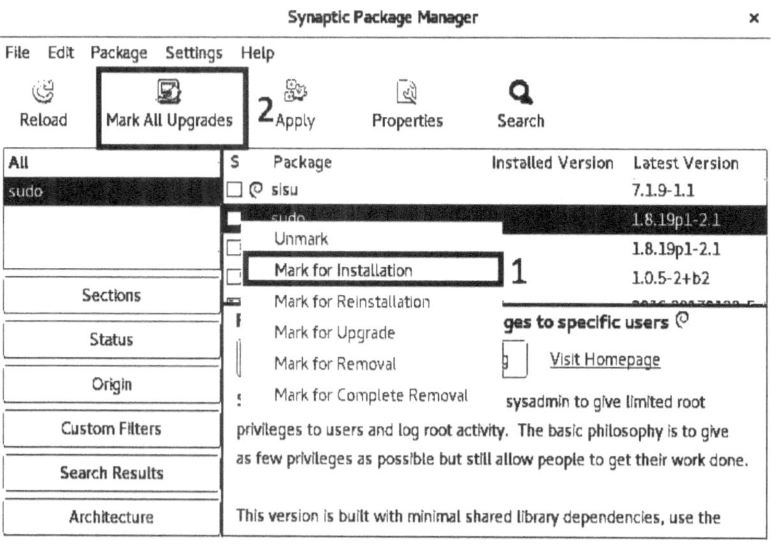

Figure 17.65 – Configuration de Debian - Marquer le paquet "sudo" pour installation.

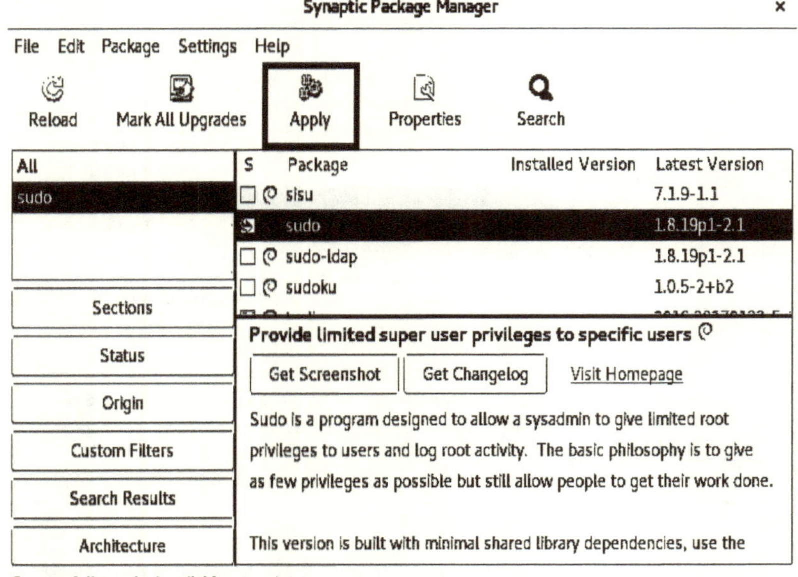

Figure 17.66 – Configuration de Debian - Installation des paquets marqués.

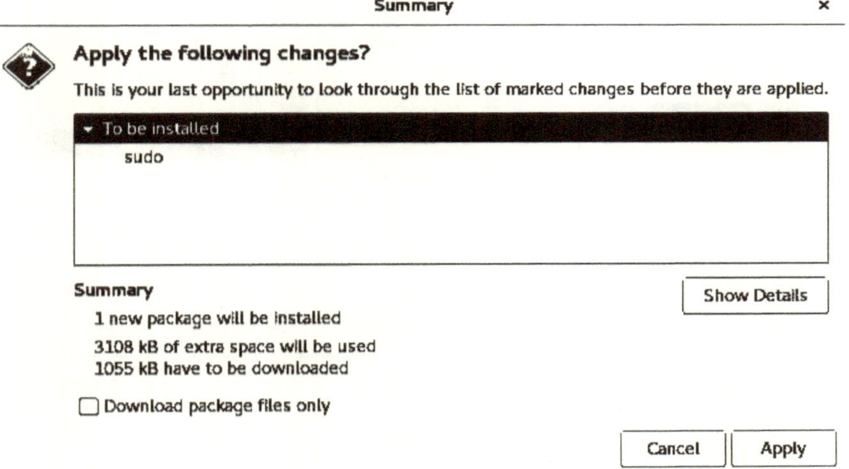

Figure 17.67 – Configuration de Debian - Confirmation de l'installation de sudo.

Mais je n'ai pas le droit de modifier tout ce qui touche au système comme cela! Sinon, cela serait la porte ouverte aux infamies, pensez-vous! Mais comment installer un logiciel, alors? Solution : passer par le compte root (ce pourquoi il vous a été demandé de vous authentifier avant d'accéder à synaptic).

Le paquet sudo contient en fait une commande pour permettre d'obtenir les droits root à partir de notre compte utilisateur après avoir entré notre mot de passe... utilisateur ! Et ceci à l'aide du Terminal, dont vous allez vous servir tout au long de cet ouvrage.

En haut à gauche, vous devriez continuer de voir "Activities". Cliquez dessus et, dans la barre de recherche en haut, saisissez cette fois "Terminal". Ensuite, cliquez sur l'icône de fenêtre noir avec les inscriptions >_ qui devrait apparaître, comme présentée sur la figure X. Cela aura pour effet de lancer un émulateur de ligne de commande, ou émulateur de terminal, ou terminal, ou... shell! J'en parle brièvement dans le chapitre 5 sur votre premier programme, pas d'inquiétude!

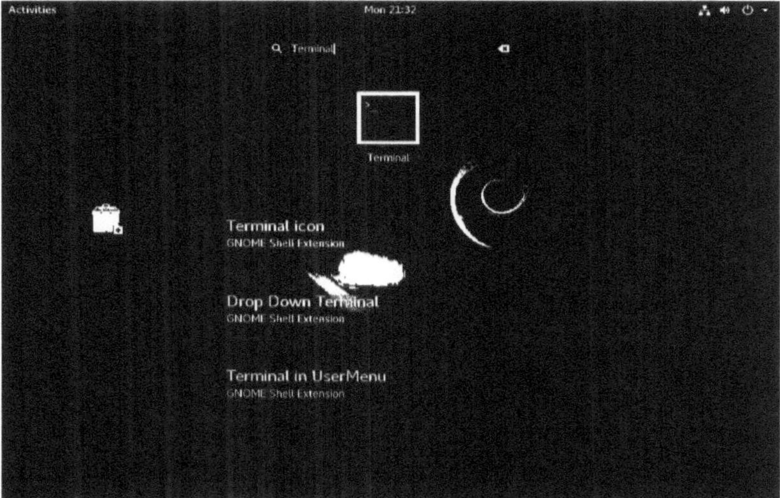

Figure 17.68 – Configuration de Debian - Lancement d'un terminal.

Une fenêtre blanche devrait apparaître, comme présentée sur la figure X. Vous êtes ici invités à saisir des **commandes**. Encore une fois, ne paniquez pas, *don't panic !*, j'explique tout cela au chapitre 3+2 = 5. (Il faut que je rattrape la dose de bêtises à dire après vous avoir bombardé de figures et de discours conformistes et moroses).

Tapez su - et appuyez sur entrée. Il vous sera demandé de taper un mot de passe. **Saisissez ici le mot de passe du compte utilisateur root**. Aucun caractère n'apparaît à l'écran ? Pas même des *? C'est tout à fait **normal** ! Les caractères ne sont pas affichés pour éviter qu'une personne qui regarderait dans votre dos puisse deviner jusqu'à la longueur de votre mot de passe. Malin, hein ?

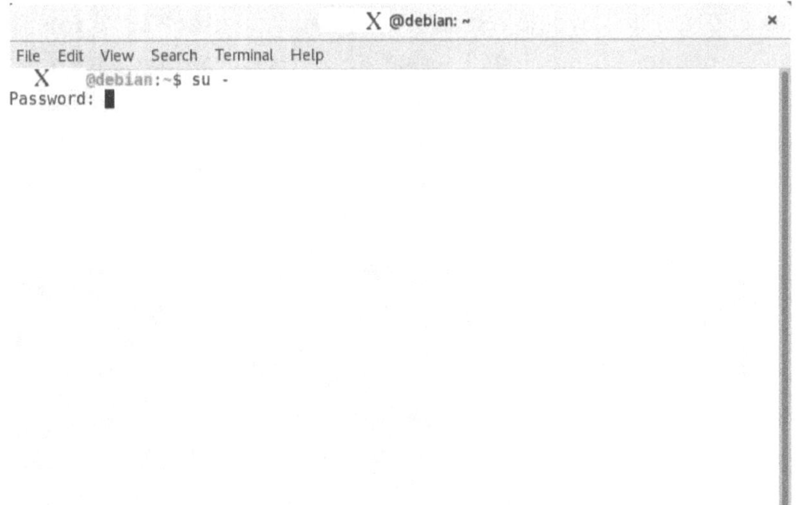

Figure 17.69 – Configuration de Debian - Terminal

Une fois tapé votre mot de passe, appuyez sur "Entrée". Vous devriez voir cette fois une ligne qui ne se termine non pas par \$, mais par #. Cela signifie que vous êtes entrain d'exécuter des commandes avec les droits de root. **Soyez très prudents à chaque fois que vous exécutez une commande sous root. Vous avez littéralement TOUS. LES. DROITS. Et il est facile de casser votre système pour une commande mal entrée.**

Tapez ensuite la commande usermod -a -G sudo <votre nom d'utilisateur>. Chez moi, cela sera usermod -a -G sudo x. Cela aura pour effet d'ajouter votre compte utilisateur dans le groupe "sudo". Ainsi, vous pourrez exécuter la commande sudo à partir de votre compte utilisateur pour obtenir les droits de root. Appuyez sur Entrée. Rien ne se passe? C'est normal, cela veut dire qu'il n'y a pas eu d'erreurs. La figure X montre le passage à root et l'exécution de la commande usermod.

Figure 17.70 – Configuration de Debian - Exécution de commande sous le compte "root".

Pour que les changements prennent effet, vous devez vous déconnecter de votre compte utilisateur. En haut à droite, vous savez, une icône assez connue qui signifie "extinction". De toute façon, je l'ai annoté sur la figure X en 1. Cliquez ensuite sur le nom complet de votre "compte utilisateur" (2) puis sur "Log Out" (3). Vous devriez avoir une fenêtre de confirmation : cliquez à nouveau sur "Log out".

Etant déconnecté, vous pouvez répéter la démarche de la figure X à la figure X pour vous reconnecter.

Par la suite, lancez de nouveau un Terminal. Dedans, tapez sudo -s et, cette fois, ne saisissez pas le

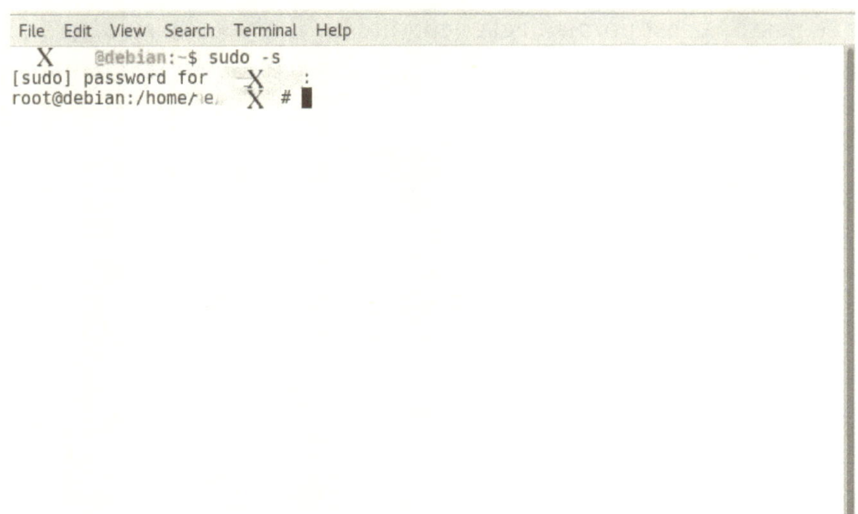

Figure 17.71 – Configuration de Debian - Déconnexion de votre compte utilisateur. mot de passe root mais "votre mot de passe utilisateur". Si tout se passe bien, vous devriez avoir le # qui indique que vous êtes sous le compte root. La figure X montre ce que j'obtiens chez moi après avoir exécuté lesdites actions.

Figure 17.72 – Configuration de Debian - Exécution de la commande "sudo".

Ça y est, vous êtes parés à programmer !